SOLIDWORKS® 公司原版系列培训教程
CSWP 全球专业认证考试培训教程

2017版

SOLIDWORKS®
零件与装配体教程

[美] DS SOLIDWORKS®公司 著

陈超祥 胡其登 主编

杭州新迪数字工程系统有限公司 编译

机械工业出版社
CHINA MACHINE PRESS

《SOLIDWORKS®零件与装配体教程》（2017版）是根据 DS SOLID-WORKS®公司发布的《SOLIDWORKS® 2017：SOLIDWORKS Essentials》编译而成的，着重介绍了使用 SOLIDWORKS 软件创建零件、装配体的基本方法和相关技术，以及生成工程图的基础知识。本教程提供练习文件下载，详见本书使用说明。本书提供3D模型，扫描书中二维码即可免费查看。

本教程在保留了英文原版教程精华和风格的基础上，按照中国读者的阅读习惯进行编译，配套教学资料齐全，适于企业工程设计人员和大专院校、职业技术院校相关专业师生使用。

图书在版编目（CIP）数据

SOLIDWORKS®零件与装配体教程：2017 版/美国 DS SOLIDWORKS® 公司著；陈超祥，胡其登主编. —8 版. —北京：机械工业出版社，2017.3（2018.1 重印）

ISBN 978 – 7 – 111 – 56039 – 5

Ⅰ.①S… Ⅱ.①美…②陈…③胡… Ⅲ.①机械元件 – 计算机辅助设计 – 应用软件 – 教材 Ⅳ.①TH13-39

中国版本图书馆 CIP 数据核字（2017）第 020419 号

机械工业出版社（北京市百万庄大街 22 号 邮政编码 100037）
策划编辑：宋亚东 责任编辑：宋亚东
封面设计：饶 薇 责任校对：刘秀丽 段凤敏
责任印制：常天培
北京京丰印刷厂印刷
2018 年 1 月第 8 版·第 3 次印刷
210mm×285mm·22 印张·643 千字
标准书号：ISBN 978 – 7 – 111 – 56039 – 5
定价：69.80 元

凡购本书，如有缺页、倒页、脱页，由本社发行部调换
电话服务　　　　　　　　　　网络服务
服务咨询热线：010 – 88361066　机 工 官 网：www.cmpbook.com
读者购书热线：010 – 68326294　机 工 官 博：weibo.com/cmp1952
　　　　　　　010 – 88379203　金 书 网：www.golden-book.com
封面无防伪标均为盗版　　　教育服务网：www.cmpedu.com

序

尊敬的中国地区 SOLIDWORKS 用户：

DS SOLIDWORKS®公司很高兴为您提供这套最新的 DS SOLIDWORKS®公司中文原版系列培训教程。我们对中国市场有着长期的承诺，自从 1996 年以来，我们就一直保持与北美地区同步发布 SOLIDWORKS 3D 设计软件的每一个中文版本。

我们感觉到 DS SOLIDWORKS®公司与中国用户之间有着一种特殊的关系，因此也有着一份特殊的责任。这种关系是基于我们共同的价值观——创造性、创新性、卓越的技术，以及世界级的竞争能力。这些价值观一部分是由公司的共同创始人之一李向荣（Tommy Li）所建立的。李向荣是一位华裔工程师，他在定义并实施我们公司的关键性突破技术以及在指导我们的组织开发方面起到了很大的作用。

作为一家软件公司，DS SOLIDWORKS®致力于带给用户世界一流水平的 3D 解决方案（包括设计、分析、产品数据管理、文档出版与发布），以帮助设计师和工程师开发出更好的产品。我们很荣幸地看到中国用户的数量在不断增长，大量杰出的工程师每天使用我们的软件来开发高质量、有竞争力的产品。

目前，中国正在经历一个迅猛发展的时期，从制造服务型经济转向创新驱动型经济。为了继续取得成功，中国需要最佳的软件工具。

SOLIDWORKS 2017 是我们最新版本的软件，它在产品设计过程自动化及改进产品质量方面又提高了一步。该版本提供了许多新的功能和更多提高生产率的工具，可帮助机械设计师和工程师开发出更好的产品。

现在，我们提供了这套中文原版培训教程，体现出我们对中国用户长期持续的承诺。这些教程可以有效地帮助您把 SOLIDWORKS 2017 软件在驱动设计创新和工程技术应用方面的强大威力全部释放出来。

我们为 SOLIDWORKS 能够帮助提升中国的产品设计和开发水平而感到自豪。现在您拥有了最好的软件工具以及配套教程，我们期待看到您用这些工具开发出创新的产品。

此致

敬礼！

Gian Paolo Bassi
DS SOLIDWORKS®公司首席执行官
2017 年 1 月

陈超祥　先生　　现任 DS SOLIDWORKS® 公司亚太区资深技术总监

陈超祥先生早年毕业于香港理工学院机械工程系，后获英国华威克大学制造信息工程硕士及香港理工大学工业及系统工程博士学位。多年来，陈超祥先生致力于机械设计和 CAD 技术应用的研究，曾发表技术文章二十余篇，拥有多个国际专业组织的专业资格，是中国机械工程学会机械设计分会委员。陈超祥先生曾参与欧洲航天局"猎犬 2 号"火星探险项目，是取样器 4 位发明者之一，拥有美国发明专利（US Patent 6，837，312）。

前言

　　DS SOLIDWORKS® 公司是一家专业从事三维机械设计、工程分析、产品数据管理软件研发和销售的国际性公司。SOLID-WORKS 软件以其优异的性能、易用性和创新性，极大地提高了机械设计工程师的设计效率和质量，目前已成为主流 3D CAD 软件市场的标准，在全球拥有超过 325 万的用户。DS SOLIDWORKS® 公司的宗旨是：To help customers design better products and be more successful——让您的设计更精彩。

　　"SOLIDWORKS® 公司原版系列培训教程"是根据 DS SOLIDWORKS® 公司最新发布的 SOLIDWORKS 2017 软件的配套英文版培训教程编译而成的，也是 CSWP 全球专业认证考试培训教程。本套教程是 DS SOLIDWORKS® 公司唯一正式授权在中国大陆出版的原版培训教程，也是迄今为止出版的最为完整的 SOLIDWORKS® 公司原版系列培训教程。

　　本套教程详细介绍了 SOLIDWORKS 2017 软件的功能，以及使用该软件进行三维产品设计、工程分析的方法、思路、技巧和步骤。值得一提的是，SOLIDWORKS 2017 软件不仅在功能上进行了 600 多项改进，更加突出的是它在技术上的巨大进步与创新，从而可以更好地满足工程师的设计需求，带给新老用户更大的实惠！

　　《SOLIDWORKS® 零件与装配体教程》（2017 版）是根据 DS SOLIDWORKS® 公司发布的《SOLIDWORKS® 2017：SOLID-WORKS Essentials》编译而成的，着重介绍了使用 SOLID-WORKS 软件创建零件、装配体的基本方法和相关技术，以及生成工程图的基础知识。

胡其登 先生 现任 DS SOLIDWORKS® 公司大中国区技术总监

胡其登先生毕业于北京航空航天大学，先后获得"计算机辅助设计与制造（CAD/CAM）"专业工学学士、工学硕士学位。毕业后一直从事 3D CAD/CAM/PDM/PLM 技术的研究与实践、软件开发、企业技术培训与支持、制造业企业信息化的深化应用与推广等工作，经验丰富，先后发表技术文章 20 余篇。在引进并消化吸收新技术的同时，注重理论与企业实际相结合。在给数以百计的企业进行技术交流、方案推介和顾问咨询等工作的过程中，对如何将 3D 技术成功应用到中国制造业企业的问题上，形成了自己的独到见解，总结出了推广企业信息化与数字化的最佳实践方法，帮助众多企业从 2D 平滑地过渡到了 3D，并为企业推荐和引进了 PDM/PLM 管理平台。作为系统实施的专家与顾问，在帮助企业成功打造为 3D 数字化企业的实践中，丰富了自身理论与实践的知识体系。

胡其登先生作为中国最早使用 SOLIDWORKS 软件的工程师，酷爱 3D 技术，先后为 SOLIDWORKS 社群培训培养了数以百计的工程师。目前负责 SOLIDWORKS 解决方案在大中国区全渠道的技术培训、支持、实施、服务及推广等全面技术工作。

本套教程在保留了原版教程精华和风格的基础上，按照中国读者的阅读习惯进行编译，使其变得直观、通俗，让初学者易上手，让高手的设计效率和质量更上一层楼！

本套教程由 DS SOLIDWORKS® 公司亚太区资深技术总监陈超祥先生和大中国区技术总监胡其登先生共同担任主编，由杭州新迪数字工程系统有限公司副总经理陈志杨负责审校。承担编译、校对和录入工作的有叶伟、张曦、单少南、刘红政、周忠等杭州新迪数字工程系统有限公司的技术人员。杭州新迪数字工程系统有限公司是 DS SOLIDWORKS® 公司的密切合作伙伴，拥有一支完整的软件研发队伍和技术支持队伍，长期承担着 SOLIDWORKS 核心软件研发、客户技术支持、培训教程编译等方面的工作。在此，对参与本书编译的工作人员表示诚挚的感谢。

由于时间仓促，书中难免存在不足之处，恳请广大读者批评指正。

陈超祥　胡其登
2017 年 1 月

本书使用说明

关于本书

本书的目的是让读者学习如何使用 SOLIDWORKS 软件的多种高级功能，着重介绍了使用 SOLID-WORKS 软件进行高级设计的技巧和相关技术。

SOLIDWORKS 2017 是一个功能强大的机械设计软件，而书中章节有限，不可能覆盖软件的每一个细节和各个方面，所以只重点给读者讲解应用 SOLIDWORKS 2017 进行工作所必需的基本技能和主要概念。本书作为在线帮助系统的一个有益的补充，不可能完全替代软件自带的在线帮助系统。读者在对 SOLIDWORKS 2017 软件的基本使用技能有了较好的了解之后，就能够参考在线帮助系统获得其他常用命令的信息，进而提高应用水平。

前提条件

读者在学习本书前，应该具备如下经验：
- 机械设计经验。
- 使用 Windows 操作系统的经验。

编写原则

本书是基于过程或任务的方法而设计的培训教程，并不专注于介绍单项特征和软件功能。本书强调的是完成一项特定任务所应遵循的过程和步骤。通过对每一个应用实例的学习来演示这些过程和步骤，读者将学会为了完成一项特定的设计任务应采取的方法，以及所需要的命令、选项和菜单。

知识卡片

除了每章的研究实例和练习外，书中还提供了可供读者参考的"知识卡片"。这些知识卡片提供了软件使用工具的简单介绍和操作方法，可供读者随时查阅。

使用方法

本书的目的是希望读者在有 SOLIDWORKS 使用经验的教师指导下，在培训课中进行学习。希望通过教师现场演示本书所提供的实例，学生跟着练习的这种交互式的学习方法，使读者掌握软件的功能。

读者可以使用练习题来应用和练习书中讲解的或教师演示的内容。本书设计的练习题代表了典型的设计和建模情况，读者完全能够在课堂上完成。应该注意到，学生的学习速度是不同的，因此，书中所列出的练习题比一般读者能在课堂上完成的要多，这确保了学习能力强的读者也有练习可做。

标准、名词术语及单位

SOLIDWORKS 软件支持多种标准，如中国国家标准（GB）、美国国家标准（ANSI）、国际标准（ISO）、德国国家标准（DIN）和日本国家标准（JIS）。本书中的例子和练习基本上采用了中国国家标准（除个别为体现软件多样性的选项外）。为与软件保持一致，本书中一些名词术语和计量单位未与中国国家标准保持一致，请读者使用时注意。

练习文件

读者可以从网络平台下载本教程的练习文件，具体方法是：扫描封底的"机械工人之家"微信公众号，关注后输入"2017LJ"即可获取下载地址。

读者也可以从 SOLIDWORKS 官方网站下载，具体方法是：登录 http：//www. solidworks. com/trainingfilessolidworks；在【Product Area】中选择"SOLIDWORKS CAD"，在【Release Version】中选择"2017"，在【Manual Title】中选择"Essentials"；然后单击【Search】，在【Download】下面单击相应文件即可下载。

机械工人之家

模板的使用

本书使用一些预先定义好配置的模板，这些模板也是通过有数字签名的自解压文件包的形式提供的。这些文件也可从网址 www. solidworks. com 下载。这些模板适用于所有 SOLIDWORKS 教程，使用方法如下：

1. 单击【工具】/【选项】/【系统选项】/【文件位置】。
2. 从下拉列表中选择文件模板。
3. 单击【添加】并选择练习模板文件夹。
4. 在消息提示框中单击【确定】和【是】。

当文件位置被添加后，每次新建文档时就可以通过单击【高级】/【Training Templates】选项卡来使用这些模板（见图1）。

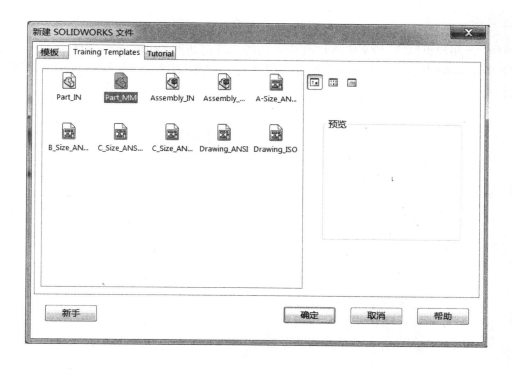

图 1　模板

Windows® 7

本书所用的截屏图片是 SOLIDWORKS 2017 运行在 Windows® 7 时制作的。

格式约定

本书使用以下的格式约定：

约　定	含　义	约　定	含　义
【插入】/【凸台】	表示 SOLIDWORKS 软件命令和选项。例如【插入】/【凸台】表示从下拉菜单【插入】中选择【凸台】命令	⚠️ 注意	软件使用时应注意的问题
提示 ✋	要点提示	操作步骤 步骤1 步骤2 步骤3	表示课程中实例设计过程的各个步骤
技巧 🔑	软件使用技巧		

色彩问题

SOLIDWORKS 2017 英文原版教程是采用彩色印刷的，而我们出版的中文教程则采用黑白印刷，所以本书对英文原版教程中出现的颜色信息做了一定的调整，尽可能地方便读者理解书中的内容。

更多 SOLIDWORKS 培训资源

my. solidworks. com 提供更多的 SOLIDWORKS 内容和服务，用户可以在任何时间、任何地点，使用任何设备查看。用户也可以访问 my. solidworks. com/training，按照自己的计划和节奏来学习，以提高 SOLIDWORKS 技能。

用户组网络

SOLIDWORKS 用户组网络（SWUGN）有很多功能。通过访问 swugn. org，用户可以参加当地的会议，了解 SOLIDWORKS 相关工程技术主题的演讲以及更多的 SOLIDWORKS 产品，或者与其他用户通过网络进行交流。

目　　录

第1章 SOLIDWORKS 软件介绍

学习目标

- 描述一个基于特征的、参数化实体建模系统的主要特点
- 区分草图特征和应用特征
- 认识 SOLIDWORKS 用户界面的主要组成
- 解释如何通过不同的尺寸标注方法来表达不同的设计意图

1.1 什么是 SOLIDWORKS 软件

SOLIDWORKS 机械设计自动化软件是一个基于特征、参数化、实体建模的设计工具。该软件采用 Windows™ 图形用户界面，易学易用。利用 SOLIDWORKS 可以创建全相关的三维实体模型，在设计过程中，实体之间可以存在或不存在约束关系；同时，还可以利用自动的或者用户定义的约束关系来体现设计意图。

一些常用术语的含义如下：

1. 基于特征　正如装配体由许多单个独立零件组成的一样，SOLIDWORKS 中的模型是由许多单独的元素组成的。这些元素被称为特征。

在进行零件或装配体建模时，SOLIDWORKS 软件使用智能化的、易于理解的几何体（例如凸台、切除、孔、肋、圆角、倒角和拔模等）创建特征，特征创建后可以直接应用于零件中。

SOLIDWORKS 中的特征可以分为草图特征和应用特征。

1) 草图特征：基于二维草图的特征，通常该草图可以通过拉伸、旋转、扫描或放样转换为实体。

2) 应用特征：直接创建在实体模型上的特征。例如圆角和倒角就是这种类型的特征。

SOLIDWORKS 软件在一个被称为 FeatureManager 设计树的特殊窗口中显示模型的特征结构。FeatureManager 设计树不仅显示特征被创建的顺序，而且还可以使用户很容易得到所有特征的相关信息。读者将会在本书中学习到关于 FeatureManager 设计树的更多内容。

举例说明基于特征建模的概念。零件可以看成是几个不同特征的组合——一些特征是增加材料的，例如圆柱形凸台，如图 1-1 所示；一些特征是去除材料的，例如不通孔，如图 1-2 所示。

图 1-3 显示了这些单个特征与其在 FeatureManager 设计树列表中的一一对应关系。

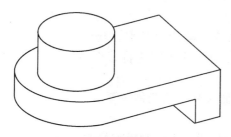

图 1-1　基于特征的结构（一）

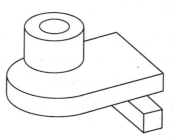

图 1-2　基于特征的结构（二）

2

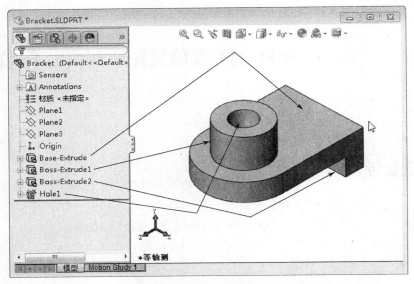

图 1-3　特征与 FeatureManager 设计树的对应关系

2. 参数化　用于创建特征的尺寸与几何关系，可以被记录并保存于设计模型中。这不仅可以使模型能够充分体现设计者的设计意图，而且能够快速简单地修改模型。

1）驱动尺寸：驱动尺寸是指创建特征时所用的尺寸，包括与绘制几何体相关的尺寸和与特征自身相关的尺寸。圆柱体凸台特征就是这样一个简单的例子。凸台的直径由草图中圆的直径来控制，凸台的高度由创建特征时拉伸的深度来决定。

2）几何关系：几何关系是指草图几何体之间的平行、相切和同心等信息。以前这类信息是通过特征控制符号在工程图中表示的。通过草图几何关系，SOLIDWORKS 可以在模型设计中完全体现设计意图。

3. 实体建模　实体模型是 CAD 系统中所使用最完整的几何模型类型。它包含了完整描述模型的边和表面所必需的所有线框和表面等信息。除了几何信息外，它还包括把这些几何体关联到一起的拓扑信息。例如，哪些面相交于哪条边（曲线）。这种智能信息使一些操作变得很简单，例如圆角过渡，只需选一条边并指定圆角半径值就可以完成。

4. 全相关　SOLIDWORKS 模型与它的工程图及参考它的装配体是全相关的。对模型的修改会自动反映到与之相关的工程图和装配体中。同样，对工程图和装配体的修改也会自动反映到模型中。

5. 约束　SOLIDWORKS 支持诸如平行、垂直、水平、竖直、同心和重合这样的几何约束关系。此外，还可以使用方程式来创建参数之间的数学关系。通过使用约束和方程式，设计者可以保证设计过程中实现和维持诸如"通孔"或"等半径"之类的设计意图。

6. 设计意图　设计意图是指关于模型改变后如何表现的规划。下面将专门用一节的内容来介绍设计意图。

1.2　设计意图

为了有效地使用像 SOLIDWORKS 这样的参数化建模系统，设计者必须在建模之前考虑好设计意图。设计意图是关于模型被改变后如何表现的规划。模型创建方式决定它将怎么被修改。以下几种因素会帮助设计人员来体现设计意图。

1. 自动（草图）**几何关系**　根据草图绘制的方式，可以加入基本的几何关系，例如平行、垂直、水平和竖直。

2. 方程式　方程式是用于创建尺寸之间的代数关系，它提供一种强制模型修改的外部方法。

3. 添加约束关系　创建模型时添加约束关系，这些约束关系提供了与相关几何体进行约束的另一种方式。这些约束关系包括同心、相切、重合和共线等。

4. 尺寸　草图中尺寸的标注方式同样可以体现设计意图。什么是驱动设计的尺寸？什么数值是已知的？哪些尺寸对模型的生产最重要？添加的尺寸某种程度上也反映了设计人员打算如何修改尺寸。

下面举例说明如何考虑设计意图。

1.2.1　设计意图示例

图 1-4 所示是在草图中采用不同设计意图的一些例子。如果矩形板宽度 100mm 发生改变，会如何影响整个几何体？图 1-4a 所示草图中，无论矩形板的尺寸 100mm 如何变化，两个孔始终与边界保持 20mm 的相应距离。

图 1-4b 所示草图中，两个孔以矩形左侧为基准进行标注，尺寸标注将使孔相对于矩形板的左侧定位，孔的位置不受矩形板整体宽度（100mm）的影响。

图 1-4c 所示草图中，标注孔与矩形板边线的距离以及两个孔的中心距，这样的标注方法将保证两孔中心之间的距离。

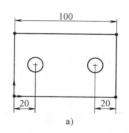 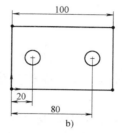 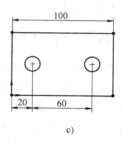

a)　　　　　　　　　b)　　　　　　　　　c)

图 1-4　尺寸标注中的设计意图

1.2.2　设计意图的影响因素

设计意图不仅仅受草图尺寸标注的影响，特征的选择和建模的方式也很重要。例如图 1-5 所示的简单阶梯轴就有多种建模方法。

1. "层叠蛋糕"法　用层叠蛋糕方法创建这个零件，如图 1-6 所示。一次创建一层，后面一层或者特征加到前一层上。如果改变了某一层的厚度，在其基础上创建的后面的层的位置也将随之改变。

图 1-5　阶梯轴

图 1-6　"层叠蛋糕"法

2. "制陶转盘"法　制陶转盘法以一个简单的旋转特征创建零件，如图 1-7 所示。一个单个草图表示一个切面，它包括在一个特征里完成该零件所必需的所有信息及尺寸。尽管这种方法看上去很有效，但是大量的设计信息包含在单个特征中，限制了模型的灵活性而且修改时很麻烦。

3. 制造法　制造法是通过模拟零件加工时的方法来建模的，如图 1-8 所示。例如，当阶梯轴在车床上旋转，在设计上可以考虑从一个棒料开始建模，并通过一系列的切割来去除不需要的材料。

在判断到底应该使用哪种方法时，并没有完全标准的答案。SOLIDWORKS 给予用户极大的灵活性，可使用户相对简单地更改模型。用户按照自己头脑中的设计意图可以得到精心布局的文档，这些文档易于修改和重用，使用户的工作更加轻松。

4

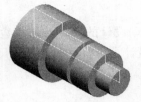

图 1-7　"制陶转盘"法　　　　　　　　　　　　**图 1-8　制造法**

1.3　文件参考

　　SOLIDWORKS 创建的文件有时候是创建在其他文件的基础上的。通过这种参考链接关系所创建的文件更优于在多个文件之间复制信息。

　　被参考的文件不一定要存放在参考文件的文件夹中。在大多数实际应用当中，参考文件被存放在不同的位置，或在本地电脑上，或在网络中。SOLIDWORKS 提供了一些专门的工具来检测这些参考文件的存在及其所存放的位置。

1.3.1　对象链接与嵌入（OLE）

　　在 Windows 环境下，文件间的信息共享可以通过链接或者嵌入信息的方式来实现。

　　对象链接与嵌入二者之间最主要的差异在于数据的存储位置不同，以及当把它放入一个目标文件后这些数据的更新方式不同。

　　1. 对象链接　当对象被链接后，仅当源文件修改时才会发生数据更新。链接的数据被存储在源文件中。对象文件存储的仅是源文件的位置（一个外部参考），并且将会显示一个数据链接的符号。

　　当用户希望那些包含的信息是保持相对独立的时候，链接同样也是非常有用的，就好像那些数据被收集到另一个不同的部分。

　　2. 对象嵌入　当用户嵌入一个对象后，目标文件的信息不会随着源文件的更改而更新。嵌入的对象已经成为目标文件的一部分，并且一旦嵌入后，将再也不会是源文件的一部分。

1.3.2　文件参考实例

　　图 1-9 所示为由 SOLIDWORKS 创建的许多不同形式的文件参考，其中的一些可以被链接或者嵌入。

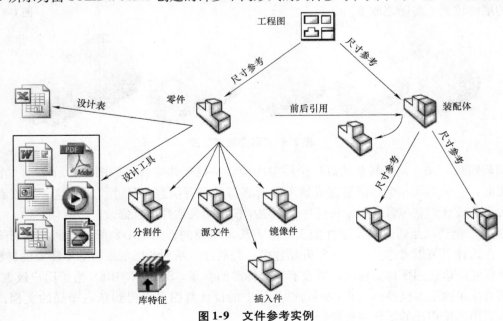

图 1-9　文件参考实例

1.4　打开与保存文件

　　SOLIDWORKS 是一个随机存储的 CAD 系统。无论什么时候，当一个文件被打开后，就会将存储的文件自动复制到计算机的内存中，所有文件的更改都将被制作成一个副本存放在内存中，并且仅当我们单击保存的时候才会写回到它的源文件中。这个过程如图 1-10 所示。

　　为了更好地理解这个文件是存放在哪里以及我们操作的是哪个文件副本，下面介绍两种主要的计算机存储类型。

　　1. 随机存储器　随机存储器（RAM）是计算机的可变存储器。如计算机内存仅存储计算机正在操作的信息。一旦关机后，随机存储器中的任何信息都将丢失。

　　2. 固定存储器　固定存储器是一种非易失性的存储器。如计算机硬盘、闪存和光盘等。当关机后，固定存储器仍会保留它存储的所有信息。

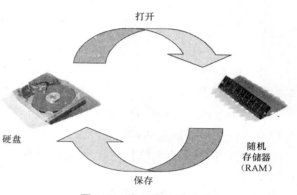

图 1-10　打开与保存文件

1.5　SOLIDWORKS 用户界面

　　SOLIDWORKS 用户界面完全采用 Windows 界面风格，和其他 Windows 应用程序的操作方法一样，下面介绍关于 SOLIDWORKS 用户界面比较重要的一些内容。图 1-11 所示是一个典型的 SOLIDWORKS 零件设计窗口。

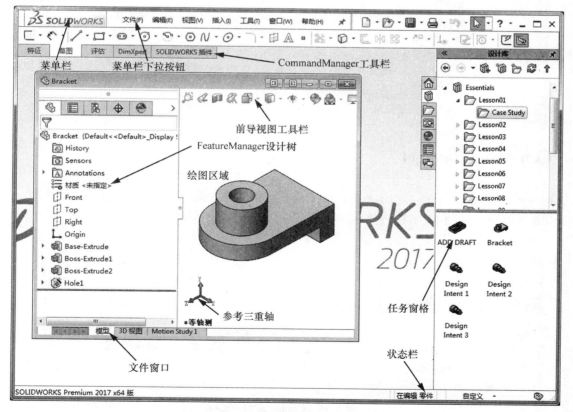

图 1-11　SOLIDWORKS 零件设计窗口

通过菜单可以访问 SOLIDWORKS 提供的许多命令。当用户将光标移动到指向右侧的箭头时，菜单可见，如图 1-12 所示。单击图钉图标 ，可以保持菜单显示。当菜单固定显示时，工具栏将移到右侧。

图 1-12　菜单

当一个菜单项带有一个指向右侧的箭头时，例如 显示(D)　　　　　▸ ，说明该菜单项带有一个子菜单，如图 1-13 所示。

当一个菜单项后面带有省略号时，例如 视图定向(O)...　　　SpaceBar ，说明这个选项将打开一个带有其他选项或信息的对话框。

当选择【自定义菜单】时，每项都出现复选框，清除复选框将从菜单中移出相关的命令，如图 1-14所示。

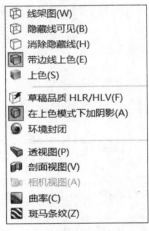

图 1-13　子菜单　　　　　　　　　　图 1-14　自定义菜单

1.6　CommandManager

【CommandManager】是帮助初学者的一组工具栏，可以独立地执行一些明确的任务。例如，零件部分的工具栏包括几个选项卡，通过它们可以访问【特征】、【草图】等相关的命令，如图 1-15 所示。

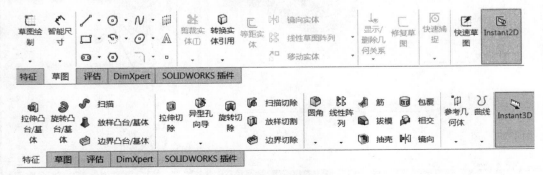

图 1-15　CommandManager

提示　　通过切换，可以显示或消除 CommandManager 按钮中的文字。上面的这些图中显示的是【使用带有文本的大图标】选项时的情况。

1.6.1　添加及移除 CommandManager 选项卡

一个零件文件在默认设置下会显示 5 个 CommandManager 选项卡。用户可以用鼠标右键单击任意一个选项卡，通过单击或清除选项卡的名称来添加或移除其他选项卡，如图 1-16 所示。

零件、装配体和工程图文件的选项卡组合是不同的。

1.6.2　FeatureManager 设计树

FeatureManager 是 SOLIDWORKS 软件中一个独特的部分。它形象地显示出零件或装配体中的所有特征。当一个特征创建好后，就被添加到 FeatureManager 设计树中，因此，FeatureManager 设计树显示出建模操作的先后顺序。通过 FeatureManager 设计树，可以编辑零件中包含的特征（目标），如图 1-17 所示。

默认情况下，许多 FeatureManager 项目（图标和文件夹）是隐藏的。在 FeatureManager 设计树窗口上方，只有两个文件夹（传感器和注解）是一直显示的。

单击【工具】/【选项】/【系统选项】/【FeatureManager】，使用下列解释的三个设置值来控制它们的可见性，如图 1-18 所示。

● 自动——如果项目存在，则显示项目；否则，将隐藏项目。

图 1-16　编辑命令管理器

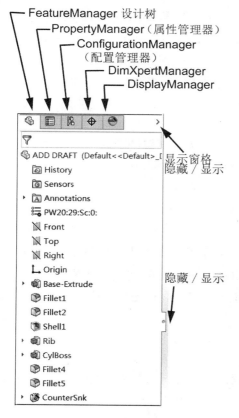

图 1-17　FeatureManager 设计树

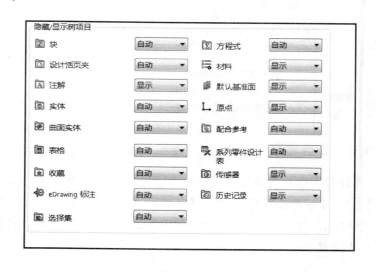

图 1-18　FeatureManager 选项

- 隐藏——始终隐藏项目。
- 显示——始终显示项目。

1.6.3 PropertyManager 菜单

许多 SOLIDWORKS 命令是通过 PropertyManager 菜单执行的。PropertyManager 菜单和 FeatureManager 设计树处于相同的位置，如图 1-19 所示。当 PropertyManager 菜单运行时，它自动代替 FeatureManager 设计树。

在 PropertyManager 顶部排列的按钮包括【确定】和【取消】。

在顶部按钮的下面是一个或多个包含相关选项的选项组，用户可以根据需要将它们打开（扩展）或关闭（折叠），从而激活或不激活该选项组。

1.6.4 文档路径

当把鼠标停留在文件名上时，弹出提示框会显示文档所在路径，如图 1-20 所示。

1.6.5 选择导览列

【选择导览列】显示当前基于上下文选择的视图，如图 1-21 所示。例如，选中一个面可以显示出一系列相关元素，包括特征、实体、组件、子装配体和最顶层的装配体。它同样可以导航出与组件相关联的草图特征和配合。这些可视的相关元素可以直接访问。右键单击【拉伸特征】会显示【编辑特征】和【隐藏】等一些相关的工具。

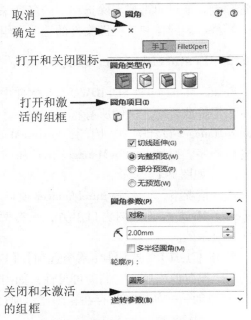

图 1-19 PropertyManager 菜单

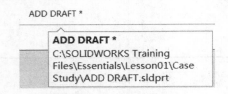

图 1-20 文档路径

图 1-21 选择导览列

> 提示 👆 在后面的章节中会进一步讨论这些对象和工具。

1.6.6 任务窗格

【任务窗格】上放置了【自定义属性】🔳、【SOLIDWORKS 资源】🏠、【设计库】📁、【文件探索器】📂、【视图调色板】🖼、【外观/布景】🌐 和【SOLIDWORKS Forum】📰选项，如图 1-22 所示。默认情况下，它位于界面右边，不但可以移动和调整大小，打开或关闭，而且还可以固定于界面右边的默认位置。

1.6.7 使用设计库打开练习文件

可以使用设计库打开练习中的零件和装配体。通过以下步骤，将教程所用到的文件添加到设计库中，如图 1-23 所示。

图 1-22　任务窗格

1）打开【任务窗格】。

2）单击【文件探索器】。

3）选择教程中的文件夹 Essentials（文件夹位于练习文件 SOLIDWORKS Training Files 文件夹下）。

4）展开课程文件夹（例如 Lesson01），然后再打开里面的 Case Study 或 Exercises 文件夹。

5）双击一个零件或装配体将其打开。

1.6.8　前导视图工具栏

【前导视图】工具栏是一个透明的工具栏，它包含许多常用的视图操作命令。许多弹出工具按钮包含其他弹出工具（例如【隐藏/显示】）。弹出工具按钮通过一个小的向下的箭头来访问其他命令，例如，如图 1-24 所示。

1.6.9　不可选的图标

在使用软件时，读者有时会注意到一些命令、图标和菜单选项灰显而无法选择。这有可能是在当前环境下无法使用这些功能。例如，如果此时正在绘制草图（【编辑草图】模式），可以使用"草图"工具栏的所有工具，但是在"特征"工具栏中的圆角、倒角命令按钮就无法选择。同样，当处在编辑零件模式时，可以选择"特征"工具栏的相关图标，而草图工具栏变灰不可选。这种灰显选项的设计，可以帮助没有经验的使用者只能使用对所选对象适合的选项。

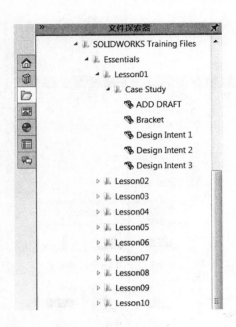

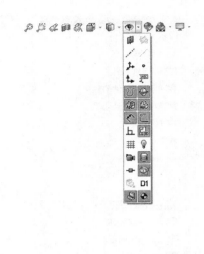

图1-23　文件探索器　　　　　　　　　　　　　　图1-24　前导视图工具栏

 提示　作为一个面向对象的应用软件，SOLIDWORKS 并不要求在打开有关菜单或对话框前就必须先选择对象。例如用户想在模型中加入一些圆角过渡，既可以先选取边再单击【圆角】，也可以先单击【圆角】再选取边，用户可以自己做出选择。

1.6.10　鼠标的应用

在 SOLIDWORKS 中，鼠标的左键、右键和中键有完全不同的意义。

1. 左键　用于选择对象，如几何体、菜单按钮和 FeatureManager 设计树中的内容。

2. 右键　用于激活关联的快捷键菜单。快捷键菜单列表中的内容取决于光标所处的位置，其中也包含常用的命令菜单。

在快捷键菜单顶部是单击鼠标左键时弹出的关联工具栏，它包含最常用的命令图标。

关联工具栏下面是下拉式菜单，它包含其他前后相关的一些命令，如图1-25 所示。

 提示　关联工具栏在使用鼠标左键进行选取时也会弹出，它可以快速获取常见命令。

3. 中键　用于动态地旋转、平移和缩放零件或装配体，平移工程图。

1.6.11　快捷键

一些菜单选项有快捷键，例如  重画(R)　　　　　　　Ctrl+R 。

SOLIDWORKS 指定快捷键的方式与标准 Windows 约定一致，Ctrl + O 代表【文件】/【打开】；Ctrl + S 代表【文件】/【保存】；Ctrl + Z 代表【编辑】/【撤销】。此外，用户也可以创建自己的快捷键。

1.6.12　多屏幕显示

SOLIDWORKS 可以利用多个显示器来扩展显示范围，并可以将文档窗口或菜单移至不同的显示器。

1）横跨显示器。在 SOLIDWORKS 窗口顶部工具栏中单击【横跨显示】，通过两个显示器来延伸显示，如图1-26 所示。

图 1-25　关联工具栏和下拉式菜单

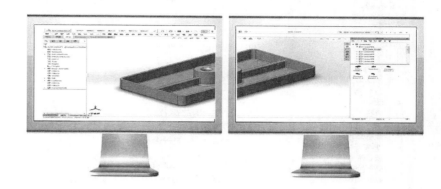

图 1-26　横跨显示器

2）适合显示器。在文档的顶部工具栏中单击【单击以向左平铺】或【单击以向右平铺】，以适合左侧或右侧的显示器，如图 1-27 所示。

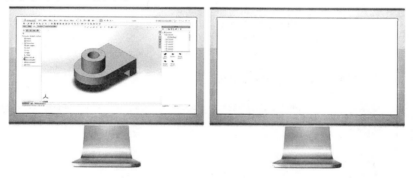

图 1-27　适合显示器

1.6.13　系统反馈

系统反馈由一个连接到带箭头光标的符号来表示，表示用户正在选择什么或系统希望用户选择什么。当光标通过模型时，与光标相邻的符号就表示系统反馈。如图 1-28 所示为一些系统反馈的符号：点、边、面和尺寸标注。

点

边

面

尺寸标注

图 1-28　系统反馈的符号

1.6.14　选项

在【工具】菜单中，【选项】对话框允许用户自定义 SOLIDWORKS 的功能，例如公司的绘图标准、个人习惯和工作环境等，如图 1-29 所示。

技巧

使用【选项】对话框右上角的【搜索选项】栏来快速查找需要设置的系统选项和文档选项。只要在搜索结果列表中选择需要设置的属性即可直接切换到相应的设置页面。

用户可以有几个不同层次的设置，分别如下：

1. 系统选项　在【系统选项】里的选项，一旦被保存后，将影响所有 SOLIDWORKS 文档。系统设置允许用户控制和自定义工作环境。例如，设定个人喜欢的窗口背景颜色。因为是系统设置，相同的零件或装配体在不同用户的计算机上打开，其显示窗口背景颜色也是不相同的。

2. 文件属性　某些设置可以被应用到每一个文件中。例如，单位、绘制标准和材料属性（密度）都可以随文件一起被保存，并且不会因为文件在不同的系统环境中打开而发生变化。

12

图 1-29　选项对话框

关于本书用到的选项设置的更多介绍，可参阅本书附录中的选项设置。

3. 文件模板　文件模板是为某些特殊设置而预先定义好的文档。例如，用户在使用过程中可能需要两种不同的文件模板，一种是使用 ANSI 绘图标准和英制单位，另一种是使用米制单位（如毫米）和 ISO 绘图标准。用户可以根据需要定义很多不同的模板，它们可以存在于不同的文件夹中，以便于打开新文件时更加容易使用。用户可以为零件、装配体和工程图创建不同的文件模板。

关于如何创建文件模板的更多细节介绍，可参阅本书附录中的文件模板。

4. 对象　很多情况下，文件中对象的属性可以被修改或编辑。例如，用户可以改变尺寸的默认显示方式，隐藏一个或两个尺寸界线，修改特征的颜色等。

1.6.15　搜索

【搜索】选项被用来通过零件名称搜索系统中的文件（前提是安装了 Windows 桌面搜索引擎），或从 SOLIDWORKS 帮助文档、知识库及社区论坛中查找信息。按下列步骤进行搜索。

1）选择想要的搜索类型。

2）在【搜索】框内输入零件全名或者部分零件名称，然后单击搜索图标Q。

3）必须先登录账户才能使用知识库和社区论坛搜索功能，如图 1-30 所示。

图 1-30　搜索结果

第2章 草 图

学习目标
- 创建新零件
- 创建新草图
- 绘制草图
- 在几何体之间创建草图关系
- 理解草图的状态
- 拉伸草图形成实体

2.1 二维草图

本章将介绍二维草图的绘制方法，这是 SOLIDWORKS 建模的基础，如图 2-1 所示。

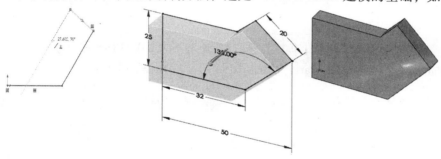

图 2-1 草图与拉伸

扫码看 3D

在 SOLIDWORKS 中，草图是用于生成草图特征的，这些特征包括：
- 拉伸
- 旋转
- 扫描
- 放样

如图 2-2 所示为一个相同的草图如何形成不同类型的特征。本章只探讨其中的拉伸特征，其他类型的特征将会在以后的课程中逐步介绍。

拉伸   旋转   扫描   放样

图 2-2 草图形成的特征

2.2 处理流程

每一个草图都有一些外形、尺寸或者方向的特性。

1. **新零件** 可以通过不同的尺寸单位创建新零件，如英寸、毫米等。零件用于创建和形成实体模型。

2. **草图** 草图是二维几何图形的组合，用于创建实体特征。

3. **绘制几何体** 通过各种类型的二维几何元素，如直线、圆弧和矩形等形成草图的形状。

4. **草图几何关系** 几何关系，如水平和垂直，可应用于绘制几何体，这些关系限制了草图实体的移动。

5. **草图状态** 每个草图都有一个状态来决定它可否使用，这些状态为完全定义、欠定义或者过定义。

6. **草图绘制工具** 用来修改已经创建的草图几何体，这些工具包括剪裁和延伸工具。

7. **拉伸草图** 拉伸二维草图以形成三维实体特征。

操作步骤

本章演示的操作步骤包括绘制草图和拉伸草图，首先要创建一个新的零件文件。

新建零件	【新建】可以选择一个零件、装配体或工程图模板来创建 SOLIDWORKS 文档。这里已有几个默认选项添加在【Training Templates】中。
操作方法	• 在标准工具栏上，单击【新建】 。 • 在【文件】菜单中，选择【新建】。 • 快捷键：Ctrl + N。

步骤1 新建零件 在标准工具栏上单击【新建】 ，在【新建 SOLIDWORKS 文件】对话框中选择【Training Templates】选项卡中的"Part_MM"模板，然后单击【确定】，如图 2-3 所示。

图 2-3 新建零件

提示 选择哪一个模板创建零件，则零件就采用包括单位在内的该模板设置。创建新零件的一个关键设置是零件的单位设置。正如模板文件名提示的那样，此例中，零件的模板采用的是毫米单位。用户可以创建和保存任何数量的不同模板，每一个模板都可以有不同的设置。

2.3 保存文件

保存文件是把内存中的文件信息保存到硬盘指定的目录下，SOLIDWORKS 提供三种保存文件的方式，不同的保存方式对文件引用有不同的影响。

1. 保存 将内存中的文件复制到硬盘，保持内存中的拷贝是打开的。如果该文件正被其他打开的 SOLIDWORKS 文件引用，则不改变引用。

知识卡片	保存	● 单击【文件】/【保存】。 ● 在标准工具栏上单击【保存】📄。 ● 快捷键：Ctrl + S。

2. 另存为 使用新的文件名或文件类型将内存中的文件复制到硬盘，用新的文件替换内存中的文件。原文件不保存，同时被关闭。如果该文件正被其他打开的 SOLIDWORKS 文件引用，使用新文件的更新引用。

3. 另存备份档 使用新的文件名或文件类型将内存中的文件复制到硬盘，保持内存中的拷贝是打开的。如果该文件正被其他打开的 SOLIDWORKS 文件引用，不使用新文件的更新引用。

步骤2 命名零件 在标准工具栏上单击【保存】📄，在【文件名】文本框中输入文件名称"Plate"，系统自动添加文件的扩展名" * . sldprt"，单击【保存】来保存零件，如图 2-4 所示。

图 2-4 保存并命名文件

2.4 了解草图

在这一节中，将创建零件的第一个特征，也叫作基体特征。基体特征只不过是要完成这个零件所需要的许多特征中的第一个，如图 2-5 所示。

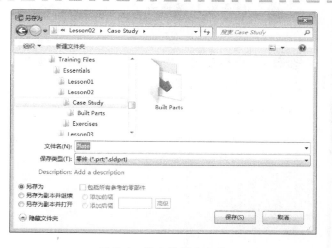

图 2-5 零件的基体特征

2.5 绘制草图

绘制草图就是绘制由线框几何元素构成的二维轮廓线。典型的二维几何元素有直线、圆弧、圆和椭圆。绘制草图是一个动态的过程，光标的反馈使这个过程变得很容易。

2.5.1　默认平面

在创建草图前，用户必须选择一个草图平面。系统默认提供三个基准面，分别是前视基准面、上视基准面和右视基准面。

知识卡片		
	插入草图	当新建一个草图，【插入草图】命令将在当前选择的参考平面或模型中平面的表面上开始一个草图。用户也可以用这个命令来编辑已存在的草图。 单击【插入】/【草图绘制】命令后，用户必须选取一个参考平面或者模型中一个平面的表面。当光标变成 时，表明需要选择平面。
	操作方法	• 在 CommandManager 中选择【草图】/【草图绘制】。 • 在【插入】菜单下，单击【草图绘制】。 • 在一个基准面或一个平面上单击鼠标右键，在快捷菜单中选择【草图绘制】。

步骤 3　打开新草图　通过单击 或者从【插入】菜单中选择【草图绘制】命令来打开草图。在上下二等角轴测方向提供了三个可供选择的默认型的绘图视域，由于上下二等角轴测方向是有导向型的绘图视域，所以这三个相互垂直的平面是不均等的透视平面。

从图 2-6 可以看到，选择了前视基准面(Front Plane)，该平面将高亮显示并旋转。

> **提示**　参考三重轴(绘图区域的左下角)始终显示坐标模型的方向(红色为 X，绿色为 Y，蓝色为 Z)，如图 2-7 所示。它有助于显示相对于前视基准面视图方向是如何改变的。

步骤 4　激活草图　选中的前视基准面会自动旋转到与屏幕平行的位置，这种情况只在零件绘制第一个草图时发生。

如图 2-8 所示，符号 表示零件模型的原点，当它显示为红色时，表示草图处于激活状态。

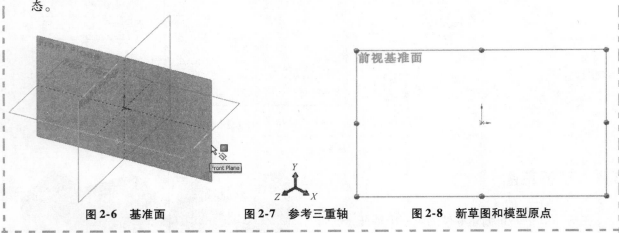

图 2-6　基准面　　　　图 2-7　参考三重轴　　　　图 2-8　新草图和模型原点

知识卡片		
	确认角	在执行许多 SOLIDWORKS 命令时，绘图区域的右上角会出现一个或一系列的符号，这个区域简称为【确认角】。

2.5.2　草图指示器

当草图被激活或打开时，【确认角】显示两个符号：一个符号是类似于草图绘制工具按钮的草图符号，另一个是红色的取消符号（"×"），如图 2-9a 所示。单击草图符号保存对草图所做的任何修改并退出草图绘制状态；单击取消符号将退出草图绘制状态并放弃对草图所做的任何修改。

a)

当执行其他命令时，【确认角】会显示两个符号：确认符号（"√"）和取消符号（"×"），如图 2-9b、c 所示。单击确认符号执行当前命令，单击取消符号将撤销当前命令。

b)

按住键盘中的字母键"D"，可以把【确认角】移到鼠标当前位置。

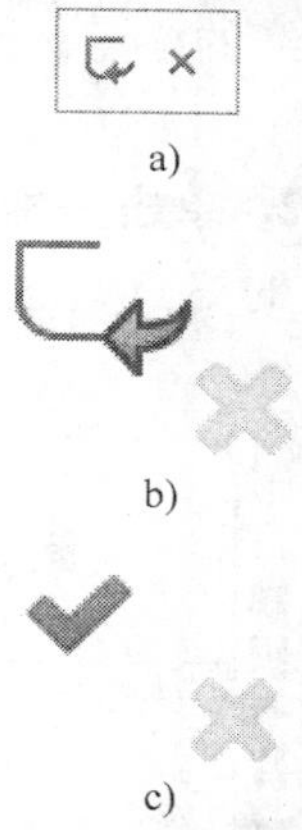

c)

2.6　草图实体

SOLIDWORKS 提供了丰富的绘图工具来创建草图轮廓。表 2-1 列出了 SOLIDWORKS 在草图工具栏默认提供的基本草图绘制实体工具。

图 2-9　草图指示器

表 2-1　基本草图绘制实体工具

草 图 实 体	工 具 按 钮	示　　例	草 图 实 体	工 具 按 钮	示　　例
直线			三点圆弧槽口		
圆			中心点圆弧槽口		
圆心/起、终点圆弧			多边形		
切线弧			边角矩形		
3 点圆弧			中心矩形（可添加多种类型的构造几何体）		
椭圆			3 点边角矩形		
部分椭圆			3 点中心矩形		
抛物线			平行四边形		
样条曲线			点		
直槽口			中心线		
中心点直槽口					

2.7　基本草图绘制

练习草图绘制最佳的方法是使用最基本的绘图工具——直线，本节将只介绍这种最基本的绘图工具。

2.7.1　草图绘制模式

绘制几何体有两种绘图技巧：

1. 单击—单击   移动光标到欲绘制直线的起点，单击（按下然后松开）鼠标左键，然后移动光标到直线的终点，这时在绘图区域中显示出将要绘制的直线预览，再次单击鼠标左键，即可完成直线绘制。

2. 单击—拖动   移动光标到欲绘制直线的起点，单击鼠标左键并且不松开，然后移动光标到直线的终点，这时在绘图区域中显示出将要绘制的直线预览，松开鼠标左键，即可完成该直线的绘制。

知识卡片	插入直线	利用【直线】工具可以在草图中创建直线，绘制过程中，可以通过查看绘图过程中光标的反馈符号来绘制水平或竖直的直线。
	操作方法	• 在 CommandManager 中选择【草图】/【直线】／。 • 从【工具】菜单中，选择【草图绘制实体】/【直线】命令。 • 将光标移动到图形区域，单击鼠标右键，从快捷菜单中选择【直线】／。

知识卡片	草图几何关系	草图几何关系是对草图元素的一种强制性行为，用来保证设计意图。更多的详细介绍请参阅本书第 2.10 节"草图几何关系"。

步骤5   绘制直线   单击【直线】／，从原点绘制一条水平的直线。指针旁出现"━"符号，表示系统自动为绘制的直线添加了一个【水平】的几何关系，而数字则显示了直线的长度。再次单击完成直线绘制，如图 2-10 所示。

 注意   不要太注重所绘制直线的精确长度，SOLIDWORKS 是一个尺寸驱动式的软件，几何体的大小是通过为其标注的尺寸来控制的；因此，绘制草图的过程中只需要绘制近似的大小和形状即可，然后通过修改尺寸标注来使其精确。

步骤6   绘制具有一定角度的直线   从第一条直线的终点开始，绘制一条具有一定角度的直线，如图 2-11 所示。

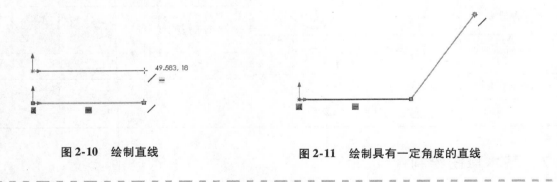

图 2-10   绘制直线   图 2-11   绘制具有一定角度的直线

2.7.2   推理线（自动添加几何关系）

除了"━"和"┃"符号，使用虚线显示的推理线也可以帮助用户排列现有的几何体。推理线包括现有的线矢量、法线、平行、垂直、相切和同心等。

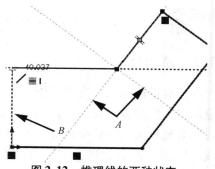

需要注意的是，一些推理线会捕捉到确切的几何关系，而其他的推理线则只是简单作为草图绘制过程中的指引线或参考线来使用。

SOLIDWORKS 采用不同的颜色来区分这两种不同的状态。如图 2-12 所示，推理线 A 采用了橄榄绿，如果此时所绘制的线段捕捉到这两条推理线，系统将会自动添加相切或垂直的几何关系。推理线 B 采用了蓝色，它仅仅提供一个端点到另一个端点的垂直的参考，如果所绘的线段终止于这个端点，将不会添加垂直的几何关系。

图 2-12　推理线的两种状态

 提示　这种在绘图中自动显示草图几何关系的功能，可以通过【视图】/【隐藏/显示】/【草图几何关系】来打开或关闭。在草图绘制初始阶段，该显示是处于打开状态的。

步骤 7　根据推理线绘制垂直线段　移动光标到与前一条线段垂直的方向上，系统将显示出推理线。当前所绘制直线与前一条直线将会自动添加"垂直"几何关系。光标符号表明用户捕捉到了垂直关系，如图 2-13 所示。

步骤 8　绘制第二条垂直线段　从上一条直线的终点继续绘制一条垂直的线段，垂直的几何关系再次被自动捕捉，如图2-14所示。

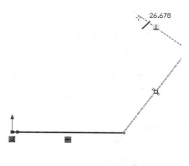

图 2-13　垂直线段

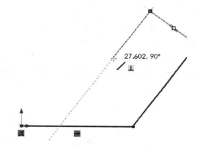

图 2-14　第二条垂直线段

步骤 9　作为参考的推理线　从上一条直线的终点绘制一条水平线。严格地说，一些推理线仅作参考而不会自动添加几何关系。该推理线用蓝色虚线显示。这种推理线用于参考所绘制直线和原点在竖直方向上对齐，如图 2-15 所示。

步骤 10　闭合草图　绘制最后的一条直线，将其终点与第一条直线的起始点重合，草图成为封闭的轮廓，如图 2-16 所示。

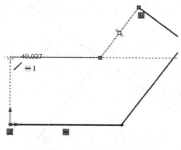

图 2-15　作为参考的推理线

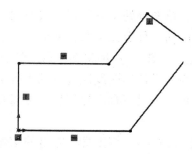

图 2-16　闭合草图

 提示 通过单击 CommandManager 中的【上色草图轮廓】◢来控制闭合草图是否上色。

2.7.3 草图反馈

草图有很多类型的反馈特征。通过光标的变化来显示出当前绘制的几何实体的种类，同时，还可以表示对现有实体的捕捉情况，如捕捉到端点、中点或与所选实体重合等类型。当光标移到这些点时，还会用红点表现出来，如图 2-17 所示。

三种最常见的反馈符号见表 2-2。

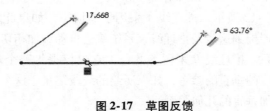

图 2-17　草图反馈

表 2-2　最常见的反馈符号

捕 捉 点	图 例	说 明
端点		当光标扫过时，黄色同心圆表示终点
中点		黄色正方形表示中点，当光标移到直线上时，变成红色
重合点（在边缘）		同心显示为同心圆，同时圆周上的四个象限点也会显示出来

知识卡片

结束绘制工具

使用下列其中一种方法就可以结束绘制工具：
- 在菜单栏中单击【选择】◣。
- 在 CommandManager 中选择激活的工具以结束使用该工具。
- 按下键盘的 Esc 键。

步骤 11　结束绘制工具　按下键盘的 Esc 键结束绘制直线命令。

2.7.4 草图状态

在任何时候，草图都处于五种定义状态之一。草图状态由草图几何体与定义的尺寸之间的几何关系来决定。最常用的三种定义状态分别是：

1. 欠定义 ☐(-)草图1　这种状态下草图的定义是不充分的，但是仍可以用这个草图来创建特征。这是很有用的，因为在零件早期设计阶段的大部分时间里，并没有足够的信息来完全定义草图。随着设计的深入，会逐步得到更多有用的信息，可以随时为草图添加其他定义。欠定义的草图几何体是蓝色的（默认设置）。

2. 完全定义 ☐草图1　草图具有完整的信息。完全定义的草图几何体是黑色的（默认设置）。一般来说，当零件完成最终设计要进行下一步的加工时，零件的每一个草图都应该是完全定义的。

3. 过定义 ☐⚠(+)草图1　草图中有重复的尺寸或相互冲突的几何关系，直到修改后才能使用。应该删除多余的尺寸和约束关系。过定义的草图几何体是红色的(默认设置)。

 提示 　　另外两种草图状态是无解和无效，它们都表示有错误必须修复。更多细节介绍请参阅本书第8章"编辑:修复"。

2.8 草图绘制规则

不同类型的草图将会产生不同的结果，表2-3总结了一些不同类型的草图。

 注意 　　表格中所列出的某些技术属于高级应用技术。本书将在随后的章节和高级教程中予以讲解。

表2-3　不同类型的草图

草 图 类 型	描 述	特 别 注 意 事 项
R6 20 25 125.00° 32 50	典型的"标准"草图，有单一封闭的轮廓	无要求
(矩形内含圆)	嵌套式封闭轮廓，可以用来创建具有内部被切除的凸台实体	无要求
(开环折线)	开环轮廓，可以用来创建壁厚相等的薄壁特征	无要求。更多介绍请参阅本书第7.8节"薄壁特征"
(阶梯形未闭合轮廓)	轮廓没有闭合	创建特征时必须使用【轮廓选择工具】指定轮廓。更多介绍请参阅本书第9.5节"草图轮廓" 尽管这个草图可以用来创建特征，但是它代表的是比较低的技巧和不好的习惯，工作时尽量不要使用这种草图
(自相交矩形)	草图包含一个自相交的轮廓	使用【轮廓选择工具】。更多介绍请参阅本书第9.5节"草图轮廓" 如果两个轮廓都被选择，则创建多实体 多实体建模是高级建模方法，建议用户在具有丰富的应用经验之前，不要使用该类型的草图
(阶梯形与椭圆)	草图包含多个独立的轮廓	该类型的草图创建多实体 多实体建模是高级建模方法，建议用户在具有丰富的应用经验之前，不要使用该类型的草图

步骤12　查看当前草图状态　由于当前草图中某些元素是蓝色的，表示草图欠定义。注意直线的端点可能会与直线本身具有不同的颜色和状态。例如，在原点的垂直线是黑色的，因为它是一条垂直线，并且和原点重合。但是，直线上最高点是蓝色的，因为直线度的长度欠定义，如图 2-18 所示。

步骤13　拖动草图　可以拖动欠定义的几何体(蓝色)或其端点到一个新的位置上，而完全定义的草图是不能被拖动的。拖动端点改变草图的形状，被拖动的端点显示为绿色，如图 2-19 所示。

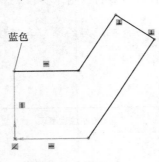

图 2-18　草图状态

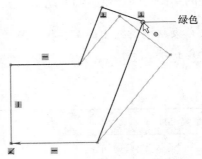

图 2-19　拖动

步骤14　撤销操作　单击【撤销】，可以撤销操作过程中上一步所做的修改。用户可以从该命令的下拉列表项中查看并选择最后的几个操作内容。【撤销】命令的快捷键是 Ctrl + Z。

> **技巧** 可以使用【重做】恢复前一步的操作，它的快捷键是 Ctrl + Y。

2.9　设计意图

如前所述，设计意图决定了零件是如何创建以及零件修改后是如何变化的。在这个例子中，草图的形状必须能够按图 2-20 所示的方式变化。

2.9.1　控制设计意图的因素

在草图中，可以通过以下两种途径捕捉和控制设计意图。

1. 草图的几何关系　在草图元素之间创建几何关系，例如平行、共线、垂直或同心等。

2. 尺寸　草图中的尺寸用于定义草图几何体的大小和位置，可以添加线性尺寸、半径尺寸、直径尺寸以及角度尺寸。

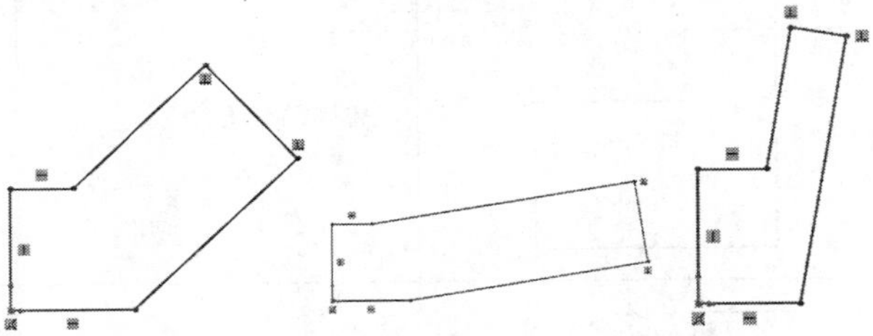

图 2-20　设计意图

为了完全定义草图，并且捕捉所有希望的设计意图，要求设计人员能够正确理解和合理应用草图中的几何关系与尺寸组合。

> **技巧** 当【视图】/【隐藏/显示】/【草图几何关系】处于打开状态时，几何关系在绘图区域内自动显示；当该选项处于关闭状态时，单击某几何体，会显示出该几何体的几何关系，同时打开 PropertyManager。

2.9.2 需要的设计意图

为了使草图能够正确地进行变化，必须加入正确的几何关系和尺寸。就本例而言，要求实现的设计意图见表2-4。

表 2-4　设计意图图例

设 计 意 图	图 例	设 计 意 图	图 例
水平线和垂直线		直角或垂直线	
角度值		总长度值	
平行距离值		—	—

2.10　草图几何关系

草图几何关系是用来限制草图元素的行为，从而捕捉设计意图的。一些几何关系是系统自动添加的，另外一些可以在需要的时候手动添加。本例将通过研究草图中的一条直线的几何关系来检验一下几何关系是如何影响设计意图的。

2.10.1　自动草图几何关系

自动草图几何关系是在绘制草图的过程中系统自动添加的几何关系。这方面的内容在前面的操作步骤中已经有所展示，草图反馈将告诉用户何时可以自动添加几何关系。

2.10.2　添加草图几何关系

对于那些无法自动添加的几何关系，用户可以使用约束工具创建草图元素间的几何关系。

显示几何关系	【显示/删除几何关系】可以查看草图元素间的几何关系，并且可以选择性地删除某些几何关系。
操作方法	• 在 CommandManager 中单击【草图】/【显示/删除几何关系】⊥●。 • 在【工具】菜单中选择【几何关系】/【显示/删除】。 • 在【属性】的 PropertyManager 中单击【添加几何关系】。

步骤 15　显示直线的几何关系　单击右上角的直线，将自动打开 PropertyManager。在【现有几何关系】选择框中列出了与所选直线相关的几何关系，如图 2-21 所示。

步骤 16　删除几何关系　在 PropertyManager 或图标上单击需要删除的几何关系，按下键盘上的 Delete 键即可删除。如果选中的是图标，图标将变成蓝色，并用粉红色显示该几何关系所影响到的实体，如图 2-22 所示。

步骤 17　拖动端点　删除几何关系后，直线不再被约束为垂直的，再次拖动端点时，草图不会像原来那样改变形状，如图 2-23 所示。可以比较步骤 13 与本步骤在拖动端点时的不同。

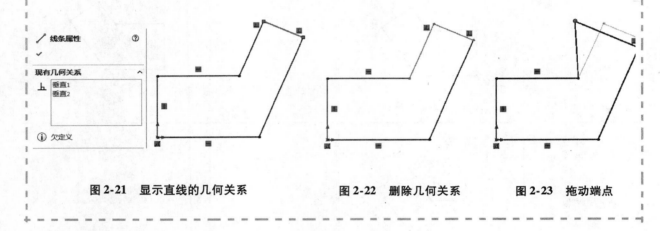

图 2-21　显示直线的几何关系　　　图 2-22　删除几何关系　　图 2-23　拖动端点

2.10.3　草图几何关系的示例

草图几何关系有很多类型。根据所选择草图元素的不同，能够添加合理的几何关系类型也不同。可以选择实体本身，也可以选择端点，甚至可以选择多种实体的组合。SOLIDWORKS 会根据用户选择草图元素的类型，自动筛选可以添加的几何关系种类。表 2-5 列出了常用几何关系的一些示例，但并不是全部，更多的例子将通过本教程逐步介绍。

表 2-5　常用几何关系示例

几何关系	添加关系前	添加关系后	几何关系	添加关系前	添加关系后
重合 直线和端点之间			合并 两个端点之间		

（续）

几何关系	添加关系前	添加关系后	几何关系	添加关系前	添加关系后
平行 两条或多条 直线之间			竖直 应用于一条 或多条直线		
垂直 两条直线之 间			竖直 两个或多个 端点之间		
共线 两条或多条 直线之间			相等 两条或多条 直线之间		
水平 应用于一条 或多条直线			相等 两个或多个 圆弧或圆之 间		
水平 两个或多个 端点之间			中点 直线和端点 之间		
相切 在一条直线 和一个圆弧 （圆）之间 或者两个圆 弧（圆）之 间			相切 在一条直线 和一个圆弧 之间用共同 的端点		

添加几何关系	【添加几何关系】用于为草图元素之间添加诸如平行或共线之类的几何关系。
操作方法	• 在 CommandManager 中单击【草图】/【显示/删除几何关系】⊥◉/【添加几何关系】⊥。 • 单击【工具】/【几何关系】/【添加】。 • 在【属性】的 PropertyManager 中单击【添加几何关系】。

2.10.4 选择多个对象

在本书第 1 章中曾经提到，使用鼠标左键可以选择操作对象。但是当需要选择一个以上的操作对象时，该如何进行选择呢？SOLIDWORKS 遵循了 Microsoft® Windows 的标准操作习惯：Ctrl + 选择，在选择对象时按住 Ctrl 键即可。

步骤 18 添加几何关系 按住 Ctrl 键，选择两条直线，如图 2-24 所示。PropertyManager 只显示出可以为两条直线添加合理的几何关系的列表，如图 2-25 所示。单击【垂直】，然后再单击【确定】或者单击图形窗口的空白区域。

步骤 19 拖动草图 拖动草图中的元素，使之大致恢复到最初的形状，如图 2-26 所示。

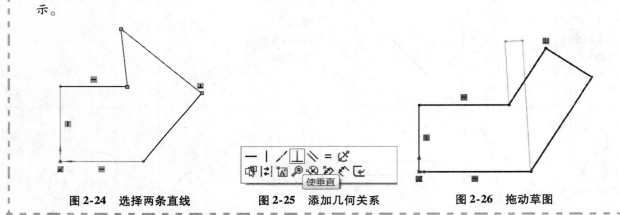

图 2-24 选择两条直线   图 2-25 添加几何关系   图 2-26 拖动草图

2.11 标注尺寸

在 SOLIDWORKS 系统中，标注尺寸是定义几何元素和捕捉设计意图的另一种方法。使用尺寸标注的优点在于用户既可以在模型中显示尺寸的当前值，又可以修改它。

智能尺寸	【智能尺寸】工具根据用户选取的几何元素来决定尺寸的正确类型。在标注前就可以预览尺寸的类型。例如，如果用户选择了一个圆弧，系统将自动创建半径尺寸；如果是圆，则得到直径尺寸；如果选取两条平行线，系统会给这两条线之间添加线性尺寸。当【智能尺寸】不能满足用户要求时，还可以选择几何元素的端点并将尺寸移动到不同的标注位置。
操作方法	• 在 CommandManager 中单击【草图】/【智能尺寸】❖。 • 从【工具】菜单中选择【标注尺寸】/【智能尺寸】。 • 单击鼠标右键，从快捷菜单中选择【智能尺寸】❖。

2.11.1　尺寸的选取与预览

用标注尺寸工具选择草图几何体后，系统将会显示标注尺寸的预览。用户只需简单地移动鼠标就可以看到所有可能的标注方式。单击鼠标左键将尺寸放置在当前的位置和方向。单击鼠标右键🖱锁定尺寸标注的方向，然后继续移动尺寸文字的位置，找到合适的位置后单击鼠标左键。

用标注尺寸工具选择两个端点后，将可能有三个方向上的线性尺寸标注位置。尺寸值是初始的点到点的距离，选择不同的方向会得到不同的数值，如图 2-27 所示。

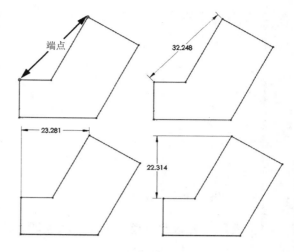

图 2-27　尺寸选取与预览

步骤20　添加线性尺寸　单击【智能尺寸】↙，然后单击图 2-28 所示直线并用鼠标右键单击🖱以锁定方位。按照图示的直线右上方位置来确定尺寸位置，再次单击鼠标左键。直线长度尺寸的当前值显示在【修改】的对话框中，可以用鼠标中键来增大或减小尺寸值，也可以直接输入新的尺寸值。

提示👆　选择直线时可能会不小心选择了中点而不是直线本身，所以在选择直线的时候应该离中点稍微远些，如图 2-29 所示。

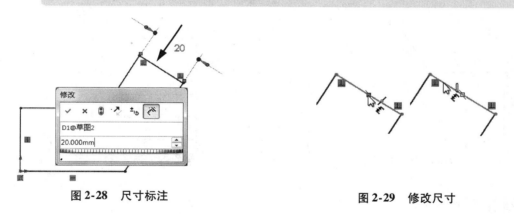

图 2-28　尺寸标注　　　　　　　图 2-29　修改尺寸

1. 修改工具　在创建或编辑尺寸(参数)时，在出现的【修改】对话框(图 2-30)中可以进行如下操作：
▓▓▓▓▓▓：设定尺寸的增量来调整大小。

✓　保存尺寸值并退出对话框。

✕　恢复原始值并退出对话框。

🖱　使用当前的尺寸值重建模型。

↗　反转尺寸方向。

±₁₀　改变选值框的增量值。

✍　标记输入工程图的尺寸。

提示👆　在对话框的上半部分可以更改尺寸名称。

2. 单位修改工具　标注或修改尺寸时可以输入和零件模板单位不同的单位。输入数值时，在【单位】菜单中选择需要的单位，如图 2-31 所示。

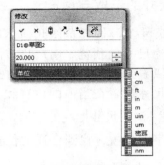

图 2-30　修改尺寸　　　　　　　　　　　　图 2-31　修改尺寸单位

步骤 21　修改尺寸值　把尺寸改为 20，然后单击【保存】✔。这个尺寸使得直线长度变成了 20mm，如图 2-32 所示。

> **技巧**　按 Enter 键也可以实现与单击【保存】✔ 同样的功能。

步骤 22　标注线性尺寸　如图 2-33 所示的草图，标注其中的线性尺寸。

> **技巧**　标注草图尺寸时，最好先标注尺寸值较小的尺寸，然后再标注尺寸值较大的尺寸。

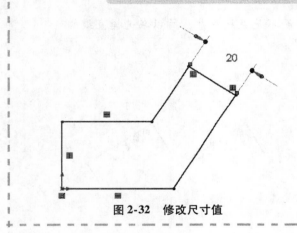

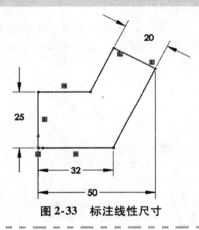

图 2-32　修改尺寸值　　　　　　　　　图 2-33　标注线性尺寸

2.11.2　角度尺寸

智能尺寸除了可以标注线性尺寸、直径尺寸和半径尺寸以外，还可以标注角度尺寸。选择既不共线又不平行的两条直线，或选择三个不共线的点就可以进行角度尺寸标注。

根据用户将角度尺寸放置位置的不同，可以标注内部或外部角度尺寸、锐角或钝角。图 2-34 显示了尺寸放置在不同位置的情况。

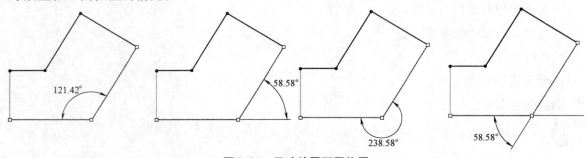

图 2-34　尺寸放置不同位置

步骤23 标注角度尺寸 使用尺寸标注工具标注角度尺寸，输入的角度值为125.00°。现在草图已经是完全定义，如图2-35所示。

图2-35 标注角度尺寸

2.11.3 Instant 2D

知识卡片	Instant 2D	• 【Instant 2D】用于修改草图标注尺寸，通过拖动和标尺来动态修改尺寸值。
	操作方法	• 在 CommandManager 中单击【草图】/【Instant 2D】。

提示 标尺用来引导拖动方向。移动鼠标靠近可以捕捉到标尺刻度的位置。

步骤24 选择尺寸

【Instant 2D】工具默认处于打开状态。单击并按住尺寸标注箭头尽头的蓝色小球，尺寸的值和关联的直线会随着拖动而动态改变。拖过标尺将角度修改为135.00°，如图2-36所示。

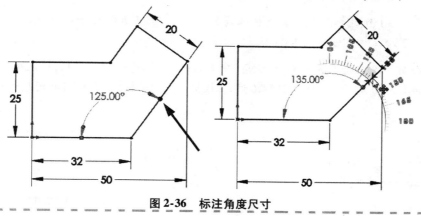

图2-36 标注角度尺寸

2.12 拉伸

草图完成后，用户可以通过拉伸创建零件的第一个特征。拉伸一个草图的选项有多个，包括终止条件、拔模和拉伸深度。本书将在随后的章节中详细介绍这些选项。拉伸是在垂直于草图平面的方向上进行的，本例中草图平面是前视基准面。

知识卡片	拉伸	• 在 CommandManager 中单击【特征】/【拉伸凸台/基体】。
		• 在菜单中，选择【插入】/【凸台/基体】/【拉伸】。

步骤25 创建拉伸特征 在菜单中选择【插入】/【凸台/基体】/【拉伸】，或者单击特征工具栏上的【拉伸凸台/基体】，创建拉伸特征。

在【插入】菜单中，创建特征的其他方法也和【拉伸】、【旋转】一起列出。由于这幅草图并不符合创建某些类型特征所必须的条件，因此它们是以灰色显示的。例如，【扫描】特征同时需要轮廓和草图路径。因为此时只有一个草图，所以【扫描】命令不能用。

在绘图区域中，视图方向会自动切换到上下二等角轴测方向，预览特征会按默认深度显示出来，如图 2-37 所示。

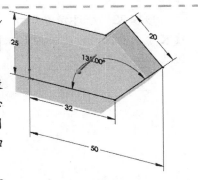

图 2-37 拉伸预览

用户可以用控标 拖动到预览所需要的拉伸深度。如图 2-38 所示，激活的控标以红色显示，未激活的控标为灰色。图 2-38 显示出当前的尺寸值，出现的标尺是引导拖动的，光标拖动越接近标尺则越容易捕捉到标尺上的刻度。

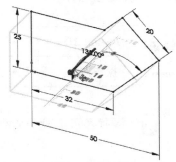

图 2-38 拖动控标

步骤26 设置拉伸特征 如图 2-39 所示改变设置，终止条件 = 给定深度，（深度值）= 6.00mm。单击【确定】创建拉伸特征。

①按 Enter 键。②在绘图区域的【确认角】中单击【确定】或【取消】，确认角可通过按键 D 来改变位置，如图 2-40 所示。③单击鼠标右键，在快捷菜单中选择【确定】或【取消】，如图 2-41 所示。

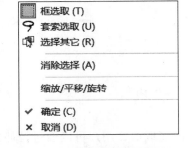

图 2-39 拉伸特征的设置   图 2-40 确定与取消   图 2-41 使用快捷菜单确认

步骤27 完成特征 所创建的特征是零件的第一个实体，或者说是第一个特征。如图 2-42 所示，草图被包含于拉伸特征 1（Extrude1）中。

图 2-42 拉伸特征   图 2-43 展开特征树上的拉伸特征

步骤 28 保存和退出 单击【保存】📄保存所做的工作，单击【文件】/【关闭】关闭文件。

2.13 草图指南

下面列出了一些 SOLIDWORKS 用户应该意识到的草图经验或最佳实践方法。其中部分技巧将在本书后续课程的实例中体现。

1）草图要简洁。简洁的草图易于编辑、不易出错，并且有利于下一步的使用，比如配置。

2）利用好第一个草图的原点。

3）零件的第一个草图应该能展示零件的主要轮廓。

4）应该先创建几何草图，然后再添加几何约束，最后标注尺寸。因为尺寸有时会干扰添加额外的几何约束。

5）尽可能使用几何约束来表达设计意图。

6）绘制草图时要使用合适的比例，以免在标注时产生错误或导致图形重叠。

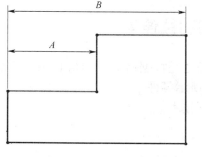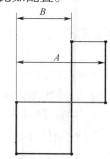

图 2-44 编辑尺寸

7）添加或编辑尺寸时，原则是从最近的或最小的几何体开始，然后再编辑最远的或最大的几何体，以免几何图形重叠，如图 2-44 所示。

8）通过约束、链接数值和方程式来减少无约束关系的尺寸的使用。

9）充分发挥对称优势。使用【镜像】或【动态镜像】草图工具来镜像草图元素和添加对称约束关系。

10）灵活多变。有时有必要改变尺寸或约束的添加顺序，并且在添加尺寸前将几何实体拖到离精确位置稍近的地方。

11）及时修复草图错误。【SketchXpert】和【检查草图合法性】功能能帮助快速找到问题并修复。

练习 2-1 草图和拉伸 1

本练习的主要任务是根据所提供的信息和尺寸绘制草图，并拉伸草图，创建如图 2-45 所示零件。

本练习应用以下技术：

- 新建零件。
- 绘制草图。
- 使用推理线。
- 标注尺寸。
- 拉伸特征。

图 2-45 草图和拉伸 1

操作步骤

步骤1　**创建新零件**　使用 Part_MM 模板创建一个新的零件。

步骤2　**绘制草图**　使用绘制直线工具、自动几何关系和尺寸标注等方法，在前视基准面绘制草图，如图 2-46 所示。

步骤3　**拉伸草图**　定义深度为 50mm，如图 2-47 所示。

步骤4　**保存并关闭零件**

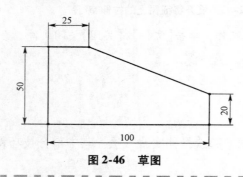

图 2-46　草图

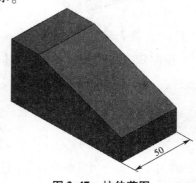

图 2-47　拉伸草图

练习 2-2　草图和拉伸 2

本练习的主要任务是根据所提供的信息和尺寸绘制草图，并拉伸草图，创建如图 2-48 所示零件。

本练习应用以下技术：

- 新建零件。
- 绘制草图。
- 使用推理线。
- 标注尺寸。
- 拉伸特征。

图 2-48　草图和拉伸 2

操作步骤

步骤1　**创建新零件**　使用 Part_MM 模板创建一个新的零件。

步骤2　**绘制草图**　使用绘制直线工具、自动几何关系和尺寸标注等方法，在前视基准面上绘制草图，如图 2-49 所示。

步骤3　**拉伸草图**　定义深度为 50mm，如图 2-50 所示。

步骤4　**保存并关闭零件**

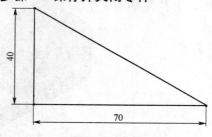

图 2-49　草图

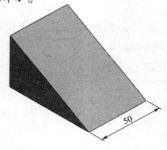

图 2-50　拉伸草图

32

练习 2-3　草图和拉伸 3

本练习的主要任务是根据所提供的信息和尺寸绘制草图，并拉伸草图，创建如图 2-51 所示零件。

本练习应用以下技术：

- 新建零件。
- 绘制草图。
- 使用推理线。
- 标注尺寸。
- 拉伸特征。

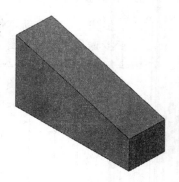

图 2-51　草图和拉伸 3

操作步骤

步骤 1　创建新零件　使用 Part_MM 模板创建一个新的零件。

步骤 2　绘制草图　使用绘制直线工具、自动几何关系和尺寸标注等方法，在前视基准面上绘制草图，如图 2-52 所示。

步骤 3　拉伸草图　定义深度为 25mm，如图 2-53 所示。

步骤 4　保存并关闭零件

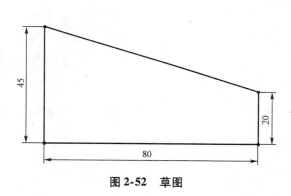

图 2-52　草图

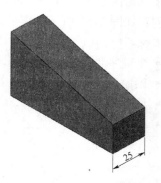

图 2-53　拉伸草图

练习 2-4　草图和拉伸 4

本练习的主要任务是根据所提供的信息和尺寸绘制草图，并拉伸草图，创建如图 2-54 所示零件。

本练习应用以下技术：

- 新建零件。
- 绘制草图。
- 使用推理线。
- 标注尺寸。
- 拉伸特征。

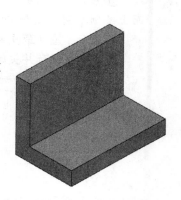

图 2-54　草图和拉伸 4

34

操作步骤

步骤1　创建新零件　使用 Part_MM 模板创建一个新的零件。

步骤2　绘制草图　使用绘制直线工具、自动几何关系和尺寸标注等方法，在前视基准面上绘制草图，如图 2-55 所示。

步骤3　拉伸草图　定义深度为 100mm，如图 2-56 所示。

步骤4　保存并关闭零件

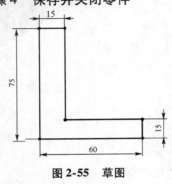

图 2-55　草图

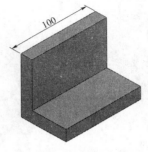

图 2-56　拉伸草图

练习 2-5　草图和拉伸 5

本练习的主要任务是根据所提供的信息和尺寸绘制草图，并拉伸草图，创建如图 2-57 所示的零件。

本练习应用以下技术：

- 新建零件。
- 绘制草图。
- 使用推理线。
- 标注尺寸。
- 拉伸特征。

图 2-57　草图和拉伸 5

操作步骤

步骤1　创建新零件　使用 Part_MM 模板创建一个新的零件。

步骤2　绘制草图　使用绘制直线工具、自动几何关系和尺寸标注等方法，在前视基准面上绘制草图，完全定义该草图，如图 2-58 所示。

步骤3　拉伸草图　定义深度为 25mm，如图 2-59 所示。

步骤4　保存并关闭零件

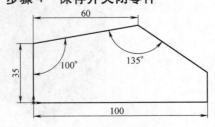

图 2-58　完全定义草图

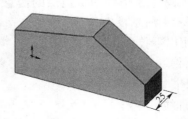

图 2-59　拉伸草图

练习 2-6　草图和拉伸 6

本练习的主要任务是根据所提供的信息和尺寸绘制草图，并拉伸草图，创建如图 2-60 所示的零件。
本练习应用以下技术：

- 新建零件。
- 绘制草图。
- 使用推理线。
- 标注尺寸。
- 拉伸特征。

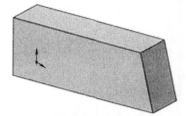

图 2-60　草图和拉伸 6

操作步骤

步骤 1　创建新零件　使用 Part_MM 模板创建一个新的零件。

步骤 2　使用自动几何关系绘制草图　使用绘制直线工具和自动几何关系等方法，在前视基准面上绘制草图，图 2-61 显示垂直和竖直的几何关系。

步骤 3　标注尺寸　标注草图中的尺寸，使草图完全定义，如图2-62所示。

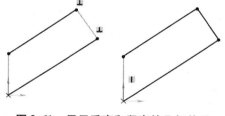

图 2-61　显示垂直和竖直的几何关系

步骤 4　拉伸特征　拉伸草图，定义拉伸深度为 12mm，结果如图 2-63 所示。

步骤 5　保存并关闭零件

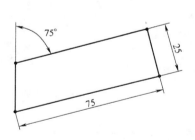

图 2-62　完全定义的草图

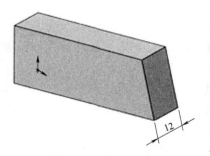

图 2-63　拉伸特征

第3章 基本零件建模

学习目标

- 选择最佳的草图轮廓
- 选择适当的草图平面
- 拉伸草图创建切除特征
- 创建异形孔
- 编辑草图、编辑特征和退回控制棒
- 在实体上创建圆角
- 创建基本的零件工程图
- 修改尺寸
- 清楚模型与工程图的关系

3.1 概述

本章将讨论在创建一个零件之前所应该考虑的问题，以及如图3-1所示简单零件的创建过程。
规划和实行这个零件创建的步骤如下：

1. 术语 在讨论建模和使用 SOLIDWORKS 软件时，通常会用到什么术语？

2. 选择外形轮廓 开始建模时，选择哪个外形轮廓最好？

3. 选择草图平面 确定了最佳的外形轮廓后，所选择的轮廓形状会对草图平面的选择造成什么影响？

4. 设计意图 什么是设计意图？它如何影响零件的建模过程？

5. 创建新零件 创建新零件是零件建模的第一步。

图3-1 简单零件

6. 第一特征 什么是第一特征？

7. 凸台、切除和孔特征 如何通过添加凸台、切除和孔特征来修改第一特征？

8. 圆角 通过添加圆角特征使尖锐的拐角更圆滑。

9. 编辑工具 使用三个最常用的编辑工具。

10. 工程图 生成工程图纸和模型的工程视图。

扫码看 3D

11. 修改尺寸 如何通过修改尺寸来改变模型形状？

3.2 专业术语

过渡到三维设计需要熟悉一些新的专业术语。用户将在使用过程中，逐渐熟悉 SOLIDWORKS 软件中使用的很多术语。其中很多是在设计和制造过程中常用的，例如切除和凸台。

1. 特征 用户在建模过程中创建的所有切除、凸台、基准面和草图都被称为特征。草图特征是指基于草图创建的特征(例如凸台和切除)，而应用特征是指基于模型的边或者表面创建的特征(例如圆角)。

2. 平面 平面是平坦而且无限延伸的，当在屏幕上表示平面时，这些平面具有可见的边界。它们可用作创建凸台和切除特征的初始草图平面。

3. 拉伸 尽管有很多创建特征并形成实体的方法，本章中只讨论拉伸。最典型的拉伸特征是把一个轮廓沿垂直于该轮廓平面的方向延伸一定的距离。轮廓沿着这条路径移动后，就形成一个实体模型，如图 3-2 所示。

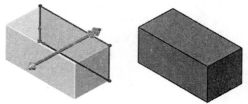

图 3-2 拉伸

4. 草图 在 SOLIDWORKS 系统中，把二维外形轮廓叫作草图。草图创建于平坦的表面和模型中的平面。尽管草图可以独立存在，但它一般用作凸台和切除的基础，如图 3-3 所示。

5. 凸台 凸台用于在模型上添加材料。模型中关键的第一个特征总是凸台。创建好第一个特征后，用户可以根据需要添加任意多个凸台来完成设计。作为基础，所有的凸台都是从草图开始的。

6. 切除 与凸台相反，切除用于在模型上去除材料。和凸台一样，切除也是从二维草图开始的，通过拉伸、旋转或者其他建模方法去除模型的材料。

7. 内圆角和外圆角 一般来说，内圆角和外圆角是添加到实体而不是草图上的。根据所选边与表面连接的情况，系统将自动判断圆角过渡的类型，创建外圆角（去除尖角处的材料）或者内圆角（在夹角处增加材料）。

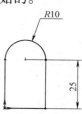

图 3-3 草图

8. 设计意图 设计意图决定模型如何创建与修改。特征之间的关联和特征创建的顺序都会影响设计意图。

3.3 选择最佳轮廓

在拉伸时，选择最佳拉伸轮廓所创建的模型多于其他轮廓所创建的模型。表 3-1 所示为选择最佳拉伸轮廓实例。

表 3-1 选择最佳拉伸轮廓实例

零 件	最佳拉伸轮廓
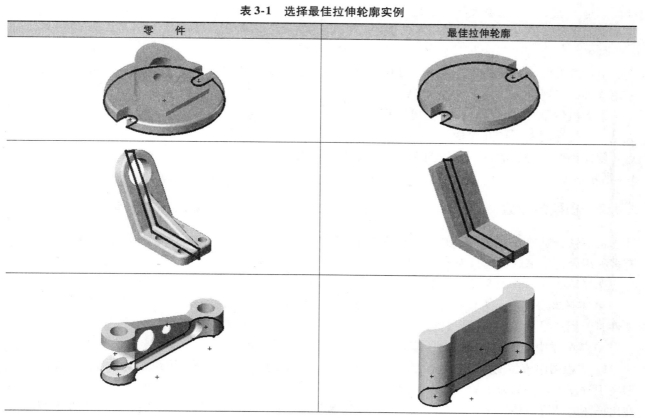	

（续）

零 件	最佳拉伸轮廓
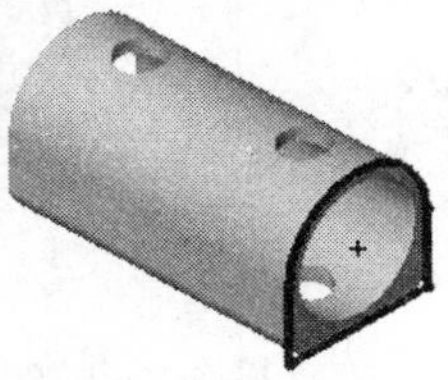	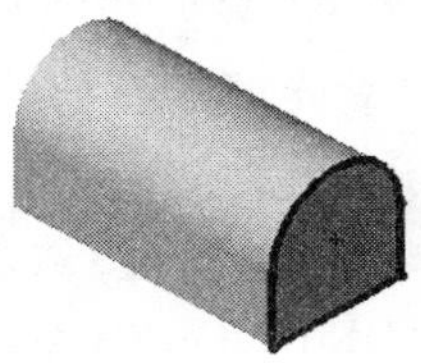
	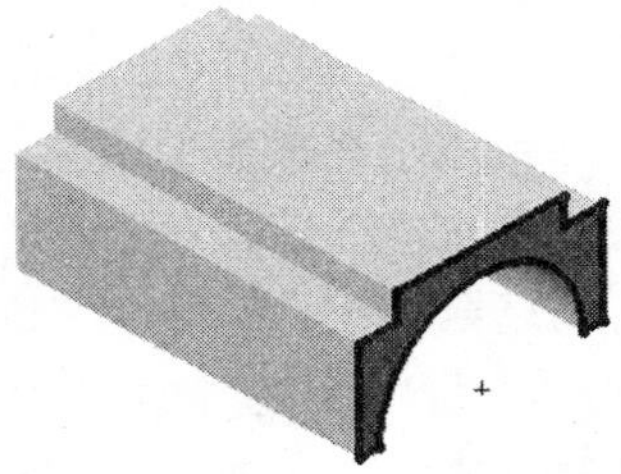

3.4　选择草图平面

决定最佳轮廓之后，下一步是决定用哪个平面作为草图平面绘制这个轮廓。SOLIDWORKS 软件提供了三个参考平面。

3.4.1　参考基准面

SOLIDWORKS 软件提供了三个默认的参考基准面，分别标记为前视基准面、上视基准面和右视基准面。每个平面都是无限大的，但是为了便于操作中查看和选择，在屏幕中显示的平面是有边界的。每个平面都通过原点，并且两两相互垂直。

参考基准面可以重命名，本书中称为前视基准面、上视基准面和右视基准面。其他的 CAD 系统也采用这种命名规范，这对许多用户将更为方便。

平面虽然是无限延伸的，但是可以把它们想象成是一个打开的盒子的几个面，这几个面相交于原点。依此类推，盒子的内表面就是草图平面，如图3-4 所示。

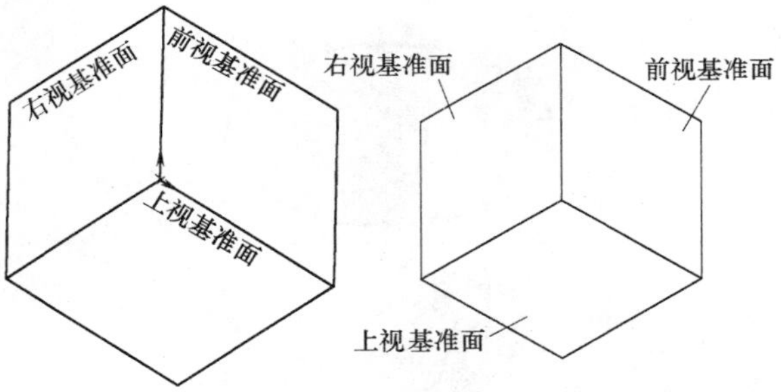

图 3-4　参考基准面

3.4.2　模型的放置

将零件分别放在盒子中三次，每次保持所选择的最佳轮廓与一个平面接触或平行。虽然放置方法有多种组合，本书的讨论只限于其中的三种。

选择草图平面时需要考虑几个问题，其中包括零件本身的显示方位和在装配体中零件的方位。

- 零件本身的显示方位决定模型怎样放置在标准视图中，例如等轴测视图，它也同样决定在创建零件时，用户要花多少时间观察它。
- 装配体中零件的方向决定了零件是如何与其他零件配合的。

1. 工程图中模型的放置　选择草图基准面，还要考虑的一个问题是：用户希望在描述模型时，模型在工程图上是如何显示的。建模时应该使模型的前视图与其最终的工程图的前视图完全一致，这样在出详图时就可以使用预先定义的视图，从而节省许多时间。第一个例子中，最佳轮廓放在上视基准面，如图 3-5 所示。

第二个例子中，最佳轮廓放在前视基准面，如图 3-6 所示。

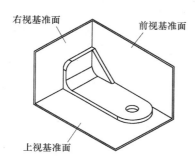

图 3-5　最佳轮廓放在上视基准面

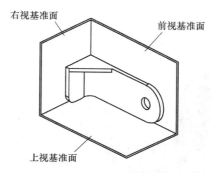

图 3-6　最佳轮廓放在前视基准面

最后一个例子中，将最佳轮廓放在右视基准面，如图 3-7 所示。

从前面三个例子来看，选择上视基准面方向是最好的，这表明最佳轮廓应该画在模型的上视基准面上。

2. 在工程图中看起来如何　当仔细考虑确定在哪个基准面上绘制草图轮廓后，生成工程图时就会很容易创建各种适当的视图，如图 3-8 所示。

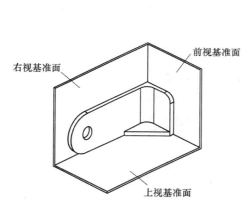

图 3-7　最佳轮廓放在右视基准面

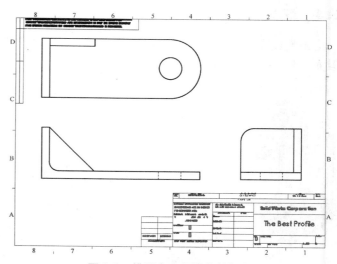

图 3-8　模型在工程图中的视图

3.5　零件的分析

用户要创建如图 3-9 所示的零件。这个零件包括两个主要的凸台特征、一些切除特征和圆角特征。

3.5.1　标准视图

上述零件可以用如图 3-10 所示的 4 个标准视图来表达。

3.5.2　主要的凸台特征

该零件的两个主要的凸台特征，由不同平面上的两个轮廓生成。通过图 3-11 所示的分解图可以看出它们是如何连接的。

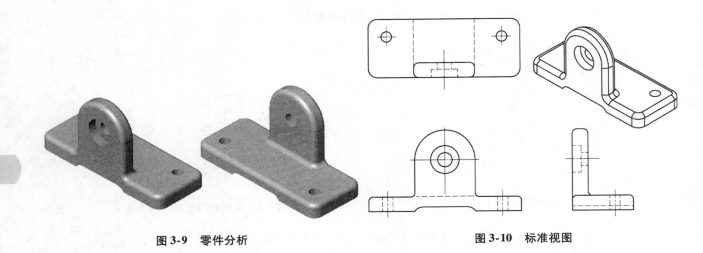

图 3-9　零件分析　　　　　　　　　　　　　图 3-10　标准视图

3.5.3　最佳轮廓

模型的第一个特征是由图 3-12 所示的一个矩形草图创建的。这是创建零件第一个特征的最佳轮廓。拉伸该矩形为凸台特征，即可形成实体。

3.5.4　草图平面

把模型放在假想的"盒子"里，确定使用哪个基准面作为草图平面。在本例中，草图平面为上视基准面，如图 3-13 所示。

图 3-11　主要的凸台特征　　　　　　图 3-12　最佳轮廓　　　　　　图 3-13　草图平面分析

3.5.5　设计意图

零件的设计意图是描述零件中应该或不应该创建的关联。当修改模型时，模型应该按照想要的方式变化，如图3-14所示。

- 所有的孔都是通孔。
- 底部凹槽和基体上的凸起部分是对齐的。
- 前面的沉头孔共享基体凸起部分的圆面中心点。

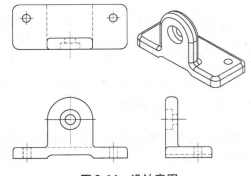

图 3-14　设计意图

操作步骤

建模过程包括绘制草图、创建凸台特征、切除特征和圆角特征。首先，要创建一个新的零件文件。

步骤1　新建零件　单击【新建】，或者单击【文件】/【新建】。使用"Part_MM"模板新建零件，并以"Basic"文件名保存。

步骤2　选择草图基准面　插入新草图，选择上视基准面为草图平面，如图3-15所示。

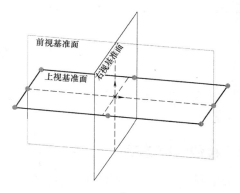

图 3-15　选择草图基准面

 使用的基准面不一定非要显示，它可以通过 FeatureManager 设计树来进行选择。

3.5.6　绘制第一特征的草图

通过拉伸草图为凸台，创建第一特征。第一特征通常是一个凸台，也是每个零件中创建的第一个实体特征。下面从绘制矩形开始绘制几何体。

知识卡片	边角矩形	在草图中，【边角矩形】命令用来绘制矩形。矩形由四条直线（两条水平线和两条竖直线）在拐角处连接而成。可以通过指定两个对角的位置来绘制矩形。
	操作方法	• 在 CommandManager 中选择【草图】/【边角矩形】□。 • 在【工具】菜单中选择【草图绘制实体】/【边角矩形】。 • 快捷方式：右键单击图形区域并选择【边角矩形】。

下面是其他几种可绘制矩形/平行四边形的工具：
- 【中心矩形】▣：在中心点绘制矩形草图。
- 【3 点中心矩形】◈：以所选的角度绘制带有中心的矩形草图。
- 【3 点边角矩形】◇：以所选的角度绘制矩形草图。
- 【平行四边形】▱：绘制标准的平行四边形（边角之间不相互垂直）。

步骤3　绘制矩形　单击【边角矩形】工具□，从原点开始绘制矩形，如图 3-16 所示。绘制草图时，应注意光标的反馈，确保矩形从原点开始绘制，如图 3-17 所示。

 不要担心所绘制矩形的大小，在下面的步骤中，给草图标注尺寸后，将会自动修改草图到所需要的大小。

步骤4　完全定义草图　在草图中添加尺寸，使草图完全定义，如图 3-18 所示。

图 3-16　绘制矩形　　　　图 3-17　鼠标反馈　　　　图 3-18　完全定义草图

3.5.7　拉伸特征选项

下面解释一些经常用到的关于拉伸的选项，其他选项将在后续章节中讨论。

1. 终止条件类型　草图可以在一个或两个方向上进行拉伸，一个或两个方向拉伸的终止方式可以是给定深度、拉伸到模型中某些几何元素或者完全贯穿整个模型。

2. 深度　深度选项用于使用给定深度或两侧对称终止条件的拉伸。对于两侧对称拉伸，是指拉伸的总深度，也就是说对两侧对称类型的拉伸，深度若为 50mm，中间平面的每一侧将拉伸 25mm。

3. 拔模　在拉伸特征上应用拔模。拔模可以是向内拔模（拉伸时外形越来越小），也可以是向外拔模。

步骤5　拉伸草图　单击【拉伸】🔧，向上拉伸矩形 10mm，如图 3-19 所示。单击【确定】，完成后如图 3-20 所示。

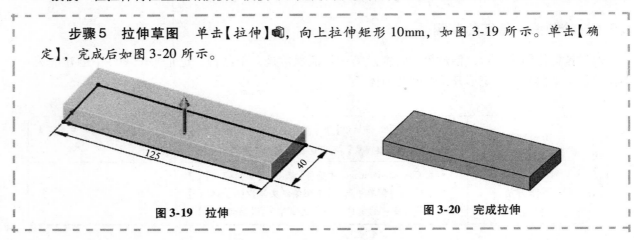

图 3-19　拉伸　　　　　　　　　　　　图 3-20　完成拉伸

3.5.8　重命名特征

FeatureManager 设计树中的任何特征（除了零件本身以外）都可以重命名，为特征重命名对在以后的建模过程中查询和编辑是很有用的。合理的名字有利于用户组织自己的工作，同时也使得其他人在编辑或修改模型时更加容易。

步骤6　重命名特征　把创建的特征重命名为具有意义的名称是一个良好的习惯。在 FeatureManager 设计树中，缓慢双击，编辑特征"拉伸1"。当名称高亮显示并可编辑时，输入"BasePlate"作为新的特征名称。SOLIDWORKS 系统中的所有特征都可以用这种方法来重命名。

技巧🔑　修改特征名称也可以不采用缓慢双击的方法，而是选择特征名称，按 F2 键即可。

3.6　凸台特征

下一个特征是带有半圆顶的凸台。此特征的草图平面不是一个现有的参考平面，而是模型的一个平坦表面。如图 3-21 所示，所需要绘制的几何体显示在最终的模型上。

3.7　在平面上绘制草图

模型中任何平坦的表面（平面）都可以作为一个草图基准面来使用。点选这个面然后选择【草图绘制】匚工具。有些面难于选择是因为它们位于模型的反面或者被其他的面所遮挡，这时可以通过【选择其他】工具来选择，而不需要重新去调整视图。在此例中，特征 BasePlate 的前平面已经被选择。

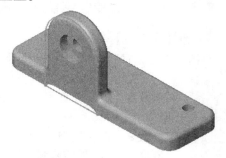

图 3-21　凸台特征

步骤 7　插入新草图　选择如图 3-22 所示的草图平面，单击【草图绘制】匚工具来新建草图。

提示👆　确保特征工具栏上的 Instant 3D 是关闭的。如果 Instant 3D 处于开启状态，会出现多个手柄和轴，而当前不需要使它们出现在该平面上。

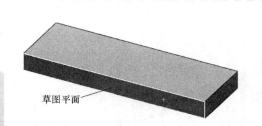

图 3-22　选择凸台特征的表面作为草图平面

3.7.1　绘制切线弧

SOLIDWORKS 提供丰富的绘图工具来创建草图轮廓。在本例中，使用【切线弧】绘制与草图某一端点相切的一段圆弧，圆弧的另一端点可以独立存在，也可以在其他实体上。

知识卡片	插入切线弧	【切线弧】命令用来在草图中创建切线弧。圆弧必须与其他实体在端点相切，比如直线或者圆弧。
	操作方法	• 在 CommandManager 中选择【草图】/【圆心画弧】/【切线弧】。 • 从【工具】菜单中选择【草图绘制实体】/【切线弧】。 • 快捷方式：在图形区域单击鼠标右键，选择【切线弧】。

3.7.2　切线弧的目标区域

绘制切线弧时，SOLIDWORKS 会从光标的移动推测用户当前是想绘制切线弧还是法线弧。如图 3-23 所示，在 4 个目标区域存在 8 种可能性。

用户可以从现有的任何草图实体（直线、圆弧和样条曲线等）的端点开始绘制切线弧，从端点开始移动曲线光标。

• 在与草图元素相切的方向移动光标，能够创建 4 种可能的切线弧。

• 在与草图元素垂直的方向移动光标，能够创建 4 种可能的法线弧。

• 草图预览能够使用户清楚地知道所绘制的切线弧类型。

• 可以在切线弧和法线弧之间进行转换，方法是将光标移回到圆弧起始点，然后再移向不同的位置。

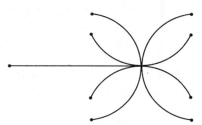

图 3-23　切线弧的 8 种可能性

3.7.3 绘制直线和绘制切线弧间的自动转换

在使用【直线】✏工具时，用户可以在绘制直线和绘制切线弧之间来回转换，而不用选择【切线弧】⌒工具。方法是通过移动光标返回至端点，或者按键盘上的 A 键。

步骤 8　绘制竖直线　单击【直线】✏，从底边开始绘制竖直线，捕捉到【重合】✕关系和【竖直】关系▮，如图 3-24 所示。

步骤 9　自动转换　按键盘上的 A 键，切换到绘制切线弧的模式。

步骤 10　绘制切线弧　在竖直线的端点处绘制一段 180°的切线弧，如图 3-25 所示。注意此时的推理线，它说明了所绘制切线弧的终点和圆弧的圆心水平对齐。

绘制完切线弧后，草图绘制工具自动转回到绘制直线模式。

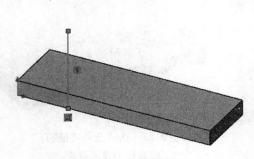

图 3-24　绘制竖直线

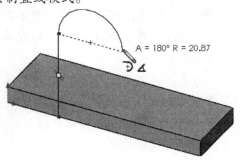

图 3-25　绘制切线弧

步骤 11　完成直线的绘制　从圆弧的终点开始，绘制一条到底边的竖直线，再绘制一条水平线连接这两条竖直线的端点，如图 3-26 所示。

 注意　这条水平线是黑色的，但是它的两个端点不是黑色的。

步骤 12　添加尺寸　在草图中加入线性和半径尺寸。当添加尺寸时，用户可以移动光标来查看尺寸可能出现的不同方向。

标注圆弧的尺寸时，通常选择圆周而不是圆心，这便于控制其他尺寸选项（如最大或最小），如图 3-27 所示。

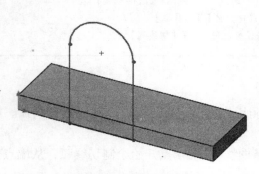

图 3-26　完成直线绘制

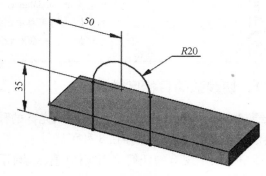

图 3-27　标注尺寸

步骤 13　拉伸方向　单击【拉伸】🗔，并设置【深度】为 10mm。

 注意　如果预览中显示的拉伸方向是向着基体内部方向，那么拉伸方向正确，如图 3-28 所示。

如果预览中显示拉伸向着背离基体的方向，单击【反向】⟷。

步骤 14　完成凸台　所创建的凸台特征与前面的基体合并在一起，成为单独一个实体。把这个特征重命名为"VertBoss"，如图 3-29 所示。

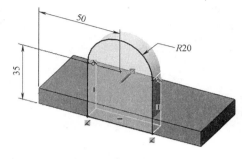

图 3-28　拉伸方向

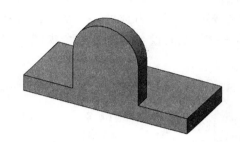

图 3-29　完成凸台

3.8　切除特征

在创建两个主要的凸台特征后，现在可以创建切除特征来表示材料的切除。切除特征与凸台特征创建的方法是一样的。在本例中，通过绘制草图和拉伸来实现。

知识卡片	切除拉伸	通过拉伸来创建切除特征的菜单与创建凸台特征的菜单是一样的，唯一不同的是切除特征是去除材料，而凸台特征是添加材料。除此之外，两种特征的命令选项是一样的，以下的切除代表了一个槽。
	操作方法	• 在 CommandManager 中选择【特征】/【拉伸切除】🗐。 • 从【插入】菜单中选择【切除】/【拉伸】。

步骤 15　绘制矩形　按空格键，双击【前视】🗐，在这个大的模型平面上新建草图并添加矩形，该矩形与模型底边重合，如图 3-30 所示。关闭绘制矩形工具。

步骤 16　添加尺寸标注　添加尺寸标注，如图 3-31 所示。

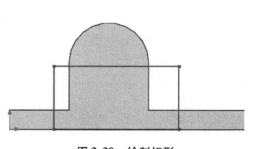

图 3-30　绘制矩形

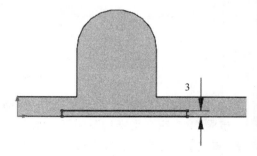

图 3-31　添加尺寸标注

提示　此时草图处于欠约束状态。

3.9 视图选择器

【视图选择器】以包围模型的透明立方体来显示模型各个视图的外观。选择立方体的一个面，透过立方体查看模型，垂直于该面或通过名字选择一个视图方向，如图3-32所示。

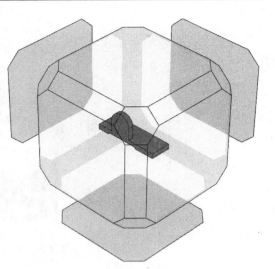

知识卡片 视图选择器
- 在视图（前导）中选择【视图定向】和【视图选择器】。
- 快捷方式：单击【空格键】。

图3-32 视图选择器

步骤17 选择等轴测视图 单击空格键并单击标有等轴测的立方体角落切换到等轴测视图，如图3-33所示。

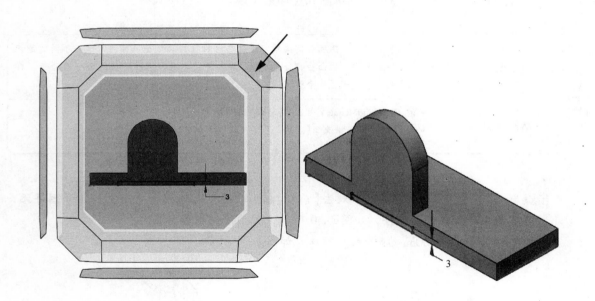

图3-33 选择等轴测视图

步骤18 完全贯穿切除特征 单击【拉伸切除】。如图3-34所示，选择【完全贯穿】，单击【确定】。这种类型的终止条件总是完全贯穿整个实体模型，所以不管它的范围有多广，都无须设置深度。

将该特征重命名为"BottomSlot"。

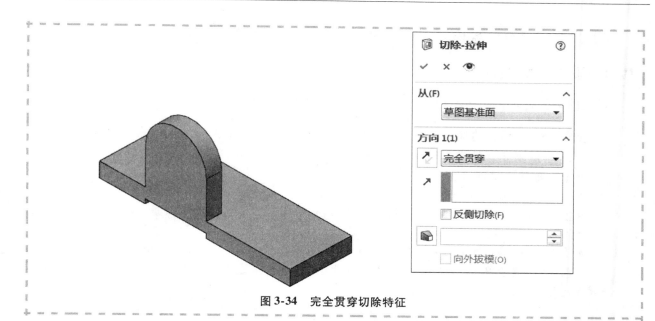

图 3-34　完全贯穿切除特征

3.10　使用异形孔向导

【异形孔向导】是用于在实体上创建特殊孔。它可以一步步创建简单直孔、锥孔、柱孔和螺纹孔。本例中，我们使用【异形孔向导】来创建标准直孔。

3.10.1　创建标准直孔

用户选择插入孔的平面，然后通过【异形孔向导】来定义孔的尺寸和孔在平面上的位置。【异形孔向导】最直观的用途之一是用户可以通过将加入到孔中的紧固件来指定孔的尺寸。

技巧 🔑　用户可以在基准面和非平坦表面上创建孔特征，例如，可以在圆柱表面上创建孔。

在这个模型中需要使用沉头孔。使用模型的前面和一个几何关系，就可以定位该孔。

提示 ☝　【高级孔向导】和【异形孔向导】相似，但可以用于创建一系列孔的堆叠，包括沉头孔、埋头孔、锥孔、螺纹孔和标准孔，如图 3-35 所示。

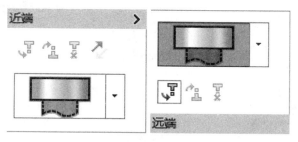

图 3-35　高级孔向导

知识卡片	异形孔向导	【异形孔向导】创建孔特征，例如柱形沉头孔和锥形沉头孔。这个过程创建两个草图，一个定义孔的形状，另一个设定孔中心点的位置。
	操作方法	• 在 CommandManager 中选择【特征】/【异形孔向导】🗜。 • 从【插入】菜单中选择【特征】/【孔】/【向导】。

提示 【异形孔向导】需要选择一个面，也可以预先选择面，但是不能选择一个草图。

3.10.2 添加柱形沉头孔

在模型的前平面上添加一个柱形沉头孔，添加几何关系确定孔的位置。

步骤 19　设置孔的属性　选择如图 3-36 所示的平面，然后单击【异形孔向导】。
如图 3-37 所示，设置孔的属性如下：
- 【孔类型】：柱形沉头孔。
- 【标准】：ANSI Metric。
- 【类型】：六角螺栓-ANSI B18.2.3.5M。
- 【大小】：M8。
- 【终止条件】：完全贯穿。

步骤 20　激活圆心　单击【位置】选项卡，拖动光标到大圆弧周围，不要松开鼠标。

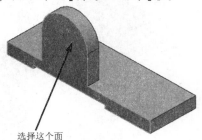

选择这个面

图 3-36　定位孔

提示 如果未事先选择一个面，单击【确定】时会提示必须先选择面。当出现【重合】符号时，圆弧的圆心被"激活"，该点可以被捕捉。

现在拖动点到圆弧圆心，注意当反馈提示捕捉到圆弧中心，并添加一个重合的几何关系时，松开鼠标，放置该点在圆心位置，如图 3-38 所示。单击【确定】添加重合几何关系，退出【异形孔向导】。

图 3-37　孔规格

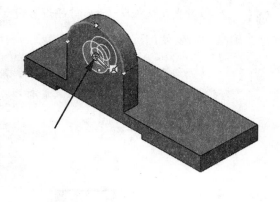

图 3-38　激活圆心

3.11　圆角特征

圆角特征包括内圆角(增加体积)和外圆角(减少体积)，如图 3-39 所示。创建内圆角过渡还是外圆角过渡，是由几何条件决定的，而不是命令本身。如果在所选边上创建圆角，这些边有多种选择方法：可以创建等半径或变半径的圆角，也可以使用面圆角和全圆角。圆角轮廓选项包含圆形和圆锥。

48

3.11.1　创建圆角特征的规则

创建圆角特征的一些基本规则如下:

1) 最后创建装饰性圆角。

2) 用同一个命令创建具有相同半径的多个圆角。

3) 需要创建不同半径的圆角时, 通常应该先创建半径较大的圆角。

4) 圆角特征创建的顺序很重要, 创建圆角后生成的面与边可用于生成更多的圆角。

5) 圆角可以被转换为倒角。

【选择工具栏】□□□□□□□□□□□□□□可以帮助将单个边线的选择扩展为多个相关边线的选择。具体见本书第 6 章。

用户可以选择对圆角操作进行【完整预览】、【部分预览】或【无预览】, 如图 3-40 所示。【完整预览】在每一条选中的边上用网格生成圆角的预览。【部分预览】只在最初选择的那条边上显示预览。如果用户对圆角的形成情况有足够的经验, 可以选择【部分预览】或【无预览】来加快特征的创建速度。

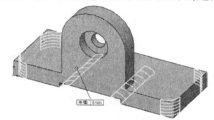

图 3-39　圆角特征

图 3-40　圆角选项

 技巧　FeatureXpert 工具可以自动对圆角的顺序进行重排并且调整尺寸大小。这将在本书第 8 章中讨论。

知识卡片	
圆角特征	• 在 CommandManager 中选择【特征】/【圆角】。 • 从【插入】菜单中选择【特征】/【圆角】。 • 快捷方式: 右键单击一个面或边线, 然后选择【圆角】。

步骤 21　插入圆角　单击圆角。单击【手工】按钮, 单击【恒定大小半径】, 并设置半径值为 8.00mm。选择【完整预览】。

步骤 22　选择边线　如图 3-41 所示, 选择两条隐藏的边线。

步骤 23　添加边线　如图 3-42 选择另外四条边, 单击【确定】, 效果如图 3-43 所示。

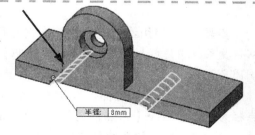

图 3-41　选择边线

 提示　所有 6 个圆角过渡都具有相同的半径值, 这些圆角生成的新边可用于创建新的圆角。

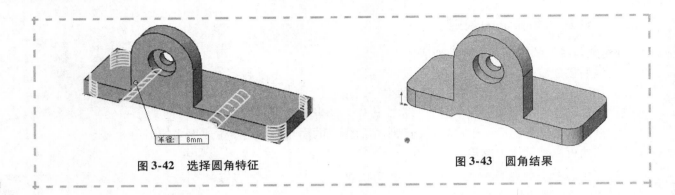

图 3-42　选择圆角特征　　　　　　　　　　图 3-43　圆角结果

50

3.11.2　最近的命令

　　SOLIDWORKS 提供了【最近的命令】功能，列出一些最近使用的命令，使得用户再使用时更加方便，如图 3-44 所示。按 Enter 键同样可以激活最后一次使用的命令。历史记录文件夹包含最近创建或编辑的特征列表（见图 3-45），这样便于获得最近的特征。

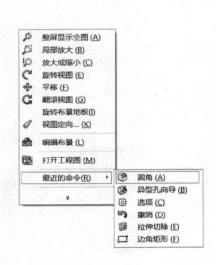

图 3-44　最近的命令

图 3-45　最近的特征

　　步骤 24　使用最近的命令　在图形区域单击右键，从快捷菜单中选择【最近的命令】/【圆角】命令，再次绘制圆角。

　　步骤 25　预览和延伸　添加另一个圆角特征，设置半径为 3mm，单击【完全预览】。选择如图 3-46 所示的边，通过预览观察圆角特征使用的边界。单击【确定】。

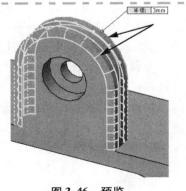

图 3-46　预览

3.12　编辑工具

本章将介绍三种最常用的编辑工具：编辑草图、编辑特征和退回。这些工具可用来编辑或修复特征管理树中的草图和特征。

3.12.1　编辑草图

创建的草图可以通过【编辑草图】进行修改。打开被选择的草图，用户可以修改所有内容：尺寸值、尺寸本身、几何体或者几何关系。

知识卡片	编辑草图	用户使用【编辑草图】进入草图，可以进行任何修改。在编辑过程中，模型退回到它开始建立时的状态，退出草图时模型重建
	操作方法	• 从【编辑】菜单中，选择【草图】。 • 快捷方式为在想要编辑的草图或特征上单击右键，选择【编辑草图】🖉。

步骤 26　编辑草图　右键单击"Bottomslot"特征并选择【编辑草图】🖉，现有草图将被打开以供编辑。

> 技巧🔑　选取对象时可以按住【Ctrl】键一次选择多个对象。

步骤 27　添加约束　在端点与边之间添加【重合】约束，如图 3-47 所示。

步骤 28　重复添加约束操作　在矩形另一端点与边之间添加共点约束，如图 3-48 所示。此时草图处于全约束状态。

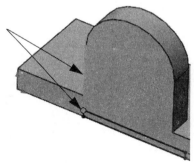

图 3-47　添加约束

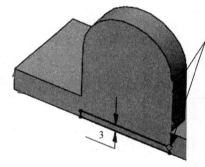

图 3-48　重复添加约束操作

步骤 29　退出草图　单击右上角【退出草图】按钮↪，退出草图以重建零件模型。

3.12.2　编辑特征

第二个圆角特征应该延伸至大直径圆角处。这样就要编辑圆角特征。

知识卡片	编辑特征	【编辑特征】改变了一个特征加入到模型中的方式。根据特征类型的不同，每个特征都包含可以被改变或添加的特定信息。一般来说，通常建立特征与编辑特征具有相同的对话框
	操作方法	• 在【编辑】菜单中选择【定义】。 • 快捷方式：右键单击【特征】，然后选择【编辑特征】🔧。

圆角延伸

勾选【圆角】工具中的【切线延伸】复选框，则可以让圆角特征滚过所选边线的切线。

步骤 30　编辑特征　右键单击"Fillet2"特征并选择【编辑特征】🐾，在与创建特征相同的 PropertyManager 对话框中编辑特征属性。

步骤 31　选择其他边　选择其他的边，预览结果如图 3-49 所示。单击【确定】。

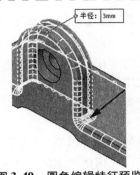

图 3-49　圆角编辑特征预览

3.12.3　退回控制棒

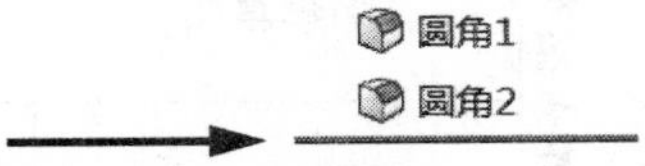

【退回控制棒】是位于 FeatureManager 设计树底部的蓝色水平条，如图 3-50 所示。

圆角1
圆角2

图 3-50　退回控制棒

它有多种用途：可按模型创建步骤浏览模型的创建过程，或是在某个特定步骤插入新的特征。在本例中，通过它在两个圆角特征之间插入一个孔特征。

在编辑大型零部件时控制重建次数方面，【退回控制棒】也非常有用。刚好退回到用户编辑的特征之后的位置。当完成编辑时，零件只重建到退回控制棒为止。这将防止整个零部件被重建。零部件还可以在退回状态下进行保存。

知识卡片	退回控制棒	可以使用 FeatureManager 设计树中的【退回控制棒】来退回零件。退回控制棒为一条宽的黄线，选中后变为蓝色。在 FeatureManager 设计树中上下拖动控制棒，可以在重建顺序中前进后后退。
	操作方法	• 快捷方式：右键单击一个特征并选择【退回】↶。 • 在 FeatureManager 设计树中单击右键选择【退回到前】或【退回到尾】。

👆 **提示**　依次选择【工具】/【选项】/【系统选项】/【FeatureManager】，选择【方向键导航】，这样将激活使用方向键来控制移动退回控制棒。

🔑 **技巧**　用方向键控制时，光标必须位于退回控制棒上。当光标位于绘图区域时，方向键用来旋转模型。

步骤 32　退回　单击"退回控制棒"并向上拖动，释放在两个圆角特征之间，如图 3-51 所示。

步骤 33　异形孔向导　单击【异型孔向导】🔧并切换到【位置】选项卡。

步骤 34　选择孔平面　选择如图 3-52 所示的平面。

步骤 35　设置孔的属性　弹出【孔规格】对话框，如图 3-53 所示。设置孔的属性如下：

【孔类型】：孔。

【标准】：Ansi Metric。

【类型】：钻孔大小。

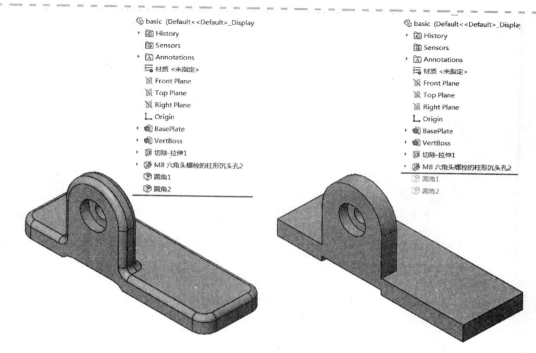

图 3-51　退回操作

【大小】：φ7.0。

【终止条件】：完全贯穿。

步骤 36　添加第一个孔　单击【位置】选项卡，设置两个孔的圆点位置并标注尺寸，如图 3-54 所示。

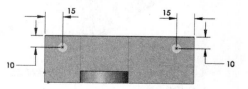

图 3-52　选择孔平面　　图 3-53　【孔规格】对话框　　图 3-54　创建孔

步骤 37　改变视图方向　单击【等轴测】，改变视图方向，如图 3-55 所示。

步骤 38　退回到最后一步　右键单击"退回控制棒"并选择【退回到尾】，如图 3-56 所示。

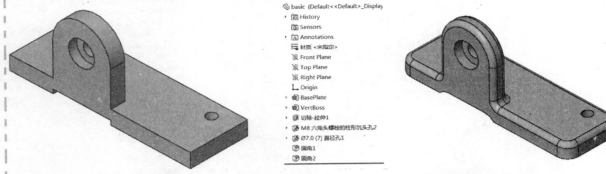

图 3-55　等轴测视图　　　　　　　　　　　　　　图 3-56　退回到最后一步

外观	使用【外观】命令可以改变图形的颜色和光学特性。用户还可以创建颜色【样块】来定义颜色。
操作方法	● 快捷方式：右键单击一个面、特征、体、零件或零部件，单击【外观】并选择项目以进行编辑。 ● 在前导视图工具栏中单击【编辑外观】。

步骤 39　选择样块　单击【编辑外观】。在【颜色】选择区域，选择标准样块和图示颜色，单击【确定】，如图 3-57 所示。

步骤 40　显示外观　单击 DisplayManager 图标查看颜色列表。单击 FeatureManager 设计树图标，如图 3-58 所示。

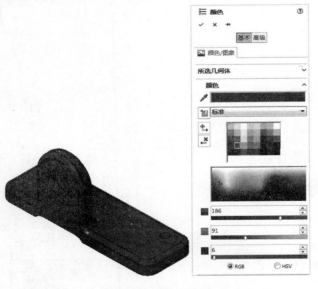

图 3-57　选择样块

图 3-58　外观列表

技巧　DisplayManager 也可以查看贴图、布景、光源和相机。

>
>
> 提示　用户可以通过【工具】/【选项】/【系统选项】/【颜色】自定义 SOLID-
> WORKS 用户界面的颜色。用户可以选择预先定义的颜色方案，也可以自定
> 义。在某些例子中，我们改变了默认设置中的颜色以提高图形的清晰度和
> 一致性。因此，用户系统的颜色设置可能会和本书的设置不一致。

步骤 41　保存结果　单击【保存】来保存所做的工作。

3.13　出详图基础

利用 SOLIDWORKS 软件，用户可以很容易地使用零件和装配体创建工程图。所创建的工程图与其所参考的零件或装配体是全相关的。当模型被修改之后，工程图也会随之更新，如图 3-59 所示。

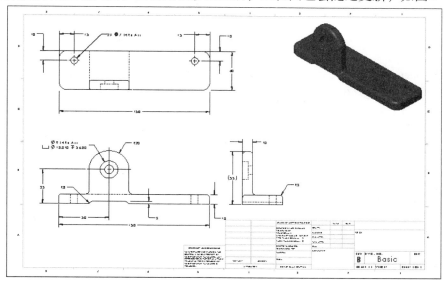

图 3-59　出详图

本书将在不同的章节中穿插介绍工程图的内容，本章所要讲述的是工程图操作中最基础的部分，主要包括以下几个方面：

- 新建工程图文件和图纸。
- 使用查看调色板创建工程视图。
- 使用尺寸辅助工具。

关于出详图的详细介绍请参阅《SOLIDWORKS®工程图教程》(2017 版)。

3.13.1　模板的设置

表3-2 中列出了本节中使用的工程图模板及其文件属性。通过【工具】/【选项】命令可以设置工程图选项。

表3-2　模板设置

系 统 选 项	文 件 属 性（通过工程图模板设置）
工程图显示类型： • 显示样式 = 隐藏线可见 • 切边 = 移除	绘图标准： • 总绘图标准 = GB

（续）

系 统 选 项	文 件 属 性 （通过工程图模板设置）
—	表格： ● 自动更新材料明细表 = 选择
颜色： ● 工程图，隐藏的模型边线 = 黑色	尺寸： ● 字体 = 仿宋体 ● 主要精度 = 0.123 ● 默认添加括号 = 选择
—	出详图，视图生成时自动插入 ● 所有选项 = 清除
—	单位： ● 单位系统 = MMGS

3.13.2　工具栏

在 CommandManager 中有两个选项卡专门用于工程图处理的工具栏，分别是：

● 视图布局工具栏（图 3-60a）。

● 注解工具栏（图 3-60b）。

a) 视图布局工具栏　　　　　　　　　　　　b) 注解工具栏

图 3-60　工具栏

3.13.3　新建工程图

SOLIDWORKS 的工程图文件（ * . SLDDRW）包含若干张工程图图纸。每一张图纸相当于一张简单工程图。

知识卡片	从零件制作工程图	【从零件制作工程图】命令参考并使用现有零件，按步骤创建工程图文件、图纸格式和最初工程图都使用这个零件。
	操作方法	● 在标准工具栏上单击【新建】▢/【从零件/装配体制作工程图】▧。 ● 从菜单中选择【文件】/【从零件制作工程图】。

操作步骤

步骤1　创建工程图　单击【文件】/【从零件/装配体制作工程图】▧，在【Training Templates】选项卡中选择"B_Size_ ANSI _ MM"。

这是一张水平放置的"B"图纸（431.8mm × 279.4mm）。该图纸格式包括图框、标题栏和其他区域。

双击模板可自动打开，没有必要单击【确定】。

56

3.14 工程视图

工程图操作最初的任务是创建工程视图。使用【从零件/装配体制作工程图】工具，通过【视图调色板】，用户可以选择工程视图。视图调色板生成的工程视图方向是与零件保持一致的，使用"拖"和"放"操作即可得到所需要的视图。通过从视图调色板中拖入的视图投影可得到其他视图。

这些选项的详细介绍参阅《SOLIDWORKS®工程图教程》(2017 版)。

步骤2 视图调色板 如图 3-61 所示，清除【输入注解】复选框，从【视图调色板】中拖动""前视"到绘图窗口。视图调色板中的""前视"会相应消失。

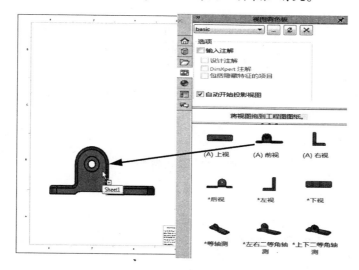

图 3-61 视图调色板

步骤3 放置投影视图 移动鼠标至前视图上侧，然后单击，放置上视图。移动鼠标至前视图后再移至右侧，然后单击，放置右视图。单击【确定】，结果如图 3-62 所示。

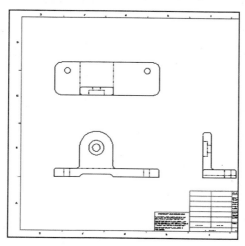

图 3-62 投影视图

步骤4 放置等轴测视图 从查看调色板中将等轴测视图拖入到图形区域，放置在右上角，如图 3-63 所示。

技巧 零件文件一直处于打开状态，用户可以按住 Ctrl + Tab 键，在工程图
文件窗口和零件文件窗口之间切换。

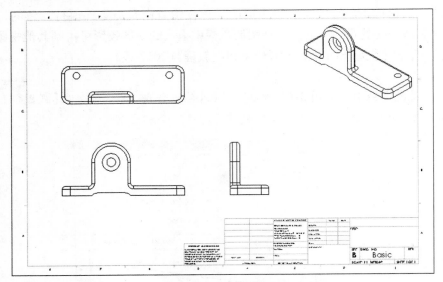

图 3-63　等轴测视图

切边	当零件实体中的两个面相切时所形成的边就是切边，例如倒角所形成的边就是最常见的切边。切边通常在主视图中可见，但是在轴测图中会被隐藏。
操作方法	● 右键单击视图并选择【切边】。

步骤5　显示上色视图　选择等轴测视图，单击【上色】，如图 3-64 所示。

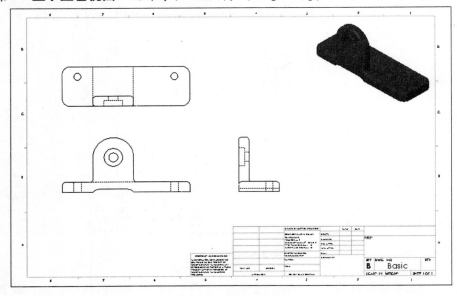

图 3-64　显示上色视图

移动视图：通过在工程图上拖动视图的边框可以重新定位视图。在标准三视图布置中，前视图是源视图，这意味着移动前视图，其他两个视图也随之而动。上视图、右视图与前视图保持对齐关系，它们只能沿着对齐轴线移动。

步骤6　移动对齐视图　选择并移动前视图，可以将其移动到任何方向，其他两个视图仍然保持与之对齐，如图 3-65 所示。

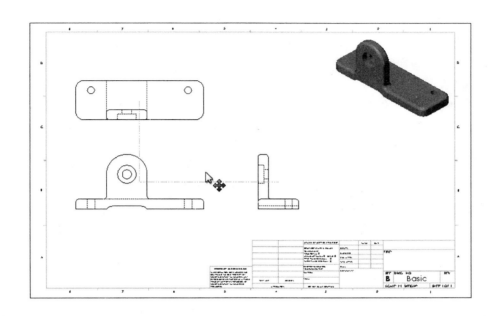

图 3-65　移动视图

技巧　按住 Alt 键可以单击视图的任意位置来进行移动，按住 Shift 键拖动视图可以保证各视图间的原始位置关系。

提示　一旦选中工程图视图，就可以通过拖动鼠标或移动方向键移动视图。每次按方向键移动的距离，可通过【工具】/【选项】/【系统选项】/【工程图】/【键盘移动增量】设置。

3.15　中心符号线

【中心符号线】在工程图中附在圆或者圆弧中心。

【中心符号线】不是自动插入到工程图中的，用户可以打开或关闭这一功能选项，如图 3-66 所示。通过【工具】/【选项】/【文件属性】/【出详图】菜单，用户可以设置自己喜欢的方式。

视图生成时自动插入
☑ 中心符号-孔-零件(M)
☑ 中心符号-圆角-零件(K)
☑ 中心符号-槽口-零件(L)
☐ 蛇形符号-零件
☑ 中心符号-孔-装配体(O)
☑ 中心符号-圆角-装配体(B)
☑ 中心符号-槽口-装配体(T)
☐ 蛇形符号-装配体
☐ 连接线至具有中心符号线的孔阵列
☐ 中心线(E)
☐ 零件序号(A)
☐ 为工程图标注尺寸(W)

图 3-66　自动插入中心符号线

知识卡片	中心符号线	• 在 CommandManager 中单击【注解】/【中心符号线】⊕。 • 单击【插入】/【注解】/【中心符号线】。 • 快捷方式：右键单击图形区域，单击【注解】/【中心符号线】。

步骤7 插入中心符号线 单击【中心符号线】⊕，在前视图中选择大圆弧，清除【使用文档默认】复选框，勾选【延伸直线】复选框并且输入【符号大小】为2.00mm，如图3-67所示。

在上视图中的两个孔处，重复以上步骤。单击【确定】。

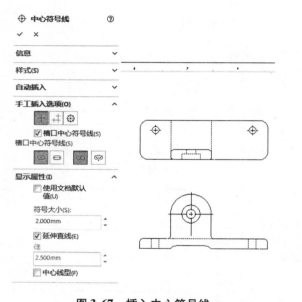

图3-67 插入中心符号线

3.16 尺寸

尺寸可以通过几种辅助工具来创建到工程图视图中，这些尺寸与模型中的草图和特征的几何尺寸可以产生关联，也可以没有关联。这些尺寸被考虑为驱动尺寸，其他尺寸独立于模型的草图和特征，这些尺寸为从动尺寸。这些工具包括以下几种：

3.16.1 驱动尺寸

驱动尺寸通常显示正确的数值，而且可以用来更改模型。【模型项目】工具将在模型草图及特征中生成的尺寸输入到工程图中。

3.16.2 从动尺寸

从动尺寸能够显示正确的尺寸数值但不能用来改变模型。当模型尺寸改变时，从动尺寸也跟着改变。默认情况下，这类尺寸显示为不同的颜色，并且位于圆括号内。下面列出了两种创建从动尺寸的方法：

提示
1)【智能尺寸】：使用标准的智能尺寸工具，手动创建尺寸标注，像草图绘制中的一样。
2)【DimXpert】：从基准位置自动创建尺寸标注。

知识卡片	模型项目	【模型项目】工具可以在一个或多个视图中辅助添加尺寸，它是通过使用创建模型时已经生成的尺寸来完成的。它还能够选择并输入不同类型的尺寸，以及模型中可能存在的【注释】及【参考几何体】，如图 3-68 所示。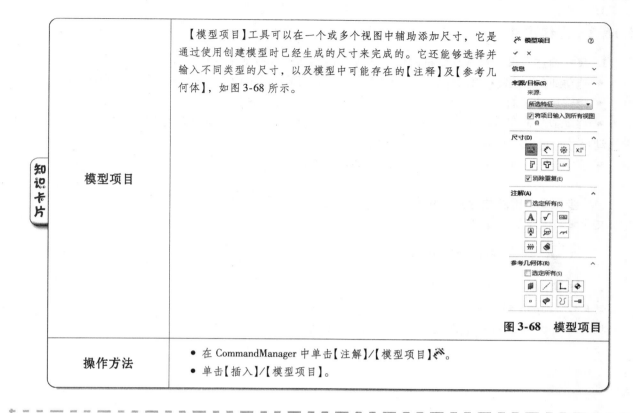 图 3-68　模型项目
	操作方法	• 在 CommandManager 中单击【注解】/【模型项目】。 • 单击【插入】/【模型项目】。

步骤 8　设置模型项目　单击【模型项目】，在【来源】中选择【整个模型】，并勾选【将项目输入到所有视图】，如图 3-69 所示。在【尺寸】下方，选择【为工程图标注】/【异形孔向导位置】/【孔标注】，勾选【消除重复】复选框。

单击【确定】，如图 3-70 所示。

图 3-69　设置模型项目

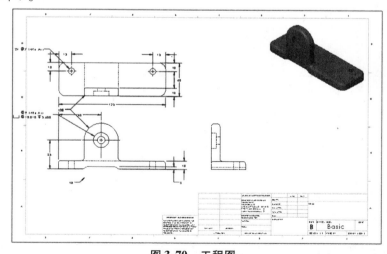

图 3-70　工程图

 提示　模型项目插入尺寸的位置取决于模型创建时标注的草图尺寸放置的位置。

技巧　尺寸被插入后，它们便和该视图关联在一起，并和视图一起移动，除非用户故意将其移至其他视图或删除它们。

3.16.3　操作尺寸

1. 尺寸标注　尺寸被标注到视图后，对尺寸的操作方式有如下几种：

● 拖动到合适位置：将尺寸的文本拖到新位置，利用拖动时出现的推理线对齐尺寸，很容易放置尺寸。

● 隐藏尺寸：右键单击尺寸文本，从快捷菜单中选择【隐藏】。

● 移动或复制尺寸到另一个视图：按住 Shift 键拖动尺寸，可以移动尺寸到另一个视图；按住 Ctrl 键拖动尺寸，可以将尺寸复制到另一个视图。

● 删除尺寸：可以用 Delete 键来去除那些不需要的尺寸。

步骤9　**重新放置尺寸位置**　在视图中拖动尺寸重新放置，如图 3-71 所示。

提示 　使用黄色的引导线来对齐尺寸文本。

步骤10　**移动到另一视图**　按 Shift 键并拖动尺寸 125mm 到 Drawing Viewl 并释放鼠标，这将会把原视图移到一个新的视图，如图 3-72 所示。

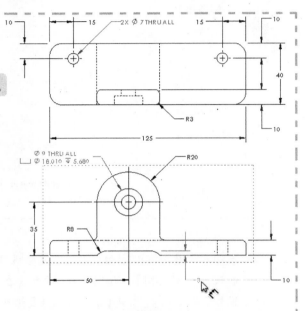

图 3-71　重新放置尺寸位置

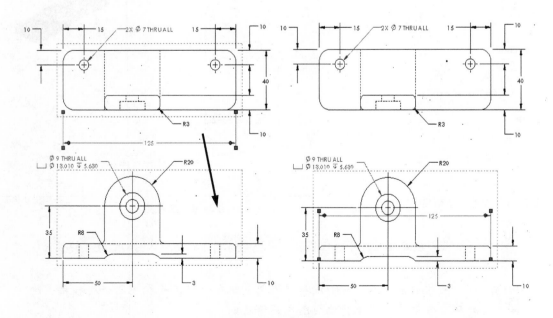

图 3-72　移动视图

步骤 11　移动其余尺寸　移动其余尺寸并重新定位，如图 3-73 所示。

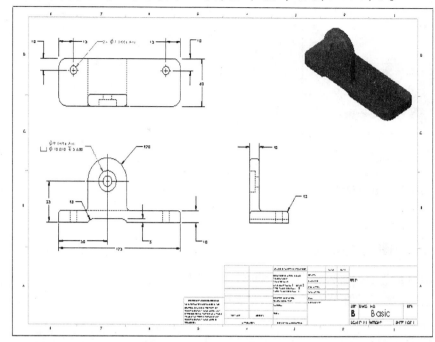

图 3-73　移动尺寸

2. 尺寸调色板　当新插入或选择某尺寸时，系统即会显示【尺寸调色板】，以便能够轻松更改尺寸的属性、格式、位置和排列方式。

知识卡片		
	尺寸调色板	新插入或选择一个或多个尺寸，单击【尺寸调色板】。

3. 尺寸辅助工具——智能尺寸标注　使用【智能尺寸标注】可以不通过 DimXpert 工具来手动添加尺寸，这些尺寸被认为是从动尺寸。

步骤 12　对齐尺寸　选择前视图上的所有尺寸，单击打开【尺寸调色板】，单击【自动排列尺寸】，调整间距并对齐尺寸，如图 3-74 所示。

步骤 13　智能尺寸标注　单击【智能尺寸】/【智能尺寸标注】，如图 3-75 所示。选择底部和上面的顶点，单击【快速标注尺寸】的左侧扇形区(橙色)将尺寸放置在左边，如图 3-76 所示。最后单击【确定】。

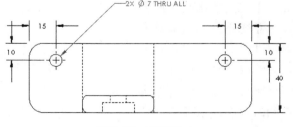

图 3-74　对齐尺寸

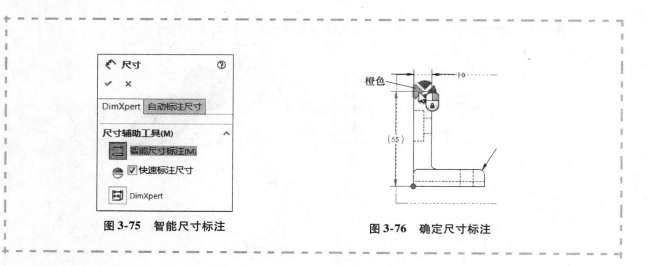

图 3-75　智能尺寸标注　　　　图 3-76　确定尺寸标注

3.16.4　模型与工程图的相关性

在 SOLIDWORKS 的设计环境中，任何东西都是相关的。如果对某一单独零件进行了修改，则所做的更改会反映到任何参考了该零件的工程图和装配体中。

通过下面的步骤，可以改变零件中底盘特征的尺寸。

步骤14　切换窗口　按 Ctrl + Tab 键，切换到零件文件窗口，如图 3-77 所示。

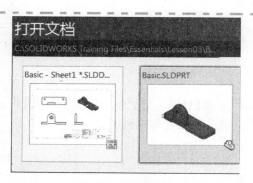

图 3-77　切换窗口

3.17　修改参数

使用 SOLIDWORKS 软件的用户可以很容易地修改零件尺寸。编辑操作的易用性是参数化建模的一个主要优点。这也是能正确捕捉设计意图的重要原因。如果不能正确捕捉设计意图，在零件中修改尺寸会导致完全意想不到的结果发生。

在修改尺寸之后，用户必须重建模型以使修改发生作用。

如果用户修改了草图或者零件，那么零件需要重建。重建符号 ⑧ 将显示在零件名称的后面，同时添加图标 📑 BasePlate 到需要重建的特征。用户可在状态栏中查看重建图标。

编辑草图时也会显示重建符号，当用户退出草图时，零件自动重建。

知识卡片	重建模型	【重建模型】使所做的修改及时生效。
	操作方法	• 在标准工具栏单击【重建模型】⑧。 • 从【编辑】菜单中单击【重建模型】。 • 使用快捷键 Ctrl + B。

> **提示** 模型保存时会进行重建。使用 Ctrl + Q 可以重建所有特征。

步骤15 修改尺寸 可以在 FeatureManager 设计树或者图形窗口双击"BasePlate"特征。在进行这个操作后，特征参数将显示在图形区域中。

双击 125mm 的尺寸，将显示【修改】对话框，输入一个新的值 150mm，结果如图 3-78 所示。可以直接输入，也可以通过选值框输入。

步骤16 重建零件 可以通过【修改】选项，或在标准工具栏上单击【重建模型】重建零件。如果使用【重建】对话框上的重建命令，那么可以在对话框一直打开的情况下进行多次修改，这使得用户反复尝试更加容易。本例修改后的结果如图 3-79 所示。

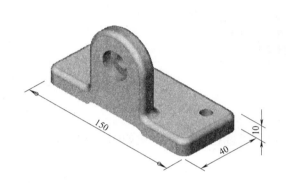

图 3-78 修改尺寸

图 3-79 重建零件

步骤17 更新工程图 切换回工程图纸，工程图会自动更新，使模型中的修改反映到工程图中。而在更新的过程中，尺寸标注可能会有所移动，如图 3-80 所示。

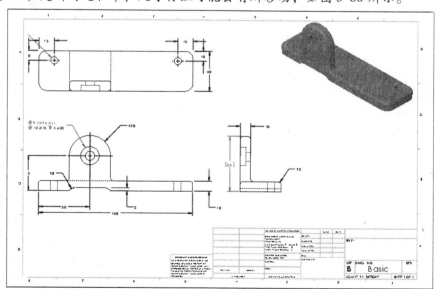

图 3-80 更新工程图

步骤18 关闭工程图 单击【文件】/【关闭】来关闭工程图。在弹出的对话框里单击【保存所有】，保存工程图和零件文件于同一个文件夹，如图 3-81 所示。

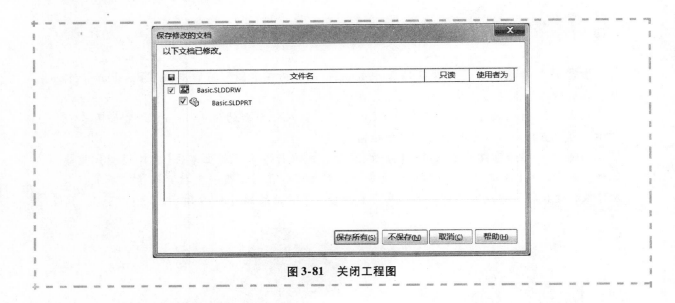

图 3-81　关闭工程图

练习 3-1　绘制零件图

本练习的主要任务是根据所给信息和尺寸绘制草图，通过拉伸轮廓创建如图 3-82 所示的零件图。本练习应用以下技术：

- 选择最佳轮廓。
- 插入矩形。
- 绘制草图。
- 拉伸凸台特征。
- 异形孔向导。

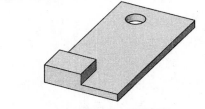

图 3-82　零件图

操作步骤

新建一个以毫米为单位的零件并命名为"Plate"。

步骤 1　创建基准特征草图　在上视基准面上新建草图平面。绘制草图并添加尺寸标注，如图 3-83 所示。

步骤 2　拉伸基准特征　拉伸草图，深度 10mm，如图 3-84 所示。

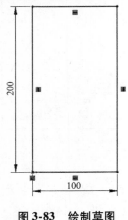

图 3-83　绘制草图

图 3-84　拉伸草图

步骤 3　创建凸台　在实体上表面新建草图。拉伸草图创建高 25mm 的凸台，如图 3-85 所示。

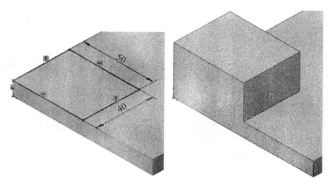

图 3-85　创建凸台

步骤 4　创建异形孔　单击【异形孔向导】🔩，选择如图 3-86 所示表面。单击【位置】选项卡，定位孔中心点。单击【类型】选项卡，设置孔属性如下：

【孔类型】：孔。

【标准】：ANSI Metric。

【类型】：钻孔大小。

【大小】：25mm。

【终止条件】：完全贯穿。

步骤 5　保存并关闭零件

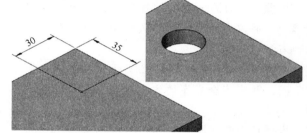

图 3-86　创建异形孔

练习 3-2　切除

本练习的主要任务是使用矩形、切线弧和切除特征创建如图 3-87 所示的零件。本练习应用以下技术：

- 插入矩形。
- 绘制切线弧。
- 切除特征。
- 圆角特征。

图 3-87　切除

操作步骤

新建一个以毫米为单位的零件并命名为 cuts。

步骤 1　创建基准特征草图　在上视基准面上新建草图平面。绘制草图并添加尺寸标注，如图 3-88 所示。

步骤 2　拉伸基准特征　拉伸草图，深度 5mm，如图 3-89 所示。

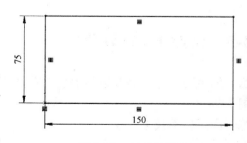

图 3-88　创建草图

68

步骤3 **切槽** 在实体上表面新建草图，按照图3-90所示添加几何体及尺寸，并以完全贯穿的方式切除实体。

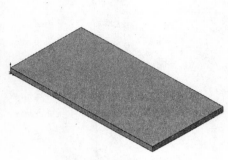

图3-89 拉伸草图

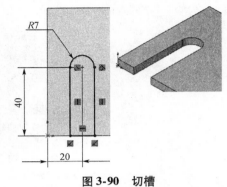

图3-90 切槽

提示 记得在穿过底部的表面绘制一个封闭轮廓的线条。

步骤4 **切另一个槽** 在实体同一表面上创建草图，并以完全贯穿的方式切除实体，如图3-91所示。

步骤5 **切除矩形腔** 在实体同一表面上创建草图，并以完全贯穿的方式切除实体，如图3-92所示。

步骤6 **创建圆角特征** 创建半径为10mm和8mm和圆角特征，如图3-93所示。

步骤7 **保存并关闭零件**

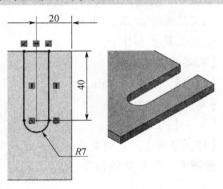

图3-91 切另一个槽

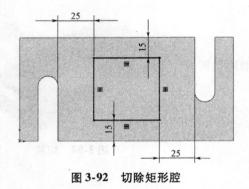

图3-92 切除矩形腔

图3-93 创建圆角特征

练习3-3 修改Basic零件

本练习的主要任务是修改以前创建的零件"Basic-Changes"，结果如图3-94所示。

本练习应用以下技术：

- 修改尺寸值。
- 重建模型。

图3-94 修改"Basic-Changes"零件

操作步骤

步骤 1　打开零件"Basic-Changes"　本练习将修改这个模型（见图3-95）的尺寸以重建模型，并检查零件的设计意图。

步骤 2　修改轮廓尺寸　在 FeatureManager 或屏幕上，双击第一特征（基体底盘 Base Plate）显示尺寸。修改长度尺寸到150mm并重新建模，结果如图3-96所示。

图 3-95　零件"Basic-Changes"

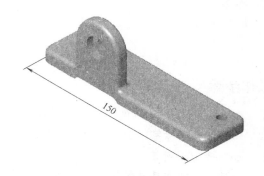

图 3-96　修改轮廓尺寸

步骤 3　修改凸台尺寸　双击"Vert Boss"特征，修改高度尺寸，并重新建模，结果如图3-97所示。

步骤 4　修改圆孔定位尺寸　双击"φ7.0(7) Diameter Hole1"特征，将圆孔的定位尺寸修改为20mm，重新建模，结果如图3-98所示。

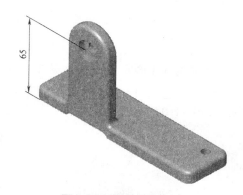

图 3-97　修改凸台尺寸

图 3-98　修改圆孔位置

步骤 5　使 Vert Boss 居中　选定适合的值，修改尺寸，使得"Vert Boss"位于基体中心，如图3-99所示。

提示　可以删除尺寸并添加凸台相对于基板的中心重合约束。（选做）

步骤 6　保存并关闭零件

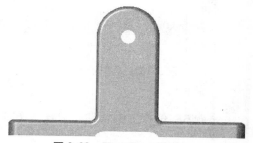

图 3-99　Vert Boss 居中

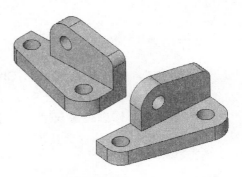

练习3-4　支架

本练习的主要任务是创建如图 3-100 所示的零件。本练习
应用以下技术：

- 选择最佳轮廓。
- 构建凸台特征。
- 运用孔向导。
- 添加圆角特征。

图 3-100　支架

操作步骤

新建一个以毫米为单位的零件并命名为"Base _ Bracket"。

步骤1　创建基准特征草图　在上视基准面上新建草图平面。绘制草图并添加尺寸标注，如图 3-101 所示。

步骤2　拉伸基准特征　拉伸草图，深度 20mm，如图 3-102 所示。

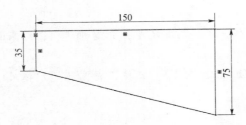

图 3-101　绘制草图并添加尺寸标注

图 3-102　拉伸草图

步骤3　绘制凸台草图　切换视图方向为后视。选择图 3-103 所示表面为草图平面，添加几何体和尺寸标注，如图 3-103 所示。

步骤4　拉伸凸台　拉伸草图，深度为 20mm，如图 3-104 所示。

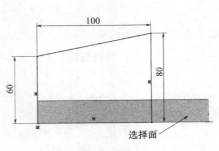

选择面

图 3-103　绘制凸台草图

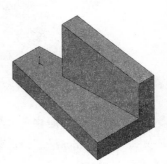

图 3-104　拉伸凸台

步骤5　创建圆角特征　创建圆角特征，见表 3-3。

表 3-3　圆角特征

圆　　角	图　　示
R20mm	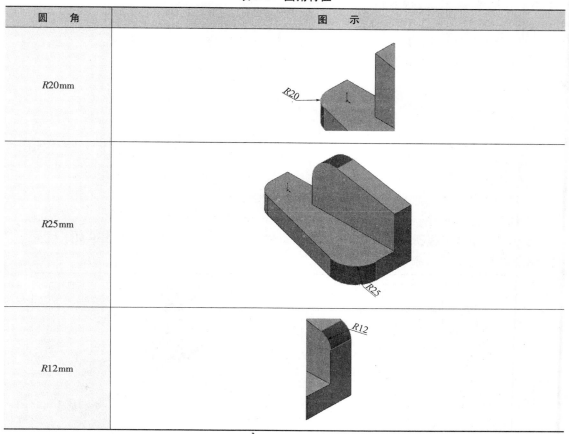
R25mm	
R12mm	

　　步骤6　创建异形孔　单击【异形孔向导】，选择如图 3-105 所示表面。单击【位置】选项卡，选择圆弧中心点为孔中心点。单击【类型】选项卡，设置孔属性如下：

【孔类型】：孔 。

【标准】：ANSI Metric。

【类型】：钻孔大小。

【大小】：20mm。

【终止条件】：完全贯穿。

　　步骤7　创建第二个孔　重复创建孔操作，在如图 3-106 所示表面创建直径为 18mm 的孔。

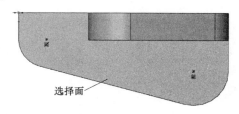

图 3-105　创建异形孔

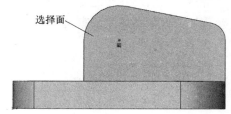

图 3-106　重复孔特征

　　步骤8　保存并关闭零件

练习3-5　创建零件工程图

本练习的主要任务是利用提供的信息创建零件工程图。本练习应用以下技术：
- 工程图纸。
- 工程视图。
- 中心符号线。
- 尺寸标注。

操作步骤

新建一个工程图，按照下面的步骤添加视图及尺寸。

步骤1　打开零件　从文件夹 Lesson 03/Exercises 中打开零件"Basic-Changes-done"。

步骤2　新建工程图　使用【从零件制作工程图】命令并选择 B-Size-ANSI-MM 模板，创建如图 3-107 所示的工程图。

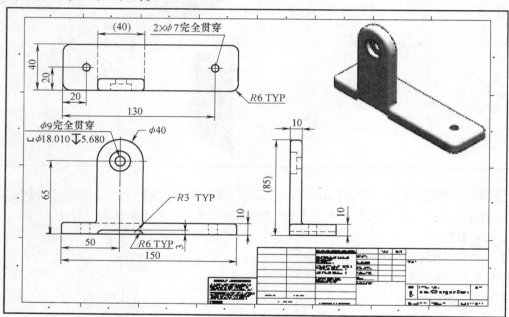

图 3-107　工程图

步骤3　添加尺寸和注释

步骤4　保存并关闭所有文件

第4章 铸件或锻件建模

学习目标

- 使用视图显示和修改命令
- 编辑特征的定义和参数并重建模型
- 使用【成形到下一面】和【两侧对称】终止条件来体现设计意图
- 在草图中使用【对称】功能

4.1 实例研究：棘轮

如图4-1所示的棘轮零件所包含的许多特征和操作步骤都是设计中经常用到的，包括凸台特征、切除特征、绘制几何体、圆角特征和拔模等。

零件建模过程中的关键步骤如下：

1. 设计意图 讨论此零件总的设计意图。

2. 带有拔模斜度的拉伸凸台特征 这个模型创建的第一个部分是手柄部件，利用直线工具绘制手柄草图，然后将草图向两个方向带斜度拉伸，形成实体，该实体是零件建模的最初特征。在这个实体的创建过程中，本章还讨论镜像在草图中的应用方法。

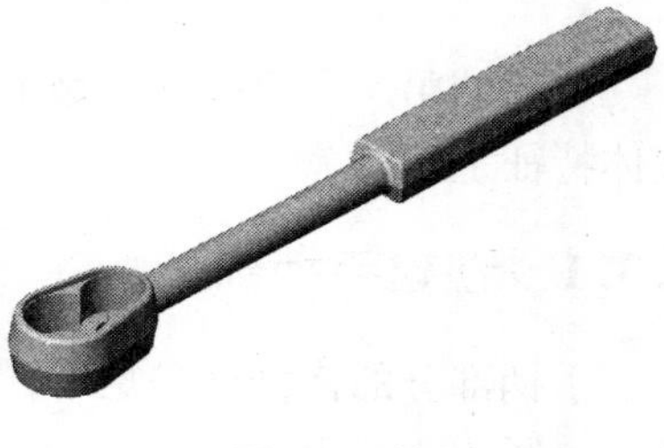

图4-1 棘轮

3.【成形到下一面】终止条件 模型的第二部分是过渡部分，采用【成形到下一面】终止条件，使特征拉伸到手柄部件的表面。

4. 在实体内绘制草图 创建的第三个凸台是头部部分，该特征的草图是在过渡部分的实体内绘制的。

5. 利用现有边创建切除特征 零件头部的凹口是这个零件的第一个切除特征，该特征草图的创建需利用模型现有边的等距。它作为等距切除拉伸到特定深度。

6. 用剪裁后的草图几何体切除 头部的腔槽是另一个切除特征，该特征的草图通过剪裁两个相交的圆形成为合适的形状。

7. 使用复制和粘贴来切除 轮孔可以通过复制和粘贴的方法创建。

8. 圆角 可以使用几种不同的方法在实体中加入内圆角和外圆角。

9. 编辑特征定义 使用【编辑特征】命令可以修改已经存在的特征。圆角特征可以通过这个方法编辑。

4.2 设计意图

图4-2列出了棘轮的主要设计意图，零件每个部分的设计意图将在创建过程中单独进行讨论。

- 中心定位：零件的头部、手柄和过渡部分的中心位于同一条轴线上。

- 对称：无论是相对纵向中心线还是分型面，零件都是对称的。

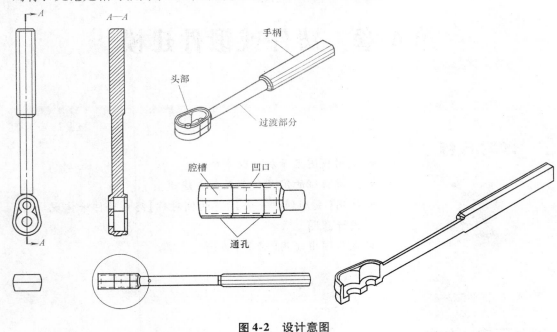

图 4-2 设计意图

4.3 带有拔模斜度的凸台特征

棘轮的第一个建模部分是手柄。零件的第一个特征也可以称为基体特征，其他特征都可以创建在基体特征上。

4.3.1 创建手柄部分

手柄部分的横截面是矩形，创建该特征时，将矩形草图向两个相反的方向拉伸带有斜度的相等距离，如图 4-3 所示。

4.3.2 手柄部分的设计意图

手柄部分的设计意图是采用直线和镜像构造矩形草图轮廓，再将草图轮廓向两个相反方向拉伸带有斜度的相等距离，如图 4-4 所示。

- 拔模：分型面两侧的拔模角度相等。
- 对称：特征相对于分型面对称，也相对于手柄部件的中轴线对称。

中心线作为参考几何体将被用来定位和绘制手柄部件的草图。

中心线既代表手柄部件后端到最前面孔中心的距离，也被用于镜像草图几何体，如图 4-5 所示。

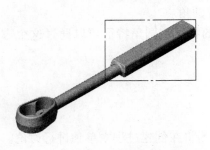

图 4-3 手柄部分

图 4-4 手柄部分设计意图

图 4-5 中心线

操作步骤

按照下面步骤创建零件的手柄部件。

步骤1　新建零件　在【Training Templates】选项卡中使用"Part_MM"　扫码看 3D
模板新建零件，保存零件并命名为"Ratchet"（棘轮）。

步骤2　选择草图基准面　选择上视基准面作为草图基准面，改变视图方向为"上视"。

知识卡片	插入中心线	【插入中心线】用于在草图中创建一条参考直线。根据中心线的不同应用情况，中心线可以是竖直的、水平的或具有任意角度的。由于中心线是参考几何体，所以没有必要在草图中对中心线安全定义。
	操作方法	● 在 CommandManager 中选择【草图】/【直线】╱/【中心线】。 ● 在下拉菜单中选择【工具】/【草图实体】/【中心线】。 ● 快捷方式：右键单击图形区域并选择【中心线】。

提示　任何草图几何体都可以转化为构造几何体，反之亦然。转化方法是先选择几何体，然后在草图绘制工具栏单击【构造几何线】。还可以使用 PropertyManager 将草图几何体转化为构造几何线，选择几何线，然后勾选【作为构造线】复选框，如图 4-6 所示。

图 4-6　转化为构造几何线

步骤3　绘制中心线　从原点开始画一条垂直的中心线，长度随意，如图 4-7 所示。

步骤4　隐藏草图几何关系　从下拉菜单中选择【视图】/【隐藏/显示】/【草图几何关系】，隐藏草图几何关系。

提示　后面的章节都假设草图几何关系是关闭的。

图 4-7　绘制中心线

4.4　草图中的对称

草图中的对称几何体由【镜像】创建的。读者可以选中已绘制的几何体并且对其进行镜像——事后镜像，【对称】几何关系也可以在绘制草图完毕以后添加。

在任何情况下，镜像命令创建的几何体与原几何体之间创建的是【对称】关系。在直线的情况下，对称几何关系应用于直线的终点；在圆弧或圆的情况下，对称几何关系应用于图形自身。

4.4.1　草图绘制后创建对称

可先绘制几何体的一半，然后使用镜像创建另外一半来生成对称。

知识卡片	镜像实体	镜像需要一条直线、线性边或一条中心线。这条线定义了镜像平面。这个平面通常垂直于草图平面并且通过中心线。
	操作方法	• 在 CommandManager 中选择【草图】/【镜像实体】ᴧᴧ。 • 在【工具】菜单中选择【草图工具】/【镜像】。 • 快捷方式：在图形区域右键单击并选择【镜像实体】。

步骤5 绘制直线 从中心线的上端往右画一条水平直线，如图4-8所示。再添加一条竖线，一条水平线，完成半个轮廓的创建。

步骤6 镜像 单击【镜像实体】ᴧᴧ并选择步骤5中生成的三条直线。勾选【复制】复选框。单击【镜像点】并选择中心线。单击【确定】完成草图，如图4-9所示。

> 技巧☉   绘制将用于【镜像】的草图时不要跨过中心线，否则会生成重复的几何体。草图应止于中心线，使得对称的两条水平直线将合并为一条直线。

步骤7 标注尺寸 如图4-10所示，标注尺寸使草图完全定义。

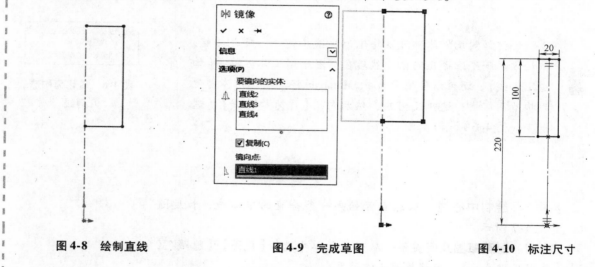

图 4-8 绘制直线   图 4-9 完成草图   图 4-10 标注尺寸

4.4.2 两侧对称拉伸

这个零件的第一个实体特征是【两侧对称拉伸】，两侧对称选项在拉伸的时候两侧的形状一样，深度等于总的拉伸距离，两侧的深度相等。

4.4.3 拔模开/关

【拔模开/关】⬓选择从草图平面往拉伸方向拔模。【拔模角度】和【向外拔模】可以设置拔模的具体角度和拔模的方向。

步骤8 拉伸基体/凸台 在特征工具栏中单击【拉伸基体/凸台】⬛，或者从【插入】菜单中选择【凸台/基体】/【拉伸】。从列表中选择【两侧对称】选项，输入深度为15.00mm。单击【拔模开/关】⬓，并设置角度为8.00°。取消勾选【向外拔模】复选框。单击【确定】创建特征，如图4-11所示。

步骤9　完成特征　完成后的特征如图4-12所示，将特征命名为"Handle"（手柄）。

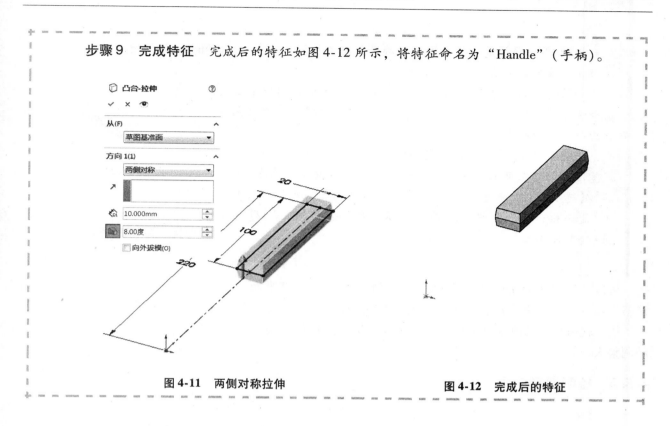

图 4-11　两侧对称拉伸　　　　　　　　　　图 4-12　完成后的特征

4.5　模型内绘制草图

此零件的第二个特征是过渡部分，它是连接头部与手柄部件的凸台，如图4-13所示。这个特征的草图创建在标准参考基准面上。

4.5.1　过渡部分的设计意图

过渡部分的外形是一个简单的圆形轮廓，拉伸到已存在的手柄特征上，如图4-14所示。

- 中心定位：圆形轮廓位于手柄特征的中心。
- 长度：此部分的长度由当前的位置决定。

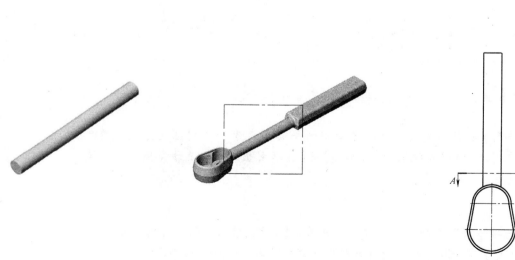

图 4-13　过渡部分

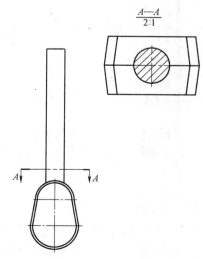

图 4-14　过渡部分的设计意图

步骤 10　显示前视基准面　转换到等轴测视图，从 FeatureManager 设计树中选择前视基准面，该平面高亮显示。

如果需要保持平面可见，在 FeatureManager 设计树中单击前视基准面，从菜单中选择【显示】👁，这个平面将显示为上色和透明的，如图 4-15 所示。

步骤 11　设置和修改基准平面　SOLIDWORKS 软件可设定基准面如何在屏幕上显示，比如需要上色基准面，单击【工具】/【选项】/【系统选项】/【显示】，然后选择【显示上色基准面】复选框；如果要设置平面的显示颜色，使用【工具】/【选项】/【文件属性】/【基准面显示】。

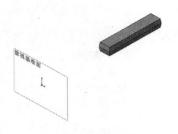

图 4-15　显示前视基准面

可以通过拖动系统或用户定义的基准面的手柄来改变基准面的边界。调整平面的边界，使其大小与特征的边界接近，如图 4-16 所示。

用户也可以自动改变基准面的大小：在基准面上单击右键，选择【自动调整大小】。

4.5.2　绘制圆形轮廓

过渡部分特征的草图只有非常简单的几何元素和关系。绘制一个圆，并将该圆与以前的特征位置创建约束关系以定位该圆。几何关系保证了过渡部分的中心和手柄特征的中心重合。

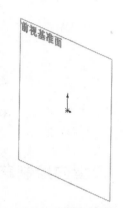

图 4-16　调整基准面大小

步骤 12　创建新草图　保持前视基准面仍然处于被选择状态，单击【草图绘制】⌐，新建一幅草图。

知识卡片	视图正视于	【视图正视于】选项用来改变视图方向为正视于所选平面几何体，这个几何体可以是参考平面、草图、平面或者包含草图的特征。
	操作方法	• 快捷方式：右键单击一个基准面或平面，选择【正视于】↙。 • 在前导视图工具栏上单击一个基准面或平面，选择【视图定向】⬛/【正视于】↙。 • 按住空格键并双击【正视于】。

技巧 再次单击【正视于】，反转方向到平面的另一边。

提示 如果想要自动更改每个新建草图的平面正视于一个视图的方向，请单击【工具】/【选项】/【系统选项】/【草图】及【在草图生成时垂直于草图基准面自动旋转视图】。

步骤 13　正视于视图方向　按下空格键并单击【正视于】↙。现在的视图方向使用户能够看到基准面的真实大小和形状，使得草图绘制更加容易，如图 4-17 所示。

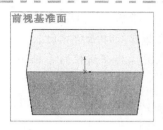

图 4-17　正视于视图方向

绘制圆	在草图中用绘制圆工具为切除和凸台特征创建圆形。圆由【圆心】或【周边圆】来定义。圆心定义需要两个点的位置：一是圆心，一是圆周上一点；周边圆定义需要圆周上两个点（或任意三个点）的位置。
操作方法	• 在 CommandManager 中单击【草图】/【圆】⊙。 • 从【工具】菜单中选择【草图实体】/【圆】。 • 快捷方式：右键单击图形区域并选择【圆】。

技巧 也可以先选择平面，然后单击标准视图工具栏中的【正视于】⊥。

知识卡片

4.5.3　绘制圆

很多参考点可以用来定位圆，比如使用以前创建的圆的圆心、原点以及其他定位点。在本例中将通过以原点为圆心绘制圆来自动捕捉原点与圆心之间的重合关系。

步骤 14　添加圆并标注尺寸　使用【圆】⊙，添加一个圆心在原点的圆。

添加直径尺寸使草图完全定义，设置尺寸值为 12mm，此时草图已经完全定义，如图 4-18 所示。

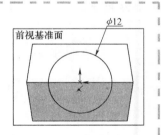

图 4-18　绘制圆

4.5.4　修改尺寸外观形式

根据当前使用的尺寸标注标准，直径的尺寸线箭头位于圆外，用户可以修改尺寸标注属性，使其尺寸线的两个箭头在圆内。

步骤 15　单击尺寸线　单击尺寸线，尺寸线的箭头后会出现两个小的绿色圆点，如图 4-19 所示。

 提示 高亮显示的几何体可以是任意颜色，取决于【所选项目 1】的颜色设置。

步骤 16　切换箭头方向　单击其中一个绿色圆点，尺寸箭头切换到圆的内部，如图 4-20 所示。这个操作是针对所有的尺寸，而不仅仅是直径尺寸。再次单击，箭头又切换到外部。

步骤17　切换到等轴测视图方向　这时并不像创建第一个特征时那样，当用户创建其他凸台或切除特征时，系统会自动切换视图方向，而是要使用【视图方向】对话框或者标准视图工具栏切换到等轴测视图。等轴测视图结果如图 4-21 所示。

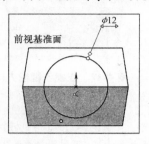
图 4-19　单击尺寸线

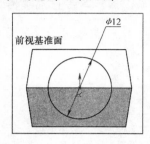
图 4-20　切换箭头方向

图 4-21　等轴测视图

4.5.5　成形到下一面

创建拉伸特征使用"成形到下一面"终止条件时，草图将拉伸到在它的路径上遇到的下一个特征表面。查看预览图形非常重要，它决定凸台是否拉伸到正确位置，如果需要还要反转方向。

步骤18　成形到下一面的拉伸　单击【拉伸凸台/基体】，查看所创建拉伸特征的预览显示，改变拉伸方向，使拉伸朝向已经创建的"手柄"特征。如图 4-22 所示，把终止条件设为【成形到下一面】。单击【确定】。将特征重新命名为"Transition"（过渡），结果如图 4-23 所示。

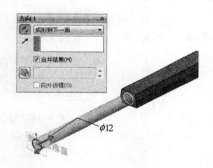
图 4-22　成形到下一面

图 4-23　完成后的特征

步骤19　隐藏前视基准面　右键单击"前视基准面"并选择【隐藏】。

成形到一面与成形到下一面。在很多情况下，选择"成形到下一面"和"成形到一面"的终止条件会有不同的结果。图 4-24a 选择的终止条件为"成形到一面"，当选择一个角度面（红色）为终止面时，只有被选择的面对拉伸成形进行约束。图 4-24b 选择的终止条件为"成形到下一面"，所有的面对拉伸成形进行约束。

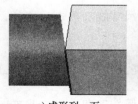
a）成形到一面

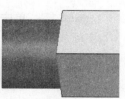
b）成形到下一面

图 4-24　成形到一面与成形到下一面

4.5.6　头部特征的设计意图

零件的头部是一个草图特征，该特征使用直线和切线弧绘制草图轮廓，然后向两个方向拉伸，并且拔模斜度和拉伸长度相等。头部特征是零件的关键特征，它包括用于其他零件定位用的腔槽和孔，如图 4-25 所示。

零件头部的设计意图（见图 4-26）如下：

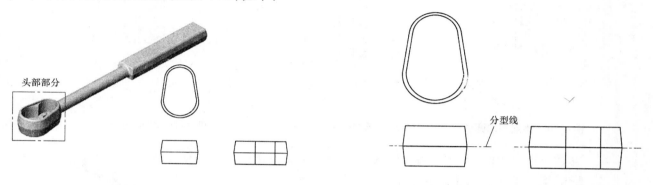

图 4-25　头部　　　　　　　　　　　　　　　　　　图 4-26　设计意图

1. 圆弧中心　在上视方向，外形轮廓线中的两个圆弧的中心位于一条竖直线上，它们的半径并不相等，并且可以改变为任何值。

2. 外形定位　绘制几何体在零件的分型面上，大圆弧中心位于模型的原点。

3. 拔模角度　分型线两侧的拔模斜度相等。

4. 厚度　分型线两侧的厚度相等。

5. 对称　此部分是对称的。

> **步骤20　绘制中心线**　选择上视基准面为草图基准面，单击【正视于】，绘制如图 4-27 所示的中心线。
>
> **步骤21　绘制直线和圆弧**　在绘制好直线后可以用自动切换功能直接绘制圆弧，结果如图 4-28 所示。
>
> **步骤22　返回绘制直线**　完成圆弧后自动切换回直线工具。使用相切推理线绘制直线，端点与前一条直线端点对齐，如图 4-29 所示。
>
>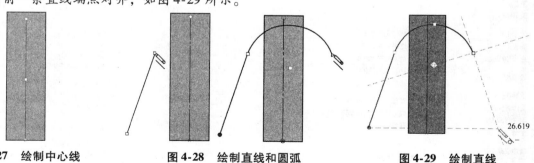
>
> 图 4-27　绘制中心线　　　　图 4-28　绘制直线和圆弧　　　　图 4-29　绘制直线
>
> **步骤23　绘制相切圆弧**　用自动转换工具绘制相切圆弧封闭整个轮廓草图，在图示点所在位置添加相切关系，如图 4-30 所示。
>
> **步骤24　添加合并几何关系**　分别在上圆弧的中心点和中心线本身及下圆弧的中心点和草图原点之间添加合并几何关系，如图 4-31 所示。

步骤25　标注尺寸　标注尺寸完全定义草图，如图4-32所示。

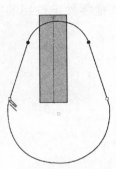

图4-30　绘制相切圆弧

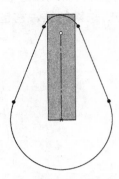

图4-31　添加合并几何关系

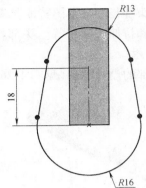

图4-32　标注尺寸

步骤26　拉伸　转换到等轴测视图，单击【拉伸凸台/基体】，设置终止条件为【两侧对称】，拉伸深度为20mm，拔模角度为8°。将最后的特征重命名为"Head"（头部）。

零件的三个主体部分已经创建完成，这三个特征形成了零件的整体形状，如图4-33所示。

图4-33　零件的整体形状

4.6　视图选项

SOLIDWORKS 软件为控制和操纵模型在屏幕上的视图显示方式提供了很多种选项。一般来说，这些视图显示方式选项分为两组，它们分别对应于【视图】菜单中的两个子菜单和视图工具栏中的两组按钮。

1）显示选项，如图4-34所示。

2）修改选项，如图4-35所示。

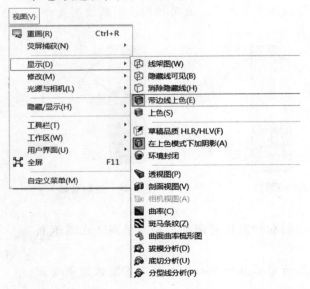

图4-34　显示选项

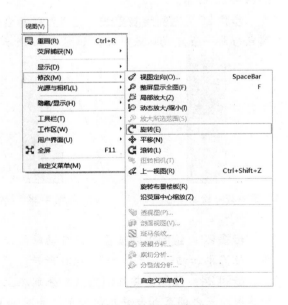

图4-35　修改选项

提示　这些下拉菜单底部的一部分被省略了。

4.6.1　显示选项

图 4-36 列出了零件棘轮所使用的不同显示方法。

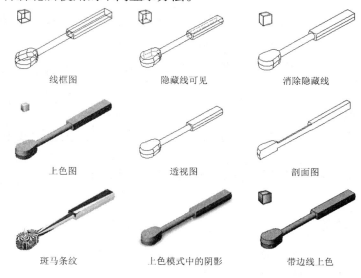

图 4-36　显示选项

提示　【透视图】和【剖面视图】适用于任何类型的视图——线架、隐藏线或上色。【草稿品质 HLR/HLV】可以在所有视图模式中激活，但只在【消除隐藏线】和【隐藏线可见】中起作用，它可以在显示中使用面板并更快速地显示复杂零件和装配体。

4.6.2　修改选项

表 4-1 列出了修改选项的工具按钮及其作用。

提示　在印刷的书籍中很难说明一些动态的操作，比如视图旋转。因此，这里只列出和总结了一些不同的视图选项。

表 4-1　修改选项的工具按钮及其作用

图标	名称	作用
	整屏显示全图	调整放大缩小的范围，以便可以看到整个模型
	局部放大	使用鼠标在图形区域拖动出一个视图区域，放大区域的中心被标以正号（+）作为标记，放大所选择的视图区域
	动态放大/缩小	按住鼠标左键并拖动鼠标，向上时放大，向下时缩小
	放大选取范围	放大视图到所选实体大小
	旋转视图	按住鼠标左键并拖动，以旋转视图
	翻滚视图	按住鼠标左键并拖动，以关于某一轴旋转视图
	平移视图	当拖动鼠标时，滚动视图使模型移动

83

4.6.3 鼠标中键的功能

三键鼠标中的鼠标中键可以用于动态地操纵显示，使用鼠标中键可以完成的功能见表 4-2。

表 4-2　鼠标中键的功能

功　　能	按　　键	滚　　轮
旋转视图	按住鼠标中键，拖动鼠标可自由地旋转视图	按住鼠标滚轮，拖动鼠标可自由地旋转视图
绕几何体旋转视图	在几何体上单击鼠标中键，并按住鼠标中键拖动，使视图绕着所选几何体旋转 几何体可以是顶点、边线、轴或临时轴	在几何体上单击鼠标滚轮，并按住鼠标滚轮拖动，使视图绕着所选几何体旋转
平移或滚动视图	同时按住 Ctrl 键和鼠标中键，拖动鼠标平移视图	同时按住 Ctrl 键和鼠标滚轮，拖动鼠标平移视图
缩放视图	同时按住 Shift 键和鼠标中键，按住鼠标并且向前拖动即可放大视图，向后拖动可缩小视图	旋转鼠标滚轮缩放视图，向前滚动可放大视图，向后滚动可缩小视图
放大选取范围	双击鼠标中键，放大所选几何体到合适大小	双击鼠标滚轮，放大所选几何体到合适大小

 在【工程图】操作环境下，只有【缩放】和【平移】功能可以使用。

4.6.4 参考三重轴的功能

参考三重轴（见图 4-37）可以用来改变视图的方向。选取一个轴能够控制其旋转，可以加或不加辅助键，具体见表 4-3。

*等轴测

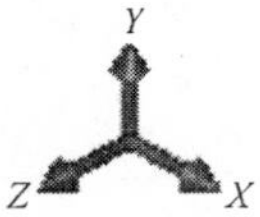

图 4-37　参考三重轴

表 4-3　选取轴

选　　取	结　　果	选　　取	结　　果
选取不垂直于屏幕的轴	轴线的方向将垂直于屏幕	Shift + 选取轴	以 90°的增量绕轴顺时针旋转视图
选取垂直于屏幕的轴	轴线的方向顺时针旋转 180°	Alt + 选取轴	以方向键增量旋转视图

4.6.5 快捷键

预定义的视图选项的快捷键见表 4-4。

表 4-4　快捷键

方　向　键	旋　转　视　图	方　向　键	旋　转　视　图
Shift + 方向键	以 90°的增量来旋转视图	Ctrl + 2	后视
Alt + 左或右方向键	绕垂直于屏幕的轴线旋转	Ctrl + 3	左视
Ctrl + 方向键	移动视图	Ctrl + 4	右视
Shift + Z	放大	Ctrl + 5	上视
Z	缩小	Ctrl + 6	下视
F	整屏显示全图	Ctrl + 7	等轴测
G	放大镜	Ctrl + 8	正视于
Ctrl + 1	前视	空格键	调出视图选项对话框

 在【工具】/【选项】/【系统选项】/【视图】中清除【在更改到标准视图时整屏显示全图】复选框，可以在切换方向时避免缩放模型以套合窗口。

提示　单击【工具】/【自定义】中的【键盘】选项卡可以查看已分配的快捷键，如图 4-38 所示。也可以使用该对话框添加用户自定义的快捷键。

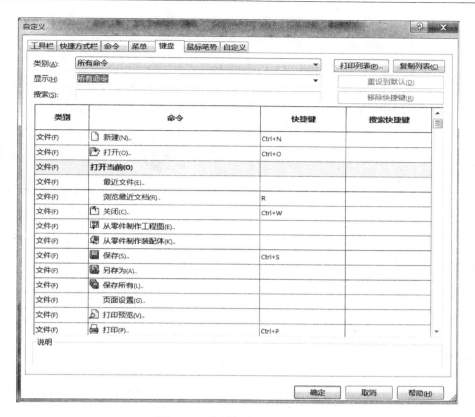

图 4-38　查看与自定义快捷键

4.7　草图中使用模型边线

本零件的第一个切除特征是凹口部分，该切除特征从头部上表面向下拉伸，用于安装覆盖在棘轮上的盖板。由于盖板零件与头部上表面的外形轮廓一致，所以在绘制凹口外形草图时，可以利用头部的边进行【等距】操作。

4.7.1　放大选取范围

【放大选取范围】可以放大所选择的实体，使其充满图形显示窗口。

放大选取范围	• 选择几何体，选择【视图】/【修改】/【放大所选范围】。 • 右键单击几何体，选择【放大所选范围】。

提示　还可以使用多几何体的选择。

4.7.2　添加新视图

使用【视图定向】对话框添加自定义命名视图，可以在绘图区域快速恢复模型的放大倍数和旋转角度。

添加新视图	• 工具栏：单击【视图定向】，选择【添加新视图】。 • 快捷方式：单击【空格键】，选择【添加新视图】。

85

步骤27 放大选取范围 选择棘轮体零件的头部上表面，单击【放大所选范围】 🔍 ，所选择的平面将充满显示窗口，如图 4-39 所示。

步骤28 添加新视图 单击【空格键】，打开【视图定向】对话框。单击【添加视图】 🖱️ ，设置【视图名称：】为【头部】，单击【确定】。关闭【视图定向】对话框。新的视图名称将会出现在对话框和【视图定向】菜单中，选中后可以将视图定向在此头部。

图 4-39 放大选取范围

4.7.3 绘制等距实体

绘制草图过程中可以利用现有模型的边或另一幅草图中的草图元素来创建等距的草图实体。本例中将利用头部特征的边线，可以单独选择边，也可以通过选择一个表面来获取表面的边缘。使用过程中，用户最好尽可能地选择表面，因为如果以后做了某些修改或删除了某些边线后，草图仍能够保持较好的关联。

所选择的边线可以投射到草图平面上，而不管它们是否位于这个平面上。

知识卡片	等距实体	【等距实体】用于在草图中创建模型边线的复制。这些复制从原始实体偏移指定的距离。
	操作方法	• 在 CommandManager 中单击【草图】/【等距实体】 🖱️ 。 • 从【工具】菜单中选择【草图绘制工具】/【等距实体】。 • 快捷方式：右键单击图形区域并单击【等距实体】。

步骤29 等距表面的边线 选择顶面并单击【草图绘制】 🖱️ ，选择顶面并单击【等距实体】 🖱️ ，设置等距距离为 2.000mm。如果偏移方向不对，应勾选【反向】复选框，使等距的实体位于头部外轮廓的内侧，如图 4-40 所示。

步骤30 查看等距结果 如图 4-41 所示，偏移创建了两条直线和两个圆弧，等距的实体依赖于创建它的实体特征，并将随实体的改变而改变。此草图自动完全定义，可以用来创建切除特征。

步骤31 创建切除特征 创建拉伸切除特征，设置终止条件为【给定深度】，深度设置为 2.000mm，单击【确定】，结果如图 4-42 所示。

步骤32 重命名特征 将此特征重命名为 "Recess"（凹口）。

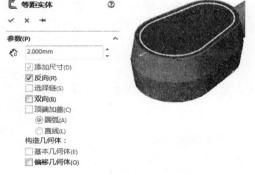

图 4-40 等距实体

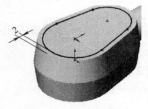

图 4-41 等距结果

图 4-42 切除特征

4.8　剪裁草图几何体

棘轮体零件的第二切除特征是腔槽部分。该特征的草图使用了两个交叠的圆。使用剪裁工具将这两个圆剪裁成单一轮廓，其圆心与模型头部现有的圆心重合。

> **步骤33　绘制圆**　选择上一个特征中顶部的内侧面作为草图基准面。单击【圆】⊙，以现有中心点作为圆心绘制圆。捕捉到这一位置后，系统将自动创建几何关系。在模型旁边绘制第二个圆，如图4-43所示。
>
> **步骤34　给圆心添加几何关系**　单击【添加几何关系】上，打开【添加几何关系】窗口。如图4-44所示，选择所绘制的第二个圆和凹口特征的圆形边，然后选择【同心】几何关系并单击【确定】。【同心】关系将使所选择的圆(圆弧)使用同一个圆心，从而定位了所绘制第二个圆的位置。

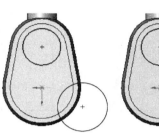
图4-43　绘制圆

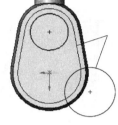
图4-44　给圆心添加几何关系

4.8.1　剪裁和延伸

1. 剪裁　使用【草图剪裁】工具可以把草图几何体剪短，本例要把草图中两个圆交叠的部分剪掉。剪裁选项包括【强劲剪裁】、【边角剪裁】、【在内剪除】、【在外剪除】和【剪裁到最近端】。它们也可以通过【延伸】命令来延长。不同剪裁选项的功能见表4-5。

知识卡片	剪裁	【草图剪裁】用来把草图几何体剪短。
	操作方法	• 在CommandManager中单击【草图】/【剪裁实体】。 • 从【工具】菜单中选择【草图工具】/【剪裁】。 • 快捷方式：右键单击图形区域并单击【剪裁实体】。

表4-5　剪裁选项的功能

剪　裁　选　项	图例(剪裁前)	图例(剪裁后)
【强劲剪裁】 移除从相交点或端点间鼠标经过的实体部分		
【边角剪裁】 选项通过保留被选择的几何体到公共交叉上来进行剪裁		

（续）

剪 裁 选 项	图例（剪裁前）	图例（剪裁后）
【在外剪除】 如果几何体与边界相交，保留内部部分。先选择两条边界线（B），再选择（T）的一部分		
【在内剪除】 如果几何体与边界相交，保留外部部分。先选择边界线（B），再选择（T）的一部分		
【剪裁到最近端】 剪去最靠近交点的几何体或是将边界之间的部分移去		

2. 延伸　用户也可以使用【延伸】工具延伸草图几何体，见表 4-6。

知识卡片	延伸	【延伸】用来把草图几何体伸长。
	操作方法	• 在 CommandManager 中单击【草图】/【剪裁实体】/【延伸实体】。 • 从【工具】菜单中选择【草图工具】/【延伸】。

表 4-6　延伸实体

操 作 说 明	图例（延伸前）	图例（延伸后）
选择最近的端点，单击延伸到下一个相交点		
选择延伸的终点，拖动到相交实体，放开则延伸		

　　步骤35　剪裁圆　单击【剪裁实体】，选择【强劲剪裁】选项。在将要移除的草图实体部分上拖动，系统将找到圆的相交点，删除多余的部分，如图 4-45 所示。

　　步骤36　添加尺寸　给圆弧添加尺寸，将草图完全定义，如图 4-46 所示。

　　步骤37　关闭尺寸标注工具　关闭尺寸标注工具的一个简单办法是在键盘上按 Esc 键。

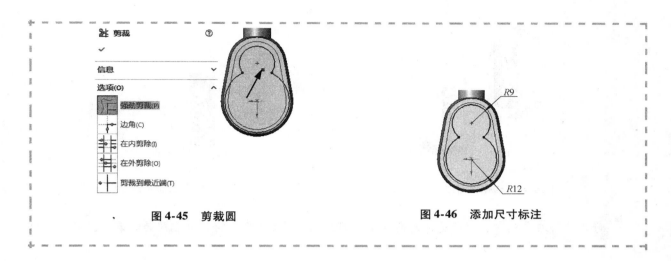

图 4-45　剪裁圆　　　　　　　　　　　图 4-46　添加尺寸标注

4.8.2　修改尺寸

由于草图实体是圆弧，系统会自动创建半径尺寸。如果用户希望标注直径尺寸，可以通过单击右键，选择【显示选项】/【显示成直径】，快速地进行修改。要修改更多的尺寸属性，可以右键单击尺寸，然后选择【属性】进行修改。

步骤38　显示为直径尺寸　选择尺寸，单击右键，然后选择【显示选项】/【显示成直径】，结果如图 4-47 所示。

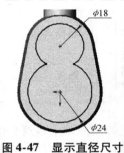

图 4-47　显示直径尺寸

4.8.3　到离指定面指定的距离

【到离指定面指定的距离】终止条件是从一个基准面、面或者曲面甚至是特征的草图平面开始，测量到一个指定的距离来放置拉伸的终止位置。

在本例中，拉伸的终止位置是从零件底部的面开始测量的，距离为 5mm，如图 4-48 所示。

4.8.4　转化曲面选项

【到离指定面指定的距离】终止条件的【转化曲面】选项在默认状况下是关闭的。

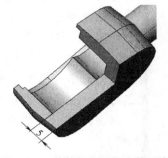

图 4-48　到离指定面指定的距离

如图 4-49 所示，两个圆柱位于两个相同的半圆形参考曲面下，两个圆柱都是拉伸到顶部离曲面 35.6mm（1.4in）的位置。左边的圆柱在拉伸时【转化曲面】选项被选中，而右边的圆柱则在拉伸时关闭该选项。

在【到离指定面指定的距离】中的【转化曲面】定义为线性地将曲面复制到某个距离作为拉伸的终止条件。如果不使用这个选项，复制的曲面是根据曲面的法向发散开的。因此，会得到两个不同的结果，如图 4-50 所示。

图 4-49 转化曲面选项（一）

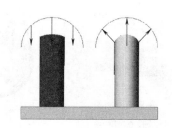

图 4-50 转化曲面选项（二）

 提示

在本例中，因为选择的面是平坦的，所以两个选项都会得到相同的结果。

步骤39 **到离指定面指定的距离** 单击【拉伸切除】，终止条件为【到离指定面指定的距离】，设置【等距距离】为 5mm。

4.8.5 选择其他

知识卡片	选择其他	【选择其他】用于选择模型内部不能直接选择的面。
	操作方法	• 在面上单击右键并选择【选择其他】。

选择隐藏或是被遮挡的面可以使用【选择其他】选项。当把鼠标放在要选的面的区域上单击右键时，快捷菜单上将出现【选择其他】选项，靠近鼠标的面将被隐藏。当鼠标在对话框中的面列表上移动时，相应的面在屏幕上将高亮显示。

步骤40 **切换自定义视图** 单击【空格键】，打开【视图定向】对话框，在自定义视图列表中旋转步骤28 中定义的【头部】视图。

步骤41 **选择面** 在被隐藏的面上单击右键然后选择【选择其他】。在列表中上下移动鼠标来高亮显示其他可选择的面，如图 4-51 所示。用鼠标左键直接选择面或者在列表上选择【面】。

单击【确定】并将此特征重命名为 "Pocket"（腔槽）。

技巧 其他面可以被添加到 "隐藏面" 列表中。用右键单击要隐藏的面就可把其隐藏，按住 Shift 键然后单击右键可以解除隐藏并在隐藏面列表中删除。

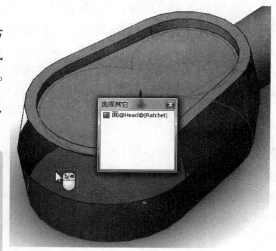

图 4-51 选择面

4.8.6　测量

【测量】选项可以用于许多测量任务，包括单个实体的测量或两个实体之间的测量。测量的默认单位与零件单位一致，如图 4-52 所示。

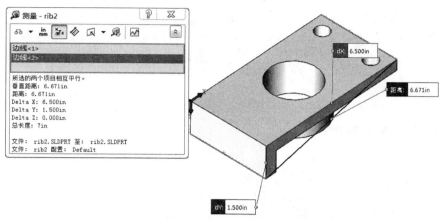

图 4-52　测量单位

测量	【测量】可以计算距离、长度、曲面面积、角度、圆周以及点的 X、Y、Z 坐标。对于圆和圆弧，可以显示圆心、最大尺寸和最小尺寸，见表 4-7。
操作方法	● 在 CommandManager 中单击【评估】/【测量】。 ● 在【工具】菜单中选择【测量】。

本例测量一条边到一个平面的最短距离。

表 4-7　测量

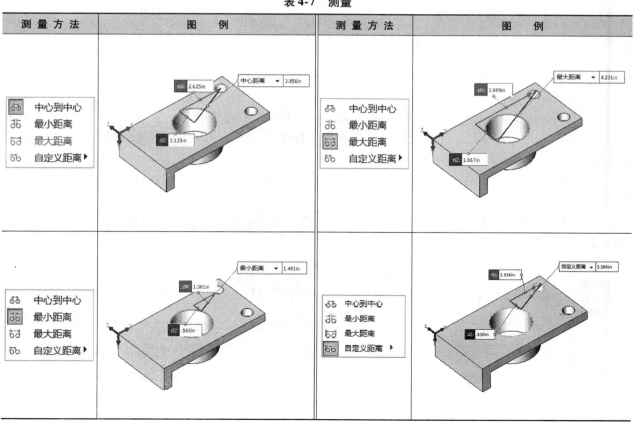

步骤42　测量点与面之间的距离　单击【测量】🔍，然后选择如图 4-53 所示的点和面（见步骤41）。

【垂直距离】和【Delta Y】都为 5mm。这个组合的相关信息都会在对话框中显示出来。

> 技巧 D 在测量工具关闭时，SOLIDWORKS 窗口底部的【状态栏】显示了一些基本的信息。比如当选择一个圆的边线时，状态栏将会显示它的半径和原点坐标，如图 4-54 所示。

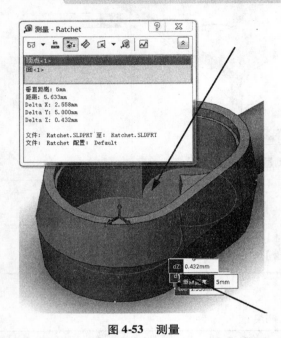

半径: 9mm 中心: 0mm,-5mm,-18mm

图 4-53　测量　　　　　　　图 4-54　状态栏

4.9　复制和粘贴特征

简单的草图特征和一些应用特征可以被复制，然后粘贴到一个平面上。复杂的草图特征例如扫描和放样不能被复制。同样的，尽管倒角和圆角这样的特征可以被复制，但拔模等附带特征也是不可以被复制的。

一旦粘贴完成，复制的特征就跟原先的特征没有任何联系。新旧特征和各自的草图可以被独立修改。

在本例中，在零件部位 Head（头部）处需要钻两个直径不同的通孔。可以通过先创建一个通孔，然后复制的办法来创建第二个。

知识卡片	复制和粘贴	• 选择【编辑】菜单中的【复制】🗐 或者【粘贴】🗐。 • 快捷菜单：【CTRL + C】和【CTRL + V】。 • 快捷菜单：【CTRL】+ 鼠标拖动。

步骤43　创建一个圆形通孔　在一个新的草图上创建一个【圆】，和腔体上部的圆心重合，并添加尺寸。设置【圆】的直径为 9mm 并应用【拉伸切除】命令添加完全贯穿的特征，如图 4-55 所示。将新创建的特征命名为 Wheel Hole。

步骤 44　复制特征　被复制的特征必须能够在【FeatureManager】设计树或者绘图区域识别。在本例中，通过【FeatureManager】设计树选择特征 Wheel Hole。接下来，通过【复制】 把它复制进粘贴板，如图 4-56 所示。

步骤 45　选择面　被复制的特征必须被粘贴在一个平面上。选择特征 Wheel Hole 草图所在的平面然后【粘贴】 。

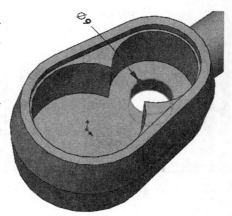

步骤 46　复制确认　特征 Wheel Hole 所使用草图中的【圆】有一个和同平面圆同心的几何关系。复制特征的时候，该关系同样被复制。只是系统此时会有一点"困惑"，不知新特征草图里的【圆】该和哪条边重合。所以，如图 4-57 所示，系统给出了三个选项：

- 删除关系。
- 尽管无效但还是保留（悬空）。
- 取消复制操作。

选择删除，如图 4-58 所示。

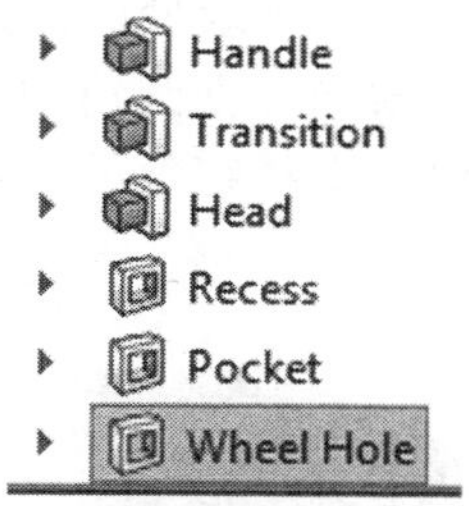

图 4-55　生成孔特征

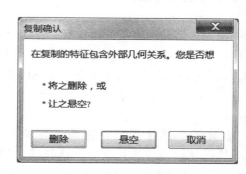

　　　　　　　　　　　　　　　　　图 4-57　复制确认

图 4-56　复制特征

提示　尺寸和关系所引用的对象在被删除后，这种无效的状态就是悬空。悬空的关系通过某些特殊的技术一般是可以修复的。

步骤 47　编辑草图　被复制的特征包含特征本身还有附带的草图两部分，因为原先的关系被删除，所以草图目前处于欠定义状态。

改变圆的直径为 12mm，拖动圆心使之与坐标系原点重合，如图 4-59 所示。退出草图，将特征命名为 Ratchet Hole。

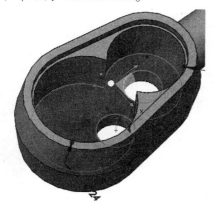

图 4-58　删除关系

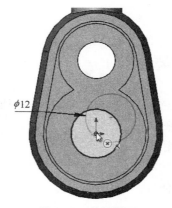

图 4-59　编辑草图

步骤 48　添加圆角　添加表 4-8 所示边和面的圆角。

表 4-8　添 加 圆 角

圆角特征	$R = 3\text{mm}$ 名称 = Handle Fillets （手柄圆角）	$R = 1\text{mm}$ 名称 = H End Fillets （手柄端圆角）	$R = 2\text{mm}$ 名称 = T-H Fillets （过渡－手柄圆角）
图例	半径：3mm	半径：1mm	半径：2mm

4.10　编辑圆角特征

最后一个要创建的圆角特征是头部特征上下两条边线。由于这两条边线处的圆角与手柄两端的圆角半径相同，这里可以通过编辑已经建立的手柄两端的圆角特征，增加建立圆角的边线，使之包括头部特征的这两条边。这种方法比建立一个新圆角，然后再使它们保持半径相等的方法要好。本例将编辑 "H End Fillets"（手柄端圆角）的特征定义。

步骤 49　选择并编辑圆角　右键单击 "H End Fillets"（手柄端圆角）特征，选择【编辑特征】。使用已命名 "头部" 视图定向到头部。选择头部特征上下两条边线周围的附加边线，所选择的边线会添加到列表中，现在已经有 6 条边线用于圆角特征，如图 4-60 所示。

步骤 50　保存并关闭零件

图 4-60　编辑圆角特征

练习 4-1　带轮

本练习的主要任务是根据所给尺寸完成如图 4-61 所示的零件。尽量使用约束关系和方程式来保证设计意图。

本练习应用以下技术：

- 草图中的对称。
- 对称拉伸。
- 切换拔模方向。
- 绘制圆。

图 4-61　带轮

　　可选草图：如果用户愿意使用已有的草图，请直接跳到操作步骤。用户可以自己创建新的草图。新建一个以 mm（毫米）为单位的零件，并使用图 4-62 所示的尺寸绘制草图。本例共需三个草图，第一个草图位于前视基准面上，剩下的两个草图位于右视基准面上。

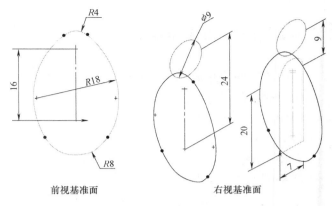

前视基准面　　　　　　　　右视基准面

图 4-62　带轮的尺寸信息

操作步骤

　　打开名为 "Pulley" 的零件。

　　步骤1　带拔模的拉伸　拉伸基体（红色）草图，设置拉伸深度为 10mm，终止条件为【两侧对称】，拔模斜度为 6°，结果如图 4-63 所示。

　　步骤2　拉伸支架　拉伸支架（蓝色）草图，设置拉伸深度为 4mm，终止条件为【两侧对称】，并应用同样的拔模斜度，结果如图 4-64 所示。

　　步骤3　创建切除和孔特征　使用 Center Cut 草图（绿色）创建切除特征。这个切除在两个方向上都是【完全贯穿】的。添加一个直径为 5mm 的孔。在切除后的底边添加一个圆角特征（1mm），结果如图 4-65 所示。以原点为中心，创建第三个直径为 3mm 的【完全贯穿】的孔，如图 4-66 所示。

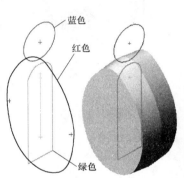

图 4-63　带拔模的拉伸

　　步骤4　添加圆角　如图 4-67 所示，添加 0.5mm 和 1mm 的圆角。

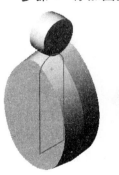  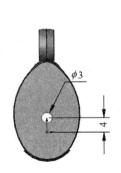 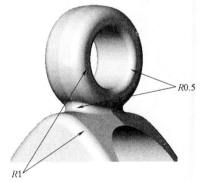

图 4-64　支架　　　图 4-65　切除特征　　　图 4-66　创建孔　　　图 4-67　圆角

　　⚠️ **注意**　创建圆角特征的顺序很重要，R 1mm 的圆角特征的创建必须先于 R 0.5mm 的圆角特征。

　　步骤5　保存并关闭零件

练习4-2 对称和等距实体（一）

本练习的主要任务是使用等距实体和对称来完成图4-68所示零件。

本练习应用以下技术：

- 绘制中心线。
- 草图绘制后建立对称。
- 绘制等距实体。

按图4-69建立零件。

图4-68 对称和等距实体（一）

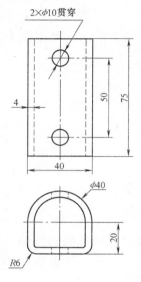

图4-69 尺寸信息

练习4-3 修改棘轮体手柄

本练习的主要任务是修改本章创建的棘轮体手柄（见图4-70）。

本练习应用以下技术：

- 剪裁和延伸。

本零件的设计意图如下（见图4-71）：

1）零件必须保持关于右视基准面对称。

2）要求过渡部分的截面是平面，截面形状由平面间的距离确定。

图4-70 棘轮体手柄

图4-71 设计意图

操作步骤

打开现有的零件。

步骤1 打开棘轮体零件进行修改 需要对零件过渡部分（见图4-72）的形状进行修改。

步骤2 编辑草图 在图形区域右键单击过渡部分表面，选择【编辑草图】。修改草图，添加等间距的水平线，间距为8mm，如图4-73所示。退出草图。

过渡部分

图 4-72　修改过渡部分

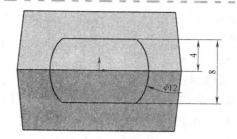
4
8
φ12

图 4-73　编辑草图

步骤 3　编辑特征　编辑"H End Fillets"（手柄端圆角）特征，添加边线。选择上个特征创建的四条边，单击【确定】，如图4-74所示。

步骤 4　圆角修改结果　新添加的边线成为手柄棱边圆角特征的一部分，并更新了下一个圆角特征的形状，如图4-75所示。

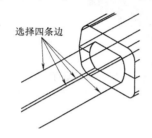
选择四条边

图 4-74　编辑特征

图 4-75　圆角修改结果

步骤 5　保存并关闭零件

练习 4-4　对称和等距实体（二）

本练习的主要任务是使用等距实体和对称来完成图 4-76 所示零件。
本练习应用以下技术：

- 绘制中心线。
- 草图绘制后建立对称。
- 正视于视图方向。
- 绘制等距实体。
- 到指定面指定的距离。
- 测量。

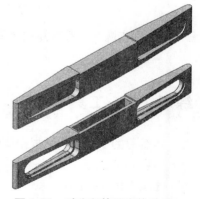

图 4-76　对称和等距实体（二）

操作步骤

打开现有的零件"Offset _ Entities"并按如下步骤创建几何体。

步骤 1　等距实体　使用【等距实体】创建草图几何体，如图 4-77 所示。

步骤 2　到指定面指定的距离　使用【拉伸切除】，选中【到指定面指定的距离】，距离为 10mm。用【选择其他】来选择隐藏的面，如图 4-78 所示。

SOLIDWORKS SOLIDWORKS®零件与装配体教程（2017版）

切除显示了到指定面指定距离选项的结果，如图
4-79所示。测量工具可以用来检查这个值。

步骤3 等距表面 创建一个草图，等距表面为
2mm，如图4-80所示。

步骤4 等距和对称 使用【正视于】定位零件。
用【等距实体】、【中心线】和【镜像实体】来创建和镜
像草图几何条件。选择【拉伸切除】/【完全贯穿】完成
此步骤，如图4-81所示。

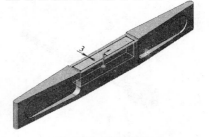

图4-77 等距实体

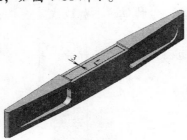

图4-78 到指定面指定的距离

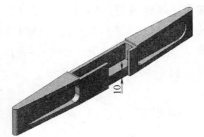

图4-79 结果显示

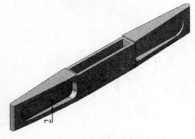

图4-80 等距表面

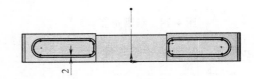

图4-81 等距和对称

步骤5 保存并关闭零件

练习4-5 工具手柄

本练习的主要任务是根据所给尺寸和信息，创建如图4-82所示的零件。
本练习应用以下技术：

- 草图中的对称。
- 两侧对称拉伸。
- 绘制圆。
- 裁剪和延伸。

（1）设计意图
本零件的设计意图如下：
1）除非特别指出，圆角半径都为2mm。
2）等半径或等直径的圆形边线仍要保持相等。
（2）尺寸视图
贯彻设计意图，按图4-83所示的尺寸创建零件。
操作步骤略。

图4-82 工具手柄

98

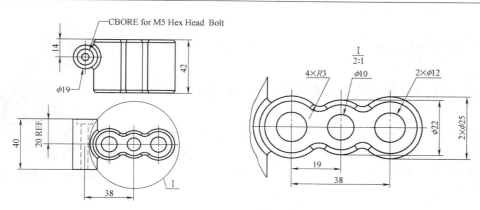

图 4-83　工具手柄的尺寸信息

练习 4-6　惰轮臂

本练习的主要任务是根据所给尺寸和信息创建如图 4-84 所示的零件。

在练习中使用几何关系和方程式保证零件的设计意图。在这个练习中，读者需要特别注意本零件的最佳原点位置。

要求读者只利用上视、前视和右视基准面建立模型。

本练习应用以下技术：

- 草图中的对称。
- 两侧对称拉伸。
- 成形到下一面拉伸。

（1）设计意图

本零件的设计意图如下：

1）零件对称。

2）主视图的所有孔均位于零件的中心线上。

3）除非特别说明，所有的圆角均为 R3mm。

4）位于前视和右视基准面上的中心孔共享一个中心点。

图 4-84　惰轮臂

（2）尺寸视图

根据图 4-85 以及设计意图，以 mm（毫米）为单位创建零件模型。

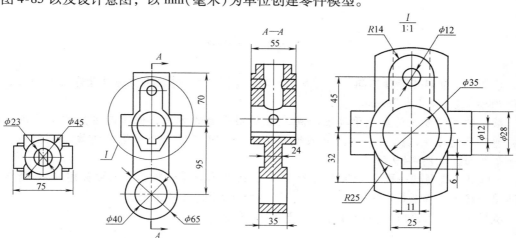

图 4-85　以 mm 为单位标注尺寸

练习4-7 成形到一面

本练习的主要任务是使用对称和成形到一面来完成图 4-86 所示零件。

本练习应用以下技术：

- 动态镜像。
- 成形到下一面与成形到一面。

图 4-86 成形到一面的零件

操作步骤

打开名为"Up_To_Surface"的零件。

步骤1 创建草图 在基准面 Plane2 上创建草图，使用直线和对称命令进行创建，如图 4-87 所示。

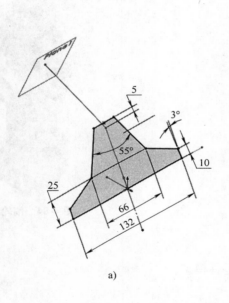

a)

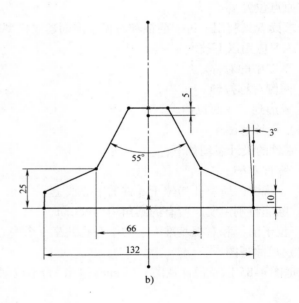

b)

图 4-87 尺寸信息

步骤2 拉伸并选择方向 拉伸草图。单击【拉伸方向】区域，选择蓝色的草图线，如图 4-88 所示。【距离】为 28mm。

默认的拉伸方向是垂直于草图轮廓或者草图平面的方向，但有时可能需要向不同的方向拉伸。此时可通过【拉伸方向】来改变默认方向，可以是一个草图几何体、模型的一条边或一个平面，如图 4-89 所示。

步骤3 成形到一面 在基准面 Plane1 上创建草图并绘制圆，尺寸如图 4-90 所示。拉伸草图，终止条件为【成形到一面】，选择粉红色的面作为终止面。

步骤4 添加圆角 添加圆角，如图 4-91 所示。

100

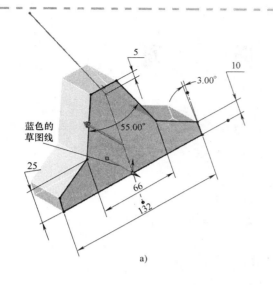

a)　　　　　　　　　　　　b)

图 4-88　拉伸并选择方向

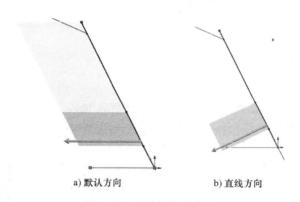

a) 默认方向　　　　　　　b) 直线方向

图 4-89　不同的拉伸方向

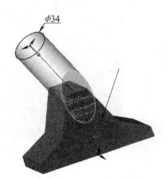

图 4-90　成形到一面

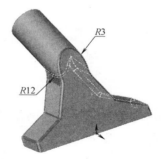

图 4-91　圆角

技巧　　　圆角与生成的顺序密切相关，12mm 圆角一定要在 3mm 圆角之前完成。

步骤5　保存并关闭零件

第5章 阵 列

学习目标

- 建立线性阵列
- 添加圆周阵列
- 掌握几何体阵列选项
- 创建并使用参考几何体类型轴和基准面
- 添加镜像
- 掌握线性阵列的"只阵列源"选项
- 草图驱动的阵列
- 运用"完全定义草图"添加几何关系与尺寸标注

5.1 使用阵列的优点

当创建特征的多个实例时，阵列是最好的方法，优先选择阵列的原因有以下几点：

1. 重复使用几何体 原始或源特征只被创建一次。参照源特征，创建和放置源的实例。

2. 方便修改 因为源/实例是相关联的，实例随着源的改变而改变。

3. 使用装配部件阵列 通过【特征驱动】阵列，零件级创建的阵列可以在装配体级得到重新利用，这种阵列被用来放置零部件和子装配体。

4. 智能扣件 针对每个孔，智能扣件会自动向装配体添加扣件，这是智能扣件的一个优势，如图5-1所示。

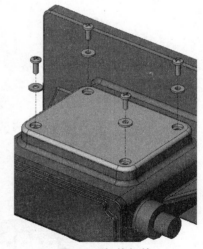

5.1.1 阵列类型

SOLIDWORKS 中提供了多种阵列形式，表5-1列出了阵列的各种类型及其典型应用。

图5-1 智能扣件

 提示 下面列出了所有类型的阵列，但本章仅用到其中的几种。

1. 源 源是被阵列的几何体，可以是一个或多个特征、实体或者面。

2. 阵列实例 阵列实例(或者称作实例)是通过阵列创建的源的"复制品"。它从源派生并且随着源的变化而变化。

5.1.2 阵列选项

阵列特征具有一些相同的选项，但各类型的阵列又有些独特的选项，见表5-2。

表 5-1 阵列类型及其典型应用

阵 列 类 型	典 型 应 用	源 =  阵列实例 = 
线性	一个方向等距排列	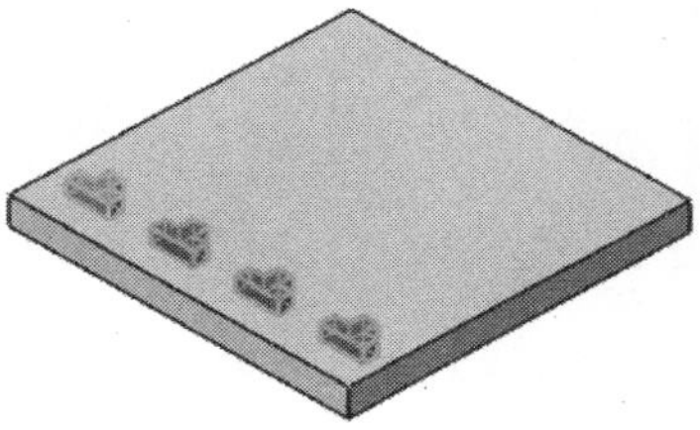
线性	两个方向等距排列	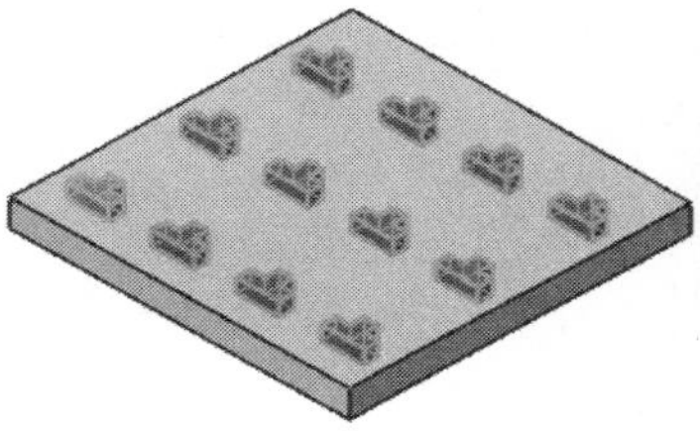
线性	只阵列源的双向排列	
线性	去除一些实例的单向或双向排列	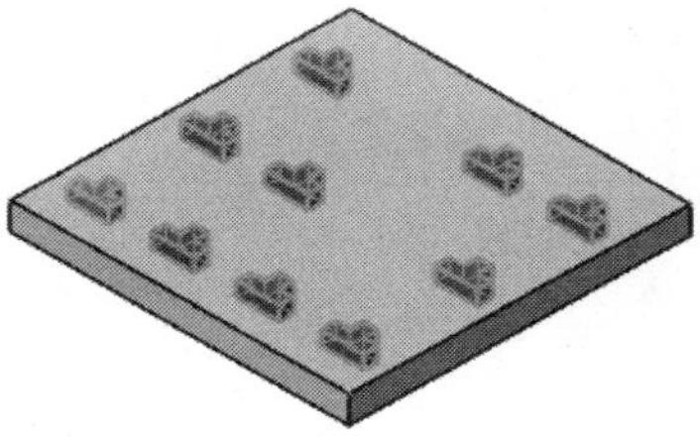
线性	尺寸变化的单向或双向排列	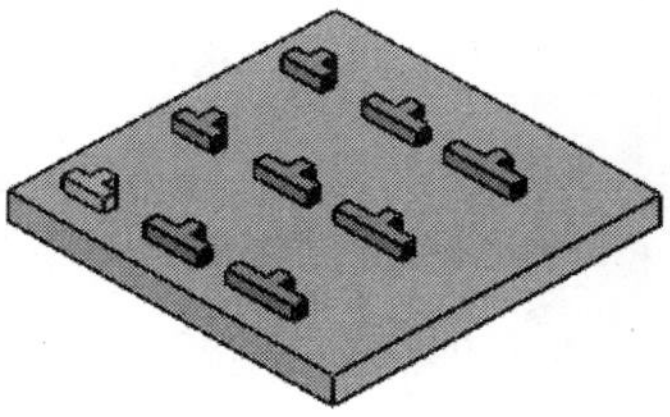

103

（续）

阵 列 类 型	典 型 应 用	源 = 阵列实例 =
圆周..........	关于中心的等距圆形排列	
圆周..........	关于中心的等距圆形排列。去除了一些实例，或者角度小于360°	
圆周..........	关于中心的等距圆形排列，间距双向对称	
圆周..........	关于中心的等距尺寸变化的圆形排列	
镜像..........	根据指定平面的镜像定位，可以镜像指定的特征或整个实体	前视基准面

（续）

阵 列 类 型	典 型 应 用	源 = 　　阵列实例 = 
表格驱动	基于坐标系下 *XY* 方向的表格来排列	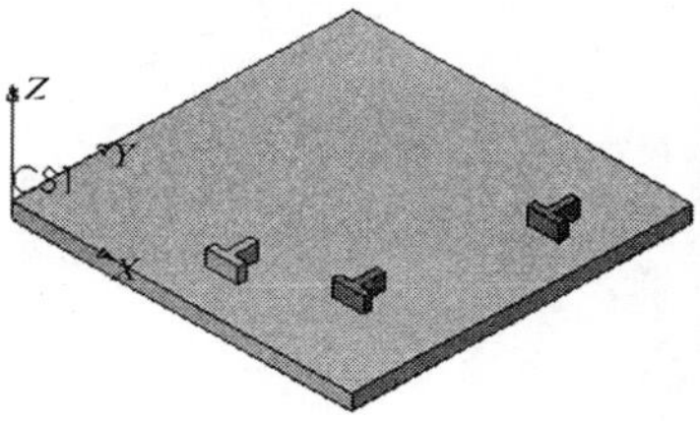
草图驱动	基于草图定位点排列	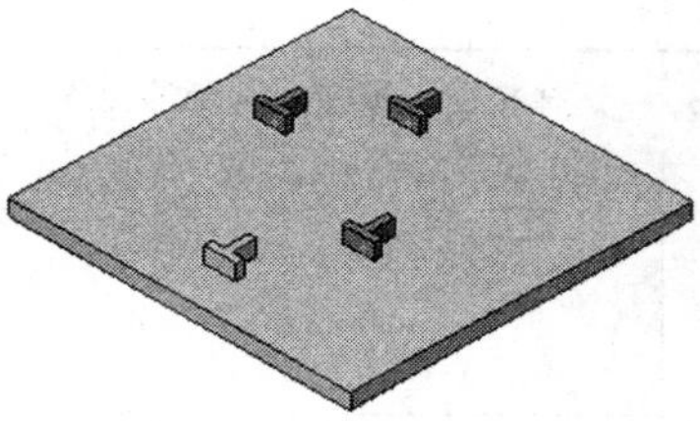
曲线驱动	基于曲线几何排列	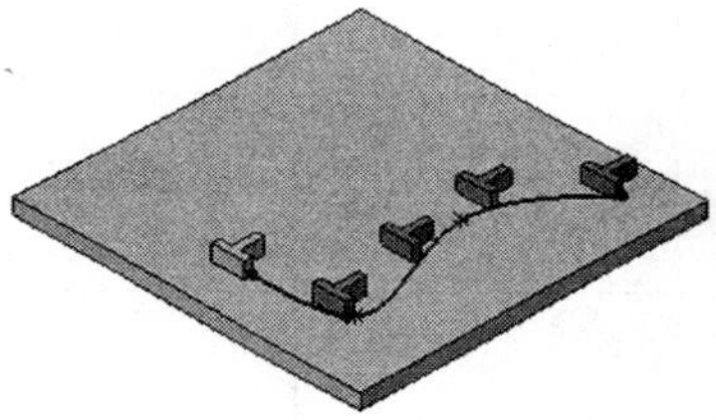
曲线驱动	基于完全圆周路径排列	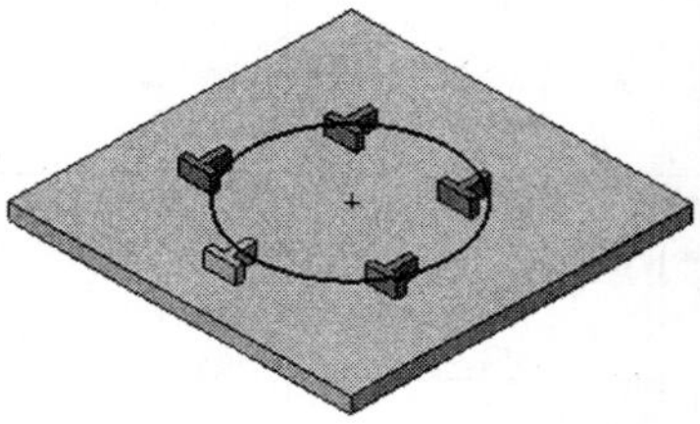
曲线驱动	基于投影曲线排列	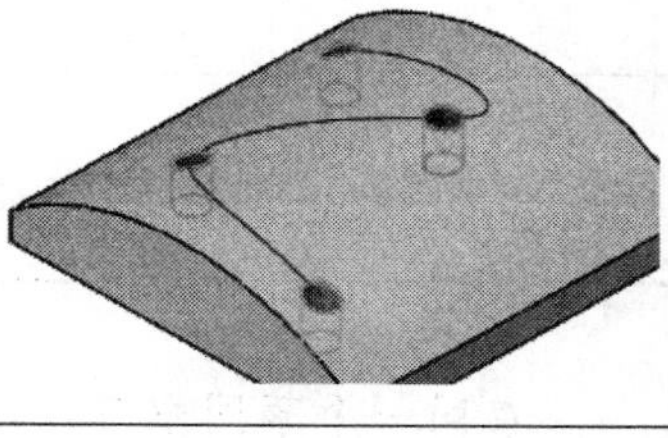
填充阵列	基于同一面的实例排列。填充阵列也能使用默认的形状，如圆形、方形、菱形或多边形	

（续）

（续）

阵 列 类 型	典 型 应 用	源 = 阵列实例 =
变量阵列.........	基于所选用阵列表格中的尺寸，沿着平面或曲面排列	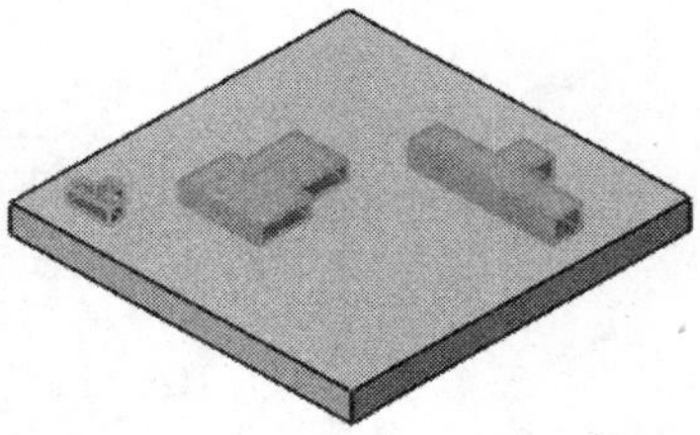

表5-2　阵列选项

阵列特征	选择特征、实体或者面	延伸视象属性	只阵列源	跳过实例	几何体阵列	随形变化	使用成形特征
线性	✓	✓	✓	✓	✓	✓	✓
圆周	✓	✓		✓	✓		✓
镜像	✓	✓			✓		
表格驱动	✓	✓			✓		
草图驱动	✓	✓			✓		
曲线驱动	✓	✓	✓	✓	✓	✓	
填充阵列	只针对特征和面	✓		✓	✓	✓	
变量阵列	只针对特征	✓					所有成形特征

> 提示　在同一个草图中可以选择【线性草图阵列】 和【圆周草图阵列】 来创建草图几何体的复制，但这些命令并不创建阵列特征。

5.2　线性阵列

　　根据方向、距离和复制数量，用户可以使用【线性阵列】创建实例。实例依赖于原始实体，但阵列的实例随着源的改变而改变。

	线性阵列	【线性阵列】在一个方向或者两个方向上创建多个实例。边、轴、临时轴、线性尺寸、平面、锥面、圆边、草图圆（圆弧）或参考平面都可以作为阵列方向。
	操作方法	• 在 CommandManager 中单击【特征】/【线性阵列】器。 • 从【插入】菜单中选择【阵列/镜像】/【线性阵列】。

操作步骤

步骤 1　打开零件"Linear Pattern" 该零件（图 5-2）包含阵列的源特征。

步骤 2　设定方向 1 单击【插入】/【阵列/镜像】/【线性阵列】器。选中零件的线性边，可以使用【反向】器，调整预期方向。选择【间距与实例数】，设定【间距】为 50.00mm，【实例】为 5，如图 5-3 所示。

图 5-2　Linear Pattern 零件

> **提示** 定义阵列方向或轴的几何体上会显示阵列标签，阵列标签上带有【间距】和【实例】关键设置，双击可以修改这些设置，如图 5-4 所示。

弹出的 FeatureManager 设计树允许用户同时查看 FeatureManager 设计树和 PropertyManager，如图 5-5 所示。当 PropertyManager 把 FeatureManager 遮挡住的时候，用户能够通过 PropertyManager 来选择特征。弹出的 FeatureManager 设计树透明地覆盖在零件图形区域上。

PropertyManager 自动激活弹出 FeatureManager 设计树，单击"▶"可以展开列表。

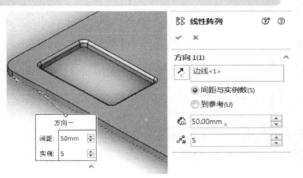

图 5-3　线性阵列

图 5-4　其他的阵列选项

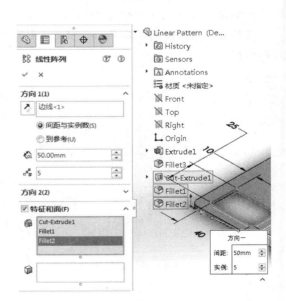

图 5-5　弹出的 FeatureManager 设计树

步骤 3　选择特征　选择【要阵列的特征】，从弹出的 FeatureManager 设计树中选择特征 Cut-Extrude1、Fillet1 和 Fillet2。

步骤 4　设定方向 2　下拉【方向 2】的复选框，选择另一条线性边（图 5-6），其设置如图 5-7 所示。

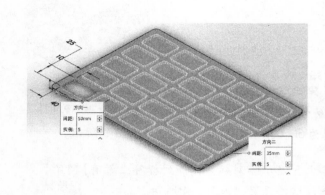

图 5-6　选择另一条线性边

图 5-7　设定方向 2

5.2.1　跳过实例

在阵列预览中，选中实例重心的标记，就能删除该实例。但是，源特征是不能被删除的。每个实例用数组格式（2,3）来标识。

步骤 5　设定可跳过的实例　在【可跳过的实例】复选框的下拉列表中，选中 9 个在中间的实例标记。选中的一组被添加到列表中，并显示工具提示，如图 5-8 所示。

步骤 6　源和实例　从 FeatureManager 设计树中单击阵列特征，将以不同颜色高亮显示源和实例，如图 5-9 所示。

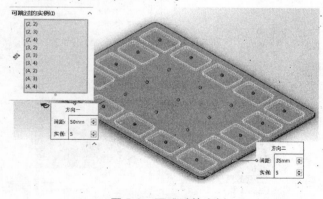

图 5-8　可跳过的实例

图 5-9　完成的阵列

 提示　阵列特征的提示窗包含相关的设置信息，如图 5-10 所示。

5.2.2　几何体阵列

从源几何体创建所有实例要耗费大量的时间，使用【几何体阵列】能有效地缩短这一时间。只有源和实例的几何体相同或者相似的时候，才能使用几何体阵列。

图 5-10　阵列特征

1. 不进行几何体阵列　如果清除了【几何体阵列】选项，源的终止条件也应用于实例。例如，将蓝色源【到离指定面指定的距离】的拉伸切除终止条件应用到橘色实例上，强制它运用与源实例相同的终止条件，结果如图 5-11 所示。

2. 采用几何体阵列　如果选中了【几何体阵列】复选框，则使用源的几何体来阵列，而忽略此拉伸切除特征的终止条件，结果如图 5-12 所示。

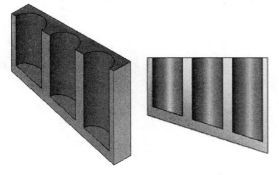

图 5-11　不进行几何体阵列

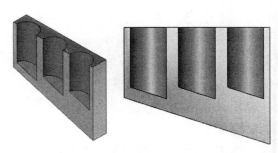

图 5-12　采用几何体阵列

步骤 7　几何体阵列　右键单击线性阵列特征，选择【编辑特征】❖，勾选【几何体阵列】复选框，如图 5-13 所示。因为盘厚度不变，阵列后的几何体形态一致。

图 5-13　几何体阵列选项

5.2.3　性能评估

【性能评估】是统计模型中每个特征重建时间的工具。使用性能评估工具可以发现占用重建时间较长的特征，这样就可以修改或压缩这些特征以提高建模效率。

知识卡片	性能评估	在【性能评估】对话框中，将特征重建时间由长到短排列： （1）特征顺序　列出了 FeatureManager 设计树中的每个项目：特征、草图和派生基准面。使用快捷菜单选择【编辑特征】、【压缩特征】等。 （2）时间%　显示重新生成每个特征的时间与零件重建总时间的百分比。 （3）时间　以秒为单位显示每个特征重建所需的时间。
	操作方法	● 在 CommandManager 中单击【评估】/【性能评估】❖。 ● 在下拉菜单中，选择【工具】/【评估】/【性能评估】。

步骤 8　性能评估重建时间　单击【性能评估】❖。在【性能评估】对话框中，将特征的重建时间由长到短排列，如图 5-14 所示。

可以看出，LPattern1 特征占用了大部分重建时间。单击【关闭】。

步骤 9　**关闭几何体阵列**　右键单击 LPattern1 特征并选择【编辑特征】。取消勾选【几何体阵列】复选框，并单击【确定】。

步骤 10　**再次性能评估重建时间**　再次单击【性能评估】。当取消勾选【几何体阵列】复选框后，LPattern1 特征占用了更多的重建时间，如图 5-15 所示。

步骤 11　**保存并关闭零件**

图 5-14　性能评估 1

图 5-15　性能评估 2

1. 关于性能评估　针对本例而言，模型重建的总时间大约是 0.2s，对任何一个特征的修改不会存在太大的影响。其次，统计数据中的数值存在有效数字和舍入误差方面的差异。例如，Feature1 特征的重建时间可能是 Feature2 特征的两倍，分别是 0.02s 和 0.01s。这并不能说明 Feature1 特征存在问题。有可能 Feature1 特征重建的时间是 0.0151s，而 Feature2 特征重建的时间是 0.0149s，两者仅仅相差 0.0002s 而已。

通过【性能评估】可以发现对重建时间影响较大的特征，然后通过压缩特征以提高效率，也可通过分析并修改特征以提高效率。

2. 影响模型重建时间的因素　可以分析特征来查明导致重建时间长的原因。根据特征的类型和使用方式的不同，原因也各不相同。

对于草图特征而言，系统要查找草图的外部几何关系和终止条件参考的特征，并保持与所参考特征的关系。对于草图平面也是如此。

> 提示　一般而言，一个特征的父特征越多，其重建速度就越慢。
> 可参考"使用显示/删除几何关系修改几何关系"在草图中修改几何关系的例子。
> 对于应用于边或面的特征，系统将检查特征的各种选项和特征在 FeatureManager 中的位置。具体可参考 3.12.2 "编辑特征"中有关在特征中修改几何关系的例子。

5.3　圆周阵列

根据旋转中心、角度和复制数目，使用【圆周阵列】创建实例。实例依赖于原始实体，阵列的特征随着原始实体的改变而改变。

| 知识卡片 | 圆周阵列 | 【圆周阵列】围绕轴创建并排列特征的多个实例。边、轴、临时轴或线性尺寸都可以作为轴。 |
| | 操作方法 | • 在 CommandManager 中单击【特征】/【线性阵列】 $\square$ /【圆周阵列】 $\square$。
• 在【插入】菜单中选择【阵列/镜像】/【圆周阵列】。 |

操作步骤

步骤1　打开零件"Circular_ Pattern"

步骤2　阵列轴　单击【插入】/【阵列/镜像】/【圆周阵列】 $\square$。单击【阵列轴】选项并选择模型的圆柱面，如图 5-16 所示。

步骤3　设置圆周阵列　如图 5-17 所示设置圆周阵列。在【要阵列的特征】中选择图中所示的三个特征。设置【角度】为"360 度"，【实例】为"4"，如图 5-18 所示。勾选【等间距】和【几何体阵列】复选框。单击【确定】。

扫码看 3D

111

图 5-16　阵列轴

图 5-17　设置圆周阵列

提示　【反向】命令 $\square$ 只有当使用的角度不是 360° 时才有意义，如图 5-19 所示。

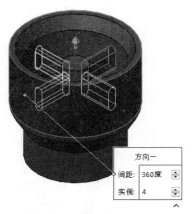

图 5-18　圆周阵列效果

步骤4　保存并关闭零件

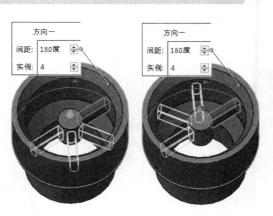

图 5-19　圆周阵列反向

5.4 参考几何体

参考几何体中有两种类型会在创建阵列过程中应用：【临时轴】与【轴】。

1. 轴 【轴】特征的创建方法有多种。轴特征的优点是可以在 FeatureManager 设计树上重命名和选取，并调整其大小。

2. 临时轴 每个圆柱或圆锥形的特征都有相应的轴，通过【视图】/【隐藏/显示】/【临时轴】命令可以查看零件的临时轴。模型的每个圆周面都将显示一个临时轴。

轴的创建方法见表 5-3。

表 5-3 轴的创建方法

创建方法	实 例	创建方法	实 例
【一直线/边线/轴】 将临时轴转换成基准轴		【两平面】 选择两个基准面或者平面	
【两点/顶点】 选择两个草图点或者两个顶点定义轴		【圆柱/圆锥面】 选择圆柱面或圆锥面定义轴（轴线即为其旋转中心线）	
【点和面/基准面】 选择一个基准面（或平面）和一个草图点（或顶点）生成一条通过该点且垂直于面的轴		对任何零件都可以查看并使用临时轴	

知识卡片	基准轴	● 在 CommandManager 中单击【特征】/【参考几何体】🗂/【基准轴】 ╱。 ● 从菜单中选择【插入】/【参考几何体】/【基准轴】。

知识卡片	临时轴	● 在视图（前导）工具栏上单击【隐藏/显示项目】👁/【观阅临时轴】 ╱。 ● 从菜单中选择【视图】/【隐藏/显示】/【临时轴】。

操作步骤

步骤 1　打开零件 "Circular_ Pattern with Axis"

步骤 2　创建基准轴　单击【基准轴】╱并选择 Front Plane 和 Right Plane。【两平面】选项将被自动选中。单击【确定】添加基准轴 1，如图 5-20 所示。

扫码看 3D

图 5-20　创建基准轴

步骤 3　圆周阵列特征　单击【圆周阵列】💠，单击【阵列轴】并选择基准轴 1。单击【要阵列的特征】，并单击特征 Cut-Extrude1。选择【等间距】并输入【实例】为 4，单击【确定】，如图 5-21 所示。

步骤 4　保存并关闭零件

图 5-21　圆周阵列特征

3. 基准面　使用不同的几何元素，通过【基准面】可以建立多种基准面。基准面、平面、边、点、曲面和草图几何元素都可以通过【第一参考】、【第二参考】和【第三参考】来构造参考平面。一旦达到建立基准面的条件，状态显示 "完全定义"。

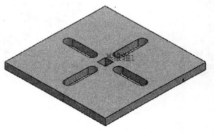

信息

当前参考引用和约束的组合无效

图 5-22　提示信息

技巧🔑　　　如果所有所选条件不能构建一个有效的基准面，会显示如图 5-22 所示的提示信息。

知识卡片	基准面	● 在 CommandManager 中单击【特征】/【参考几何体】🗂/【基准面】📕。 ● 从菜单中选择【插入】/【参考几何体】/【基准面】。

> **提示👆** 按住 Ctrl 键并拖动已有的基准面来创建【偏移】基准面。表 5-4 为基准面的创建方法。

表 5-4　基准面的创建方法

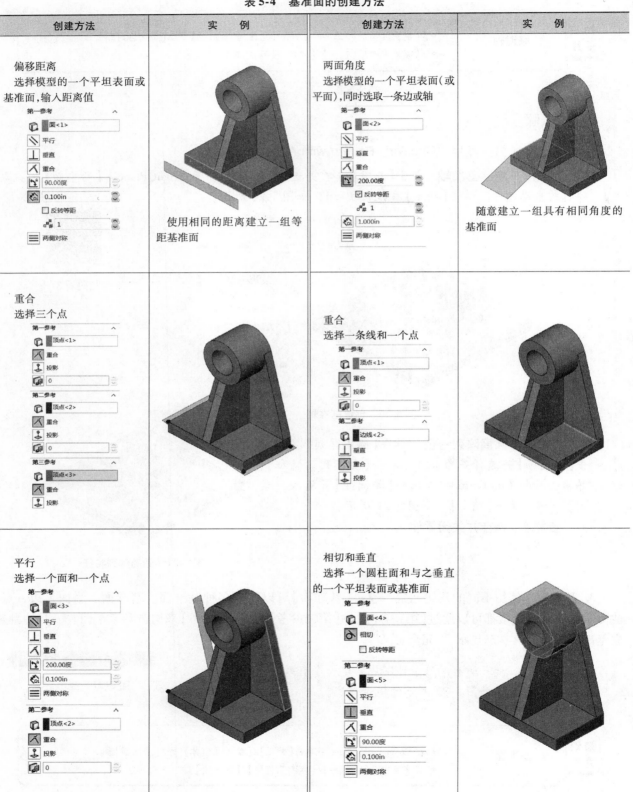

创建方法	实　例	创建方法	实　例
偏移距离 选择模型的一个平坦表面或基准面，输入距离值 第一参考：面<1>，平行，垂直，重合，90.00度，0.100in，反转等距，1，两侧对称	使用相同的距离建立一组等距基准面	**两面角度** 选择模型的一个平坦表面（或平面），同时选取一条边或轴 第一参考：面<2>，平行，垂直，重合，200.00度，反转等距，1，1.000in，两侧对称	随意建立一组具有相同角度的基准面
重合 选择三个点 第一参考：顶点<1>，重合，投影，0 第二参考：顶点<2>，重合，投影，0 第三参考：顶点<3>，重合，投影		**重合** 选择一条线和一个点 第一参考：顶点<1>，重合，投影，0 第二参考：边线<2>，垂直，重合，投影	
平行 选择一个面和一个点 第一参考：面<3>，平行，垂直，重合，200.00度，0.100in，两侧对称 第二参考：顶点<2>，重合，投影，0		**相切和垂直** 选择一个圆柱面和与之垂直的一个平坦表面或基准面 第一参考：面<4>，相切，反转等距 第二参考：面<5>，平行，垂直，重合，90.00度，0.100in，两侧对称	

（续）

创建方法	实 例	创建方法	实 例
相切和平行 选择一个圆柱面和与之平行的一个平坦表面或基准面 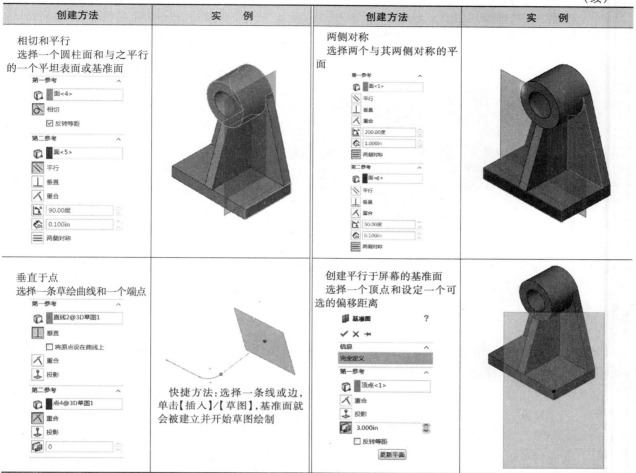		**两侧对称** 选择两个与其两侧对称的平面	
垂直于点 选择一条草绘曲线和一个端点	快捷方法：选择一条线或边，单击【插入】/【草图】，基准面就会被建立并开始草图绘制	**创建平行于屏幕的基准面** 选择一个顶点和设定一个可选的偏移距离	

115

> **提示** 切换【视图】、【隐藏/显示所有类型】可用于一次性隐藏或显示所有平面、轴和草图。

操作步骤

步骤 1 　打开零件 "Mirror_ Pattern"

步骤 2 　选择第一参考　单击【基准面】并选择模型外侧，如图 5-23 所示。　　扫码看 3D

图 5-23　选择第一参考

步骤3 选择第二参考 如图 5-24 所示，选择第二个外侧表面。一个预览的基准面将出现在两个参考平面的中间。同时【两侧对称】选项将被自动选中，单击【确定】。

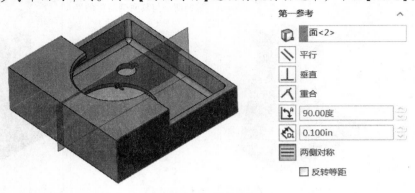

图 5-24 选择第二参考

5.5 镜像

【镜像】可在基准平面的另一侧复制原始实体或者创建实例。创建的实例依赖于原始实体，阵列的特征随着原始实体的改变而改变。

知识卡片	镜像	【镜像】可在基准平面的另一侧创建一个或者多个特征的实例。基准平面可以是参考平面或者平面。
	操作方法	• 在 CommandManager 中单击【特征】/【线性阵列】🔡/【镜像】🔲。 • 在【插入】菜单中选择【阵列/镜像】/【镜像】。

步骤4 镜像

单击【插入】/【阵列/镜像】/【镜像】🔲和基准面 Right，选中 Keyed Hole 1 特征作为【要镜像的特征】，如图 5-25 所示。单击【确定】，镜像结果如图 5-26 所示。

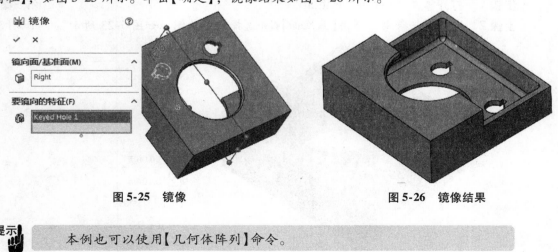

图 5-25 镜像   图 5-26 镜像结果

提示 本例也可以使用【几何体阵列】命令。

步骤5 保存并关闭零件

镜像实体要通过一个面来镜像所有的几何实体，只需使用普通的面和实体。

> 提示 【镜像面/基准面】必须是平面。

知识卡片	要镜像的实体	• 在【镜像】的 PropertyManager 中，选择【要镜像的实体】。

操作步骤

步骤1　打开名为 "Mirror _ Body" 的零件

步骤2　选择镜像平面　单击【镜像】并选择图 5-27 所示的平面。单击【部分预览】，如图 5-28 所示。

扫码看 3D

117

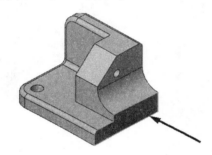

图 5-27　选择镜像平面

图 5-28　选项设置

步骤3　选择要镜像的实体　单击【要镜像的实体】，并从图形区域选择零件，如图 5-29 所示。单击【确定】。

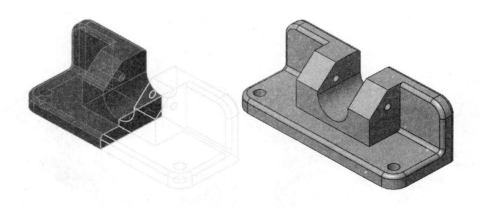

图 5-29　选择要镜像的实体

步骤4　保存并关闭零件

5.6　使用只阵列源

创建双向阵列时，会用到【只阵列源】选项。第二个方向默认情况下会阵列第一个方向生成的所有几何体，除非使用【只阵列源】命令只阵列原始几何体或种子几何体。当两个方向的向量相同时，通常使用这个命令防止结果中的重合。

| 知识卡片 | 只阵列源 | • 在【线性阵列】的 PropertyManager 中，选择【只阵列源】。 |

扫码看3D

操作步骤

步骤1　打开零件"Seed_Pattern"

步骤2　设置阵列方向1　单击【插入】/【阵列/镜像】/【线性阵列】，选中线性边作为【阵列方向】，将【间距】设为30.00mm，【实例】为2，选择库特征3_Prong_Plug2作为【要阵列的特征】，如图5-30所示。

> 提示　已经存在的阵列特征可再次被用到阵列中，也就是说用户可以阵列前面的阵列。

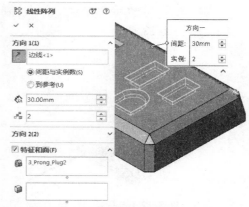

图5-30　设置阵列方向1

步骤3　设置阵列方向2　选择对边作为【方向2】，反转箭头的方向。设置【实例】为2，【间距】为50.00mm，取消勾选【只阵列源】复选框，如图5-31所示。

> 提示　源特征在两个方向阵列。

步骤4　只阵列源　单击【只阵列源】去除不需要的实例。设置方向2的【间距】为30.00mm，如图5-32所示。

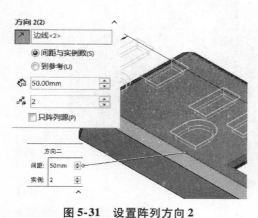

图5-31　设置阵列方向2

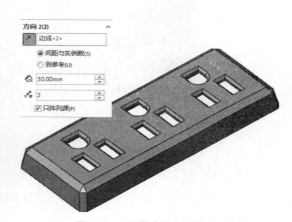

图5-32　设置方向2的间距

步骤5　保存并关闭零件

5.7 到参考

【到参考】选项用于创建一个基于几何体而非实例数的阵列,适用于知道间距但不知道实例的情况。

【到参考】会决定阵列的界限。系统会比较源特征上的局部参考与界限,只有界限内的实例会被生成,如图5-33a所示。

如果同时使用了【偏移距离】,系统会根据源特征上的局部参考和【偏移距离】来计算阵列界限。如图5-33b所示。

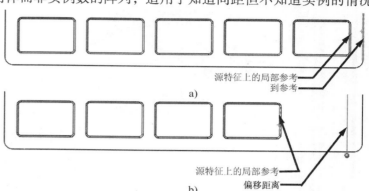

图 5-33 到参考

知识卡片	到参考	• 在【线线阵列】的 PropertyManager 中,选择【到参考】。

操作步骤

步骤1 **打开零件并命名为 Up _ To _ Reference**

步骤2 **选择参考** 单击【线性阵列】🔡,选择平面作为阵列方向。设置【间距】为30.00mm,勾选【特征和面】复选框并选择切除特征,如图5-34所示。

扫码看 3D

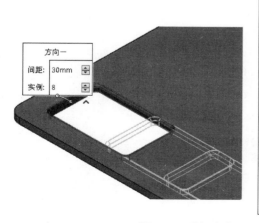

图 5-34 选择参考

步骤 3　选择源参考　单击【到参考】并选择图 5-35 所示的绿色边。单击【所选参考】，选择图中紫色边。实例数在源特征和参考之间的距离被限制了。

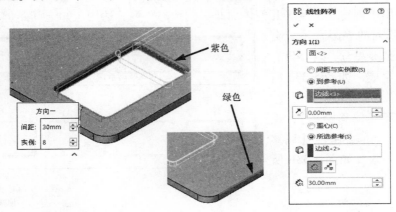

图 5-35　选择源参考

步骤 4　设置间距　间距会控制实例数，将【间距】设为 80mm。因为第 4 个实例已经超过了参考边，所以在当前间距下只生成了三个实例，如图 5-36a 所示。

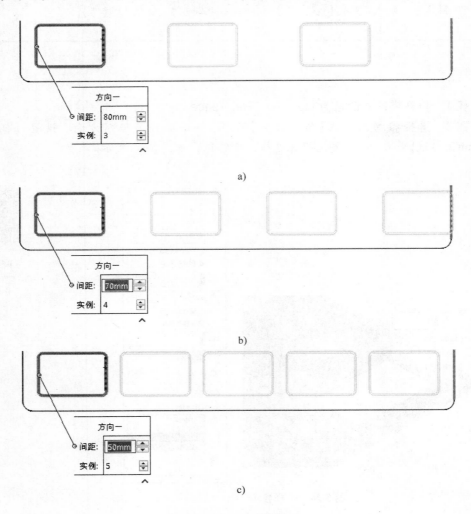

图 5-36　设置偏移距离

将【间距】设为70mm。这时有4个实例生成，到参考和参考边这时刚好对齐，如图5-36b所示。如果将距离稍微增大一点，实例数会重新回到3。

将【间距】改为50mm，如图5-36c所示。

步骤5 双向阵列 设置第二个方向上的【间距】为35mm，并设置跳过实例，如图5-37所示。

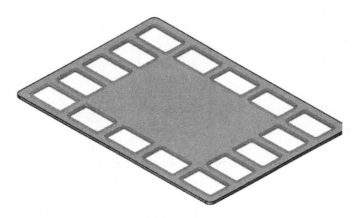

图 5-37 双向阵列

步骤6 保存并关闭零件

5.8 草图驱动的阵列

【草图驱动的阵列】由草图点来控制创建线性阵列实例，参考可以是阵列源的重心或者指定点。图5-38所示为结构钢板上孔的阵列。

提示　在标准【线性阵列】特征不能直接实现的情况下，【草图驱动的阵列】能满足一般的线性阵列的要求。

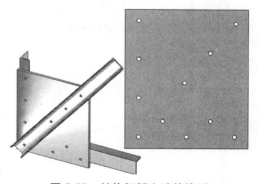

图 5-38 结构钢板上孔的阵列

草图驱动的阵列	【草图驱动的阵列】可以创建多个基于草图点的阵列实例，且阵列前草图必须是已经画好的。
操作方法	• 在 CommandManager 中单击【特征】/【线性阵列】/【草图驱动的阵列】。 • 在【插入】菜单中选择【阵列/镜像】/【草图驱动的阵列】。

技巧　草图驱动的阵列只使用点几何体，其他几何体(如构造线)可以用于辅助创建点几何体，但不能用于阵列。

操作步骤

　　步骤1　打开零件"Sketch _ Driven"（图 5-39）　这个零件包含了一个源特征（Hole）和一个已经存在的线性阵列（Standard Linear ）。

扫码看 3D

图 5-39　零件 Sketch _ Driven

知识卡片	点	【点】工具用来在激活的草图中绘制点实体，草图实体点可用来定位草图，其他几何体（如端点）则不能。
	操作方法	● 在 CommandManager 中单击【草图】/【点】◻。 ● 在【工具】菜单中选择【草图绘制实体】/【点】。 ● 快捷方式：右键单击图形区域，然后选择【点】◻。

　　使用【线段】工具沿着直线、圆弧或圆创建等距点，如图 5-40 所示。为了保持【等距】，【等距】关系将被应用在这些刚创建的点之上。

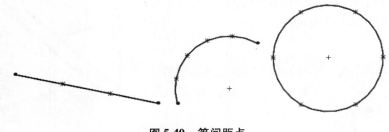

图 5-40　等间距点

知识卡片	线段	● 在【工具】菜单中选择【草图工具】/【线段】。

　　步骤2　绘制草图点　在模型上表面新建一个草图，新建构造线并且添加一些点，其尺寸标注如图 5-41 所示。

　　步骤3　草图驱动的阵列　单击【草图驱动的阵列】🜚并选择新建的草图。如图 5-42 所示，参考点选择【重心】，在【要阵列的特征】选项组中选择特征"Hole"。单击【确定】退出草图。

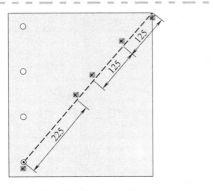

图 5-41　绘制草图点

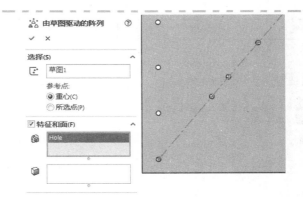

图 5-42　草图驱动的阵列

步骤 4　添加点　另外创建一个草图并添加如图 5-43 所示的一些点，使用推理线使它们水平对齐。

123

> **提示**　点不能直接添加至已经存在的草图端点上，否则会弹出一个"不能将点生成在实体内部已经存在的点上"的消息框。这时，我们可以先在几何体外部某处画点，然后将该点拖动至草图端点上。

图 5-43　添加点

5.9　自动标注草图尺寸

【完全定义草图】在一个草图中建立了尺寸以及几何关系，部分尺寸标注类型，例如基线标注、尺寸链标注和基点标注，无论起始点在水平或垂直方向均可重新设置，见表 5-5。

> **提示**　在某些图例中，上色草图轮廓被关闭以便更好地示意。

知识卡片	完全定义草图	【完全定义草图】选项组包括尺寸标注类型、实体标注以及关于起始点定义的选项。
	操作方法	• 单击【工具】/【标注尺寸】/【完全定义草图】。 • 在 CommandManager 中单击【草图】/【显示/删除几何关系】/完全定义草图。 • 在图形区域右键单击选择【完全定义草图】。

表 5-5　自动标注草图尺寸

操作说明	图　　例
未定义的草图几何关系	

（续）

操 作 说 明	图 例
选择【链】选项且以原点为起始点 提示 某些尺寸出于图面清晰考虑已经被移动	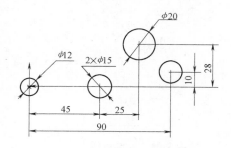
选择【基准】选项且以原点为起始点	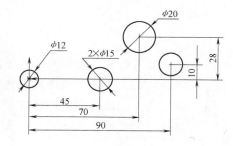
选择【尺寸链】选项且以原点为起始点	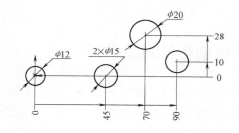

提示 当中心线几何体被运用在草图中时将会出现【中心线】选项，可以在中心线基础上进行尺寸标注。

步骤5 完全定义草图 单击【完全定义草图】，其选项设置如图5-44所示。几何关系设置为默认【选择所有】。在【尺寸】选项处，选择草图中心线的端点作为两个方向尺寸的基准。【水平尺寸方案】与【竖直尺寸方案】方向均选择【基准】选项。单击【计算】并确认退出。

步骤6 设置尺寸值 草图水平方向的几何关系与尺寸已完全定义，按图5-45所示设置各尺寸值，完成后关闭该草图。

提示 通过这个方法可以完全定义草图尺寸及几何关系，也可以对它们进行编辑，如果需要，可以删除或者替换这些尺寸。

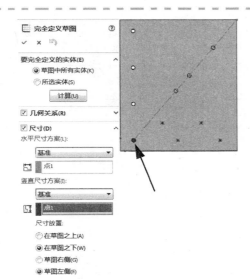

图 5-44 完全定义草图设置

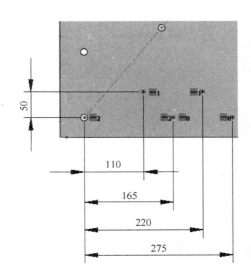

图 5-45 完全定义后的草图

步骤 7 创建阵列 以新建的草图以及特征"Hole"为阵列源创建一个草图驱动的阵列，结果如图 5-46 所示。

步骤 8 保存并关闭零件

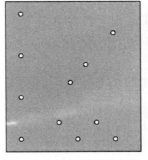

图 5-46 草图驱动的阵列

练习 5-1 线性阵列

本练习的主要任务是通过线性阵列【间距或实例数】和【到参考】创建零件的特征阵列，结果如图 5-47 所示。

本练习应用以下技术：

- 线性阵列。
- 跳过实例。
- 到参考。

图 5-47 线性阵列零件

扫码看 3D

操作步骤

步骤 1 打开零件 打开零件"Linear Pattern"，如图 5-48 所示。该零件含有用于阵列的"源"特征。

 提示 复制这个零件，练习在线性阵列、表格驱动阵列和草图驱动阵列中使用。

步骤 2 创建线性阵列 使用源特征创建一个阵列，参照如图 5-49 所示的尺寸。

图 5-48　零件 Linear Pattern

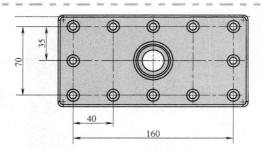

图 5-49　线性阵列尺寸

步骤 3　保存并关闭零件

练习 5-2　草图驱动的阵列

本练习的主要任务是在零件中应用【草图驱动的阵列】来创建阵列特征，结果如图 5-50 所示。

本练习应用以下技术：

- 草图驱动的阵列。

图 5-50　草图驱动的阵列零件

操作步骤

步骤 1　打开零件　打开零件"Sketch Driven Pattern"，如图 5-51 所示。该零件含有用于阵列的"源"特征。

步骤 2　创建草图驱动的阵列　使用如图 5-52 所示的尺寸定义草图，以用于阵列。

图 5-51　零件 Sketch Driven Pattern

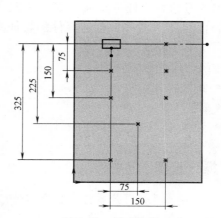

图 5-52　尺寸信息

步骤 3　保存并关闭零件

126

练习 5-3 跳过实例

本练习的主要任务是使用提供的信息完成如图 5-53 所示的零件。

本练习应用以下技术:

- 线性阵列。
- 跳过实例。
- 镜像。

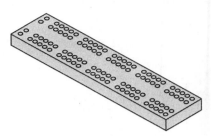

图 5-53 跳过实例零件

127

操作步骤

步骤 1 创建新零件 新建一个以毫米为单位的零件。

步骤 2 创建基体特征 创建长方体,尺寸为 75mm × 320mm × 20mm。在长度方向添加一个参考平面,以方便后面的工作,如图 5-54 所示。

步骤 3 创建源特征 利用异形孔向导的 ANSI MM 钻孔创建阵列源,如图 5-55 所示。

前视基准面

图 5-54 基体特征

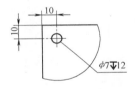

$\phi7\downarrow12$

图 5-55 创建源特征

步骤 4 阵列孔 如图 5-56 所示,跳过实例,阵列孔。

步骤 5 阵列特征的阵列 阵列现有的阵列,创建一个由多个孔组成的对称阵列,如图 5-57 所示。

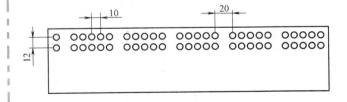

图 5-56 阵列孔

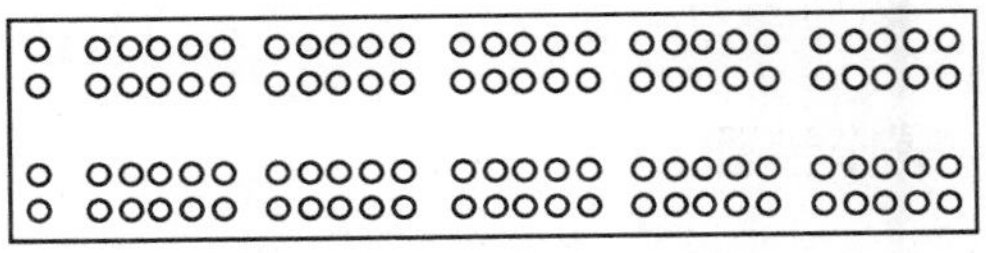

图 5-57 阵列特征的阵列

步骤 6 修改孔直径 将孔的直径改为 1mm,并重建。

步骤 7 保存并关闭零件

练习 5-4 线性阵列和镜像阵列

本练习的主要任务是使用提供的信息完成如图 5-58 所示的零件。

本练习应用以下技术：

- 创建线性阵列。
- 使用特征创建镜像。
- 使用实体创建镜像。

图 5-58 线性和镜像阵列零件

操作步骤

步骤 1 打开零件"Linear & Mirror"

步骤 2 创建线性阵列 使用现有特征创建【线性阵列】，其中 3 个凹槽间距为 0.20in，结果如图 5-59 所示。

步骤 3 镜像特征 使用凸台和切除特征做镜像，结果如图 5-60 所示。

步骤 4 创建对称体 使用实体创建镜像，根据模型的一半完成整个模型，结果如图 5-61 所示。

步骤 5 保存并关闭零件

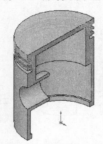

图 5-59 创建线性阵列

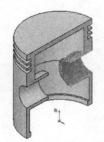

图 5-60 镜像特征

图 5-61 完成的模型

练习 5-5 圆周阵列

本练习的主要任务是使用提供的信息完成零件，如图 5-62 所示。

本练习应用以下技术：

- 圆周阵列。

图 5-62 圆周阵列

操作步骤

打开现有的零件"Circular"（图 5-63），使用等间距圆周阵列，创建源特征为 CutRevolve1 和 Fillet2 的 12 个实例的阵列。完成的模型如图 5-64 所示。

图 5-63 零件 Circular

图 5-64 完成的模型

练习5-6　轴与多种阵列

在本零件中，使用草图驱动的阵列来建立阵列特征，如图 5-65 所示。
本练习将应用以下技术：

- 基准轴。
- 线性阵列。
- 圆周阵列。
- 草图驱动的阵列。

图5-65　零件 Single Die

操作步骤

打开现有零件 Single Die，参照图 5-66 所示在零件的每个面上都创建点的特征。每个面设置不同的颜色可以帮助我们区分不同的面。在步骤 4 中颜色将被删除。

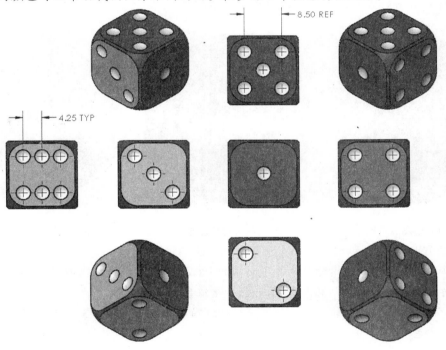

图5-66　零件尺寸参考

步骤1　创建基准轴 使用右视基准面和上视基准面创建一条基准轴。再使用上视基准面、右视基准面、前视基准面来创建另外两条轴，如图 5-67 所示。

步骤2　创建点数二 使用【线性阵列】和【可跳过的实例】选项创建点数为二的面，如图 5-68 所示。

步骤3　为剩下的面创建合适的点数

1）创建点数三。使用【圆周阵列】和基准轴先创建面中心的特征。使用【草图驱动的阵列】和【特征和面】选项来创建剩余的特征，如图 5-69 所示。

2）创建点数四。使用【圆周阵列】和基准轴来创建剩余的特征，如图 5-70 所示。

3）创建点数五。使用与创建点数三相似的步骤来完成该面特征的创建，如图 5-71 所示。

129

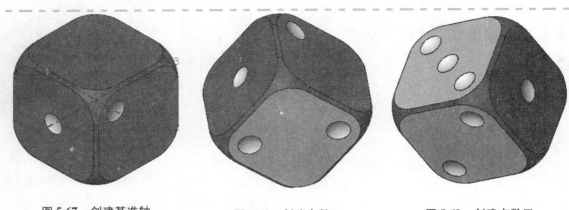

图 5-67　创建基准轴　　　　图 5-68　创建点数二　　　　图 5-69　创建点数三

4）创建点数六。使用【圆周阵列】与基准轴，在面的任意一个角上创建一个特征。使用【线性阵列】创建剩余的特征，如图 5-72 所示。

  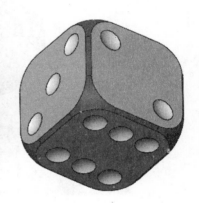

图 5-70　创建点数四　　　　图 5-71　创建点数五　　　　图 5-72　创建点数六

步骤 4　删除颜色　建模时对实体不同的面分配不同的颜色可以帮助区分不同的面。当建模完成时，颜色可以删除。右键选择一个不是红色的面，在弹出的上下菜单中展开【外观】，使用带有红色"×"的菜单项来删除个性化的颜色，如图 5-73 所示。重复上述步骤将剩余面的颜色都恢复为红色。

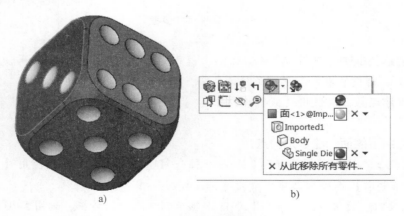

a)　　　　　　　　　　　　　　b)

图 5-73　删除面颜色

步骤 5　保存并关闭零件

第6章 旋 转 特 征

学习目标

- 创建旋转特征
- 应用特定的尺寸标注技术来绘制旋转特征草图
- 使用多实体技术
- 创建扫描特征
- 计算零件的物理属性
- 对零件进行初步的应力分析

6.1 实例研究：手轮

该手轮需要创建旋转特征、圆周阵列和扫描特征。同时本章也包括一些基本分析工具的应用。手轮结构如图6-1所示。

该零件建模过程中的一些关键步骤如下：

1. 设计意图 描述并解释零件的设计意图。

2. 旋转特征 零件的中心是轮轴，这是一个旋转特征。创建这个特征时以草图的构造线作为旋转轴。

3. 多实体 创建分离的轮轴和轮缘，用第三个实体轮辐把它们连接起来。

4. 扫描特征 轮辐使用扫描特征来创建，它由两个草图组成，即扫描轮廓沿着扫描路径移动，形成扫描特征。

图6-1 手轮

5. 分析 使用包含在 SOLIDWORKS 中的分析工具，用户可以实现基本的分析功能，例如质量属性计算和初步应力分析。根据分析结果，用户可以有针对性地修改零件设计。

6.2 设计意图

该零件的设计意图如图6-2所示。

- 轮辐必须均布。
- 手轮的轮缘中心位于轮辐的末端。
- 轮毂和轮缘共享同一个中心。
- 轮辐通过轮轴的中心。

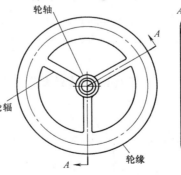

扫码看 3D

图6-2 手轮的设计意图

6.3 旋转特征——轮轴

本节将创建旋转特征——轮轴。这是该零件的第一个特征，由几何体绕轴旋转而成。旋转特征的草图中包含轴对称几何体和一条中心线（作为轴）。在合适的情况下，也可用草图直线作为中心线。

操作步骤

步骤1 用 Part_MM 模板新建零件 将零件另存为"Handwheel"。

6.3.1 旋转特征的草图几何体

使用与拉伸特征相同的工具和方法创建旋转特征体。本例使用直线构建带有倒角的圆柱体，使用中心线作为旋转轴，同时用中心线为几何体定位。

步骤2 绘制矩形 右键单击右视基准面，选择【草图绘制】。创建一个矩形，如图6-3所示。

步骤3 创建构造线 选择如图6-4所示的垂直线，单击【作为构造线】选项，将该线转换为构造线。

原先的草图阴影现在消失了，这是由于草图轮廓不再闭合。

图6-3 绘制矩形   图6-4 选择垂直线

知识卡片	三点圆弧	【三点圆弧】命令可以根据三个点【两个端点，一个圆弧上的点】绘制一条圆弧。
	操作方法	• 在 CommandManager 中单击【草图】/【圆心/起/终点画弧】 /【三点圆弧】 。 • 从【工具】菜单里选择【草图绘制实体】/【三点圆弧】。 • 快捷方式：在图形区域里单击右键并选择【三点圆弧】。

步骤4 插入三点圆弧 单击【三点圆弧】 ，把光标置于左侧的垂线上，沿这条边向下拖动一定距离后释放鼠标，然后选择并向着离开草图的方向拖动圆弧曲线上的点，结果如图6-5所示。

步骤5 剪裁草图 使用【剪裁】中的【强劲剪裁】选项，剪裁掉圆弧内侧直线部分，结果如图6-6所示。

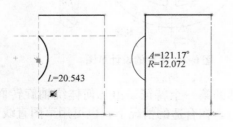

图6-5 插入三点圆弧

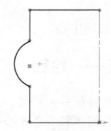

图6-6 剪裁掉圆弧内侧直线

6.3.2　控制旋转特征草图的规则

除了在第 2 章"草图绘制简介"中介绍的一般草图规则外，旋转特征的草图还需要一些特殊的规则，包括：

- 指定一条中心线或直线作为旋转轴。
- 草图不能穿过旋转轴。

在这个例子中，中间的中心线不能作为旋转轴，但右边的垂线可作为旋转轴，如图 6-7 所示。

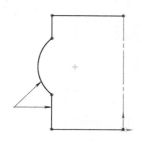

图 6-7　无效截面

6.3.3　草图尺寸标注

用于旋转特征的草图，其尺寸标注方法和其他草图的标注方法基本相同。创建旋转特征后，线性的相对中心线标注的尺寸，可以转换为直径尺寸或半径尺寸。

> **步骤6　标注圆弧尺寸**　如图 6-8 所示，选择竖直线，然后按住 Shift 键选中圆弧的圆周为圆弧标注尺寸。标注的尺寸是圆弧的切线到直线之间的距离。使用 Shift 键可以使尺寸标注在圆弧的弧线上而不是标注在圆心。
>
> **步骤7　修改标注尺寸**　修改【数值】为 4mm，结果如图 6-9 所示。
>
> **步骤8　标注竖直尺寸**　按图 6-10 所示标注尺寸。

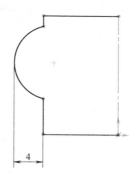
图 6-8　标注圆弧尺寸

图 6-9　修改标注尺寸

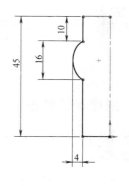
图 6-10　标注竖直尺寸

6.3.4　直径标注

在完成的旋转特征中经常出现一些直径尺寸。标注这些尺寸通常需要选中中心线（旋转轴），然后根据放置尺寸的位置来决定添加半径尺寸还是直径尺寸。如果不选中中心线，就无法将尺寸转变为直径标注。

提示　　　　仅当中心线作为旋转轴时该选项才可用。绘制旋转特征的时候并非一定要标注直径尺寸。

> **步骤9　中心线对称标注**　在中心线和外侧竖直边之间添加一个水平线性尺寸。先不要单击鼠标放置尺寸。注意观察出现的尺寸，然后再放置尺寸，将会得到半径尺寸标注，如图 6-11 所示。

步骤 10 转换为直径尺寸标注 把鼠标移到中心线右侧，尺寸标注变为直径尺寸标注。

单击尺寸文字位置，改变数字为 25mm，并按 Enter 键，结果如图 6-12 所示。

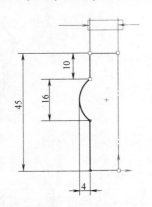

图 6-11 中心线对称标注

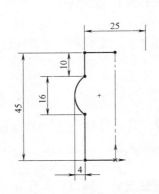

图 6-12 标注结果

通常直径尺寸前面应该有直径符号 φ，这里为 φ25。当利用草图创建旋转特征后，系统会自动在 25mm 前添加直径符号。

> **提示** 如果用户在操作过程中不小心放错了尺寸位置，则只能得到半径尺寸。用户也可对它进行修正，单击尺寸，在 PropertyManager 中打开【引线】选项卡，单击【直径】按钮。

6.3.5 创建旋转特征

绘制完上述草图后，即可以利用它创建旋转特征。这个步骤很简单，完全（360°）旋转，特征就会自动生成。

知识卡片	旋转特征	【旋转】命令利用轴对称的草图与一条轴创建旋转特征。 可以利用旋转特征创建凸台或切除。旋转轴可以是中心线、直线、线性边或者临时轴。如果草图只有一条轴，系统自动选定其为旋转轴；如果多于一条，则必须从中选取一条。
	操作方法	• 在 CommandManager 中单击【特征】/【旋转凸台/基体】🌀。 • 从【插入】菜单里选择【凸台/基体】/【旋转】。

步骤 11 创建特征 单击【旋转凸台/基体】🌀。将弹出消息框询问是否自动闭合当前的开放草图。单击【确定】。方向 1：给定深度，旋转角度 360.00°，如图 6-13 所示。

接受这些默认选项并单击【确定】，如图 6-14 所示。

步骤 12 完成特征 旋转后的实体为此零件的第一个特征。将其重命名为"Hub"，如图 6-15 所示。

步骤 13 编辑草图 选择 Hub 的一个面，从绘图窗口左上角【选择导览列】处选择草图 1 并单击【编辑草图】，如图 6-16 所示。

图 6-13　特征参数

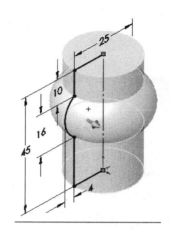

图 6-14　创建特征

图 6-15　完成特征

图 6-16　编辑草图

提示✊　也可以右键单击 FeatureManager 中的特征来操作，效果一样。

步骤 14　正视于视图　在标准视图工具栏中单击【正视于】↓来改变看到视图的确切形状和大小。

知识卡片	绘制圆角	【绘制圆角】命令用来在单步内剪裁并创建相切圆弧。如果边角已被剪裁，选择顶点创建圆角。
	操作方法	• 在 CommandManager 中单击【草图】/【绘制圆角】⌐。 • 从【工具】菜单里选择【草图工具】/【圆角】。 • 快捷方式：在图形区域单击右键并选择【绘制圆角】。

步骤 15　绘制草图圆角　选择【绘制圆角】⌐工具，设置圆角值为 5.00mm，确认【保持拐角处约束条件】复选框被勾选，如图 6-17 所示。

步骤 16　选择端点　选择箭头所指的两个端点，单击【确定】。尺寸会驱动这两个地方，并只在最后一次选择后出现一次，如图6-18所示。

因为在所绘制圆角的终点上有尺寸标注，所以在原来尖角的位置会出现【虚拟交点】符号，用来代表裁剪掉的尖角。虚拟交点可用于标注尺寸或者添加几何关系。

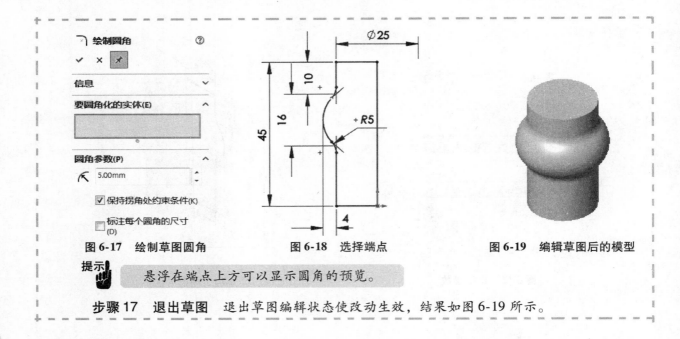

图 6-17　绘制草图圆角　　　　图 6-18　选择端点　　　　图 6-19　编辑草图后的模型

提示　悬浮在端点上方可以显示圆角的预览。

步骤 17　退出草图　退出草图编辑状态使改动生效，结果如图 6-19 所示。

136

6.4　创建轮缘

手轮的轮缘也是一个旋转特征，它是由一个类似于椭圆形的轮廓旋转 360°生成的。轮缘的草图轮廓包括两条直线和两个 180°的圆弧，如图 6-20 所示。单独创建轮缘实体，先不与轮轴合并。

6.4.1　槽口

直槽口和圆弧槽口都是基于直线和圆弧的普通形状，如图 6-21 所示。槽口是由直线、圆弧、点和约束几何组合的单一几何体。

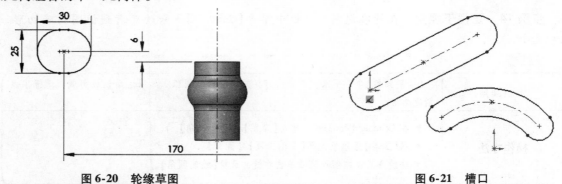

图 6-20　轮缘草图　　　　　　　　　　　　图 6-21　槽口

1. 介绍：槽口　【槽口】工具用来创建基于不同标准的直槽口和弧形槽口，有基于直线的两种类型和基于圆弧的两种类型，具体见表 6-1。槽口类型都有创建几何尺寸的选项。

表 6-1　槽口类型

槽 口 类 型	结　　果
直槽口 ⚬═⚬	放置两个圆弧的中心点，然后向外拖曳建立槽口宽度，创建【直槽口】

(续)

槽口类型	结 果
中心点直槽口 ⊙⊙	放置几何中心和其中一个圆弧的中心点，然后向外拖曳建立槽口宽度，创建【中心点直槽口】
三点圆弧槽口 ⟨⟩	【三点圆弧槽口】的创建类似于建立【三点圆弧】，然后向外拖曳建立槽口宽度
中心点圆弧槽口 ⟨⟩	【中心点圆弧槽口】的创建类似于建立【圆心\起终点画弧】（参见第 2 章：草图），然后向外拖曳建立槽口宽度

137

知识卡片	槽口	• 在 CommandManager 中单击【草图】/【直槽口】⊙⊙/【中心点直槽口】⊙⊙。 • 从【工具】菜单选择【草图绘制实体】/【直槽口】/【中心点直槽口】。 • 快捷方式：在图形区域单击右键并选择【中心点直槽口】。

步骤 18　绘制草图　在右视基准面上新建草图，并定位模型视图到这个方向。

步骤 19　中心点直槽口　单击【中心点直槽口】⊙⊙，选择【添加尺寸】和【总长度】，然后单击要放置的中心点，再向右单击水平放置点，最后拖放槽口宽度，单击【确定】，结果如图 6-22 所示。

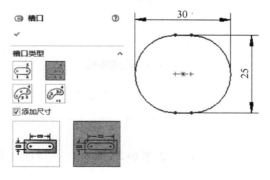

图 6-22　中心点直槽口

技巧 勾选【添加尺寸】复选框将自动添加尺寸。

步骤20　绘制旋转轴　用【中心线】工具添加一条放置在中心的中心线，并设置为【竖直】和【无限长度】，如图6-23所示。该中心线将作为旋转轴。添加中心线到点的尺寸和圆弧原点到轮轴边的尺寸，如图6-24所示。现在草图已完全定义。

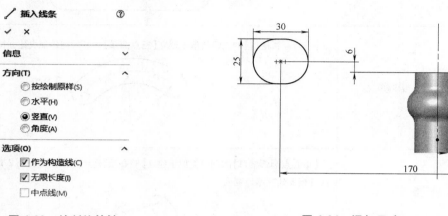

图6-23　绘制旋转轴　　　　　　　　图6-24　添加尺寸

2. 潜在的多义性　该草图含有两条中心线，系统不能区分哪一条是旋转轴。可以在【旋转】命令前或后选择中心线。

步骤21　完成特征　选择竖直中心线。从下拉菜单中选择【插入】/【凸台/基体】/【旋转】，定义旋转角度为360.00°，如图6-25所示。将特征重命名为"Rim"。

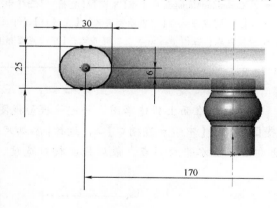

图6-25　完成特征

6.4.2　多实体

一个零件含有多于一个实体即为多实体，如图6-26所示。在特征互相分开时，采用多实体是设计零件最有效的方法。

如图6-27所示，实体文件夹中列出了实体(2)文件夹中的实体及数目。这些实体可以通过合并或组合形成单一实体。

图 6-26　多实体

图 6-27　实体文件夹

6.5　建立轮辐

轮辐特征是使用【扫描】特征创建的。扫描就是一个闭合的轮廓沿着一个开放的路径移动。这里的"路径"是用直线或相切圆弧绘制的草图，"轮廓"是一个椭圆的草图。创建的扫描特征将已有的 Hub 和 Rim 特征连接起来，并形成一个单一实体。

轮辐特征是重要特征，可以通过阵列创建一系列均匀分布的轮辐特征。

139

步骤22　打开显示窗格　在 FeatureManager 设计树中，单击 >展开【显示窗格】。它包含几个纵列，用于改变树中的显示属性选项。

步骤23　搜索　用一个名称或者部分名称在 FeatureManager 搜索框 🔽　　　中查找。

如图 6-28 所示，在 FeatureManager 设计树过滤器里输入"草"来查找，并显示特征 Hub 和 Rim 的草图。单击 >展开显示窗格。

图 6-28　显示特征草图

单击特征 Hub 的草图图标，显示其草图。在 Rim 特征上重复该操作。

步骤24　设置草图　用右视基准面来创建一个新的草图，改变显示方式为【隐藏线可见】。

步骤25　绘制直线　从轮轴草图边界内的中心线开始绘制一条水平直线，如图 6-29 所示。

步骤26　绘制切线弧　从如图 6-30 所示方向的直线端点起绘制一个切线弧。绘制的时候不需指定尺寸。

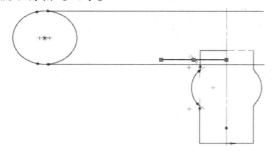

图 6-29　绘制直线

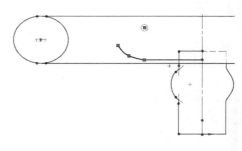

图 6-30　绘制切线弧

步骤27　连续绘制切线弧　保持在绘制切线弧命令状态，使用上一个圆弧的终点作为起点，继续绘制一个圆弧，使这个圆弧与上一个圆弧相切，并使圆弧的终点保持水平相切，如图 6-31 所示。

技巧 🗝️　　当竖直参考线与圆弧中心重合时，圆弧的切线就是水平的。

步骤28　绘制水平线　绘制最后一条水平直线，长度通过以后的尺寸标注来确定，如图 6-32 所示。

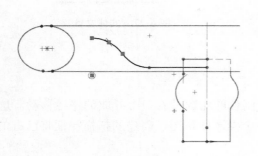

图 6-31　连接切线弧

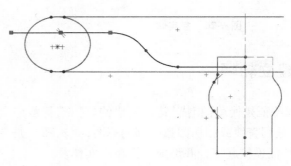

图 6-32　最后一条水平线

步骤29　添加几何关系　拖动直线的左端点与轮缘草图上的中心点重合，添加【重合】几何关系。

在直线的另一端和圆弧中心也添加【重合】几何关系，如图 6-33 所示。

步骤30　返回上色模式显示草图　单击【上色】🔲 并隐藏 Hub 和 Rim 草图。

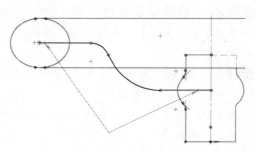

图 6-33　添加几何关系

6.5.1　完成路径和轮廓草图

已绘制的草图几何体将作为轮廓草图的扫描路径。

步骤31　添加尺寸　给圆弧添加【相等】几何关系，并添加尺寸来定义外形，如图 6-34 所示。

技巧 🗝️　　建立尺寸的时候单击端点和中心点会有更多的选项。

步骤32　退出草图　不在特征当中使用的草图，可以右键单击草图，从弹出的快捷菜单中选择【退出草图】↩ 选项来关闭草图。

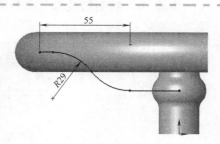

图 6-34　添加尺寸

知识卡片	插入椭圆	绘制椭圆与绘制圆相似，将光标放置到所需的中心位置，拖动鼠标到要创建长轴的长度，然后释放鼠标按键。接下来，拖动椭圆的外线来创建短轴的长度。
	操作方法	• 在 CommandManager 中单击【草图】/【椭圆】⊙。 • 从菜单中选择【工具】/【草绘实体】/【椭圆】。 • 快捷方式：在图形区域单击右键并选择【椭圆】。

⚠️ 注意　　　　为了完全定义椭圆，必须标上尺寸或者约束长轴和短轴的长度，此外还要约束任意一轴的方向。其中一种方法是在主轴两端点和椭圆中心添加【水平】几何关系。

步骤33　绘制椭圆　在前视基准面上新建一个草图。单击【椭圆】⊙，将中心点放置在直线的端点上，从圆心移开鼠标，并确定长短轴的位置，如图 6-35 所示。

步骤34　添加尺寸和几何关系　添加几何关系，使圆心与长轴的一个端点水平，并添加如图 6-36 所示的尺寸。退出草图。

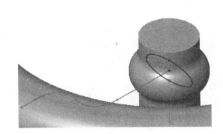

图 6-35　绘制椭圆

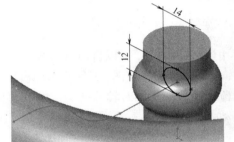

图 6-36　添加尺寸

知识卡片	扫描	【扫描】创建通过扫描截面和扫描路径两个草图创建特征。截面沿着路径移动创建这个特征。
	操作方法	• 在 CommandManager 中单击【特征】/【扫描】🐛。 • 单击【插入】/【凸台/基体】/【扫描】。

提示👆　　　【圆形轮廓】使用一个可以设定半径的圆作为扫描轮廓。

步骤35　扫描　单击【扫描】🐛，选择闭合的轮廓线草图作为【轮廓】，选择开环的草图作为【路径】，如图 6-37 所示。单击【确定】。

步骤36　查看结果　命名新的特征为"Spoke"。实体（2）文件夹的消失反映了实体已经合并成为一个，如图 6-38 所示。

步骤 37　阵列轮辐（Spoke）　单击【圆周阵列】⚙，选中圆柱面作为阵列旋

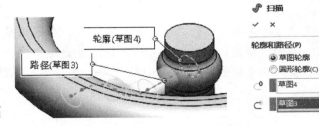

图 6-37　扫描

转的中心。设置【实体数目】为 3，并选择【等间距】选项，结果如图 6-39 所示。

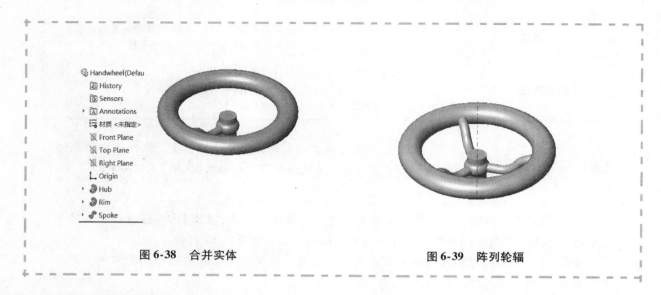

图 6-38　合并实体　　　　　　　　　　　图 6-39　阵列轮辐

6.5.2　旋转视图

使用【旋转视图】$\mathbf{C}$ 可以自由旋转模型视图。也可以选择轴、直线、边、顶点或平面来约束视图的旋转方向。单击【旋转视图】工具并选择模型的中心线。

用鼠标滚轮选中临时轴并拖动，能获得同样的效果。使用中键选择要转动的实体，然后按住中键进行拖动。

步骤38　旋转视图　使用鼠标中键单击轮毂的圆形边线或柱面，绕着方向盘的中心轴转动。然后拖动中键以激活旋转命令，如图 6-40 所示。

图 6-40　旋转视图

6.5.3　边线选择

【边线选择】工具可以选择某种方式组合的模型边线。边线选择工具是多重选择方法可以结合其他选择方式，如本例中的离散边线选择。

本例中，选择一条边线可用七种不同的边线组合方式（显示为红色和虚线），每种方式都有不同的图标和名称，如图 6-41 所示。

提示　边线选择工具的组合数量、图标和命名，会根据所选边线的类型和位置而发生变化。例如，在同一个模型中选择圆边线会出现不同的边线选择工具。边线选择工具可以被忽略直接选择需要的边线。

1. 直接选择　直接选择六条边或者两个面可以获得类似效果，如图 6-42 所示。选择一个面意味着这个面上所有的边都将被选择。

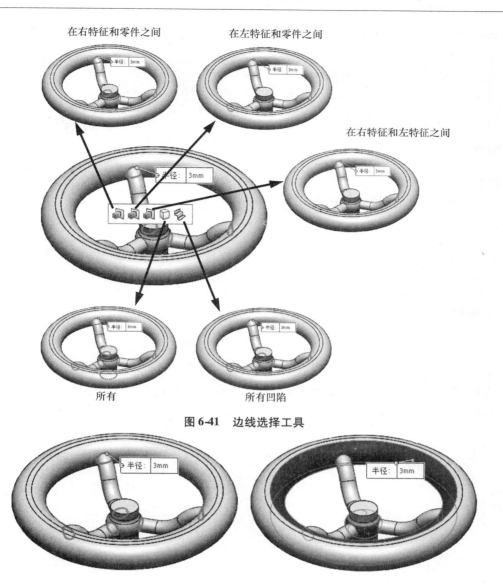

图 6-41　边线选择工具

图 6-42　直接选择边线

提示　通过面选择的方法可以更好地减小模型尺寸调整所带来的影响。

步骤39　添加圆角　单击【圆角】并勾选
【显示选择工具栏】复选框，选择一条边并选择
【所有凹陷】，设置参数为3mm，如图6-43所示。

图 6-43　添加圆角

2. 其他选择选项 也可以通过框选或者快捷键来进行边线选择。

- 从左向右进行框选，所有在矩形框范围之内的边线都将被选中，如图 6-44 所示。
- 通过 Ctrl + A 键来选择所有的边。

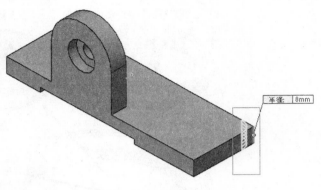

图 6-44 框选边线

6.5.4 倒角

倒角就是在模型的边上形成一个斜角。在许多情况下，倒角操作选择边或面的方式与圆角操作相似。

知识卡片	倒角	【倒角】在一条边或者多条边，一个顶点或者多个顶点上创建一个斜角。形状可由两个距离或者一个距离加一个角度来定义。
	操作方法	• 在 CommandManager 中单击【特征】/【圆角】/【倒角】。 • 从【插入】菜单选择【特征】/【倒角】。 • 快捷方式：右键单击一个平面或边线，然后选择【倒角】。

144

步骤 40　添加倒角 在 Hub 特征的顶边上增加一个【倒角】特征。设置【倒角类型】为【距离-距离】，【倒角参数】为【非对称】。输入如图 6-45 所示距离值。

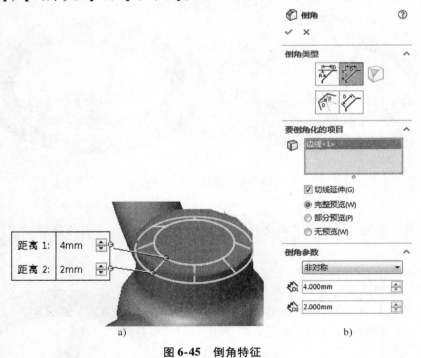

图 6-45 倒角特征

知识卡片	将圆角转换为倒角	创建倒角的另一种方法是转换已有圆角，可以在编辑特征时或通过快捷菜单完成。
	操作方法	• 快捷方式：右键单击一个面或边，然后选择【将圆角转换为倒角】。

6.5.5　RealView 图形

带有 NVIDIA、ATI 或 3DLabs 图形加速卡的计算机可以使用【RealView 图形】功能。当该功能激活时，可以提供高品质的实时材料纹理，如图6-46所示。

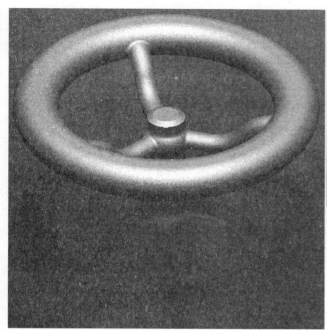

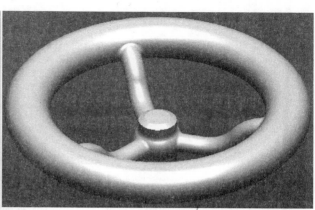

a) 打开 RealView　　　　　　　　　　　　　　　b) 关闭 RealView

图 6-46　使用 RealView 后的效果对比

知识卡片	**RealView 图形**	● 在菜单中单击【视图】/【显示】/【RealView 图形】。 ● 在前导视图工具栏单击【视图设定】🖵/【RealView 图形】🌑。

> 提示✋　如果用户不能使用【RealView 图形】，跳过这一节至步骤45。

> 提示✋　如果【RealView 图形】不可用，图标是灰色的。

1. 外观、布景和贴图　在【外观、布景和贴图】列表中有三个主要的文件夹：外观（color）、布景和贴图，如图 6-47 所示。

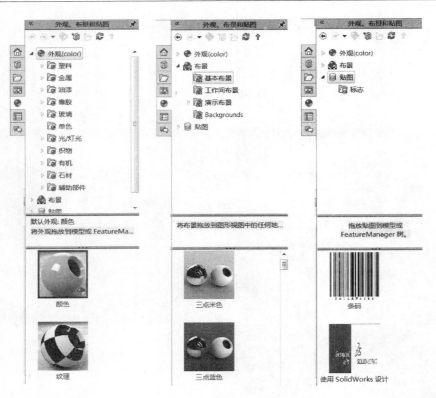

图 6-47　外观与布景

步骤41　打开 RealView 图形功能　单击【RealView 图形】🔵，激活真实预览功能。

步骤42　设置外观与布景　从【外观】/【油漆】/【粉层漆】文件夹中，选择【铝粉层漆】外观并拖放到手轮模型上。

从【布景】/【基本布景】文件夹中，选择【带完整光源的黑色】布景并拖放到图形窗口。效果如图 6-48 所示。

技巧🔑　可以在【前导视图】工具栏的【应用布景】🔳列表中选择所需的布景景观，如图 6-49 所示。另外一个选择是单击图标，每次循环显示列表中的一个选项。

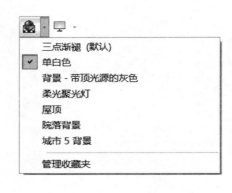

图 6-48　效果图　　　　　　　　　　　　图 6-49　选择布景景观

2. 外观　通过【外观】可以编辑颜色和纹理选项。这个菜单包括【颜色/图像】和【映射】选项。

- 颜色：可以从外观文件夹中选择更多的颜色。
- 映射：可以从外观文件夹中选择更多的映射控制选项。

步骤 43　设置颜色　右键单击顶层零件，从弹出的快捷菜单中选择【外观】和零件名称。在颜色样块类型中选择【暗淡】项，在颜色块中点选白色或浅灰色。单击【确定】，如图 6-50 所示。

提示　应用外观并没有对零件指定材料。

技巧　单击【视图】/【显示】/【环境封闭】，对着色模型增添真实感。

步骤 44　关闭 RealView 图形功能　单击【RealView 图形】，关闭真实预览功能。

步骤 45　保存并关闭零件

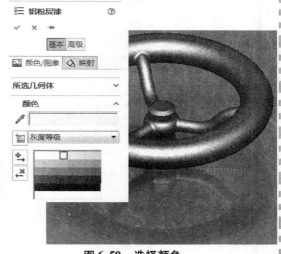

图 6-50　选择颜色

6.6　编辑材料

使用【编辑材料】命令可以添加和修改零件的材料。根据材料属性可以进行计算，包括【质量属性】和【SimulationXpress】。不同的零件配置可以设定不同的材料，详细内容请参阅第 10 章"配置"。

请注意，添加外观不同于定义一个零件的材料。外观只控制模型的显示，而编辑材料则会添加材料属性，用于计算质量和密度。多数材料同时还跟外观有关。

技巧　零件模板（ * . prtdot）可以包含预定义的材料。

知识卡片	编辑材料	• 右键单击材料图标，从快捷菜单中选择【编辑材料】。

操作步骤

步骤 1　打开零件 HW _ Analysis　打开已创建的零件"HW _ Analysis"。这个零件添加了一些特征，以用于本例的应力分析。

步骤 2　编辑材料　右键单击【编辑材料】图标，选择【红铜合金】/【铝青铜】，如图 6-51 所示。所选材料的外观如图 6-52 所示。

提示　所选材料的属性、外观、剖面线都已经被指定。

步骤 3　查看颜色　单击【应用】并【关闭】，FeatureManager 将自动更新零件材料的名称（图 6-53），结果如图 6-54 所示。

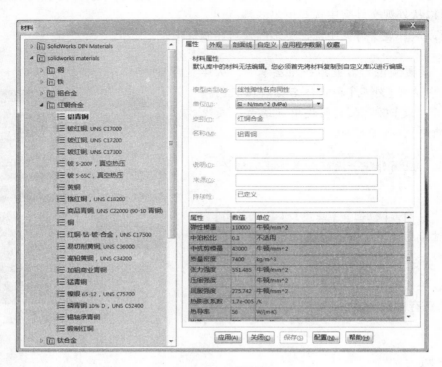

图 6-51　编辑材料

图 6-52　所选材料的外观

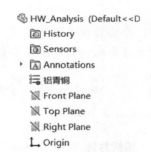

图 6-53　更新材料名称

图 6-54　更新零件材料

6.7 质量属性

使用实体建模的好处之一就是容易进行工程计算，例如计算质量、重心和惯性矩。在 SOLID-WORKS 中，用户只需轻点鼠标就可以完成这些计算。

提示 【截面属性】可以根据模型的一个平面或者草图生成。草图可以被选择或激活。

用户可以添加一个【质心】（COM）特征。用户可以在质心和其他实体之间测量距离。质心可以通过【质量属性】对话框添加，或者通过【插入】/【参考几何体】/【质心】添加。

知识卡片	质量特性	利用【质量属性】命令可以计算整个实体的质量特性，包括质量、体积、重心位置等方面的信息，并在图形区域临时显示主要的轴线。
	操作方法	• 在 CommandManager 中单击【特征】/【质量属性】🔩。 • 在【工具】菜单上单击【评估】/【质量属性】。

步骤4 计算质量属性 单击【质量属性】🔩，【密度】沿用【铝青铜】中的设置。如图 6-55 所示，对话框中显示了计算结果。

提示 针对不符合正确物理描述的零件，用户可以使用【指派的质量属性】选项。用户可以覆盖质量、质心和惯性矩。当使用采购零部件的简化模型时，这个功能非常实用。

单击【选项】/【使用自定义设定】选项，可以设定单位。用户还可以设置其他选项，包括密度和计算的精度水准，如图 6-56 所示。

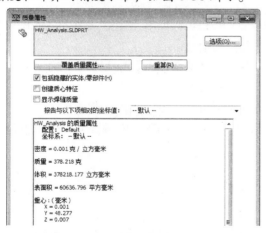

图 6-55 质量属性

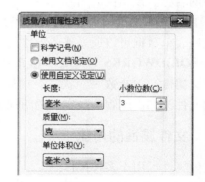

图 6-56 设置材料属性

零件的【质量属性】也可以通过【自定义属性】来指定。这些信息可以用于材料明细表。

6.8 文件属性

文件属性描述了基于 Windows 系统的文件的细节，用于识别文件。例如：一个描述性的标题、作者的名字、主题和用以识别主题或其他重要信息的关键字。文档属性可被用于显示关于一个文件的信息，或者帮助组织文件以便于它们能被容易地找到。用户可以基于文档属性搜索文档。

SOLIDWORKS 添加并使 SOLIDWORKS 文件具有一些其独有的文件属性，这些独有的文件属性比普通 Windows 文件默认的属性更加适合在工程中应用。附加的属性也可以根据用户的需要添加。

文件属性有时也被称为元数据。

6.8.1　文件属性的分类

文件属性可分为以下几类：

1. 自动属性　自动属性是由创建该属性的应用程序所维护。这些属性包括文件创建日期、最后一次修改的日期和文件大小。

2. 预设置属性　预设置属性已经存在，但用户必须自己向属性添加文本数据。在 SOLIDWORKS 中预设置的属性存储于 Property. txt 文件中。可以编辑该文件以添加或删除预设置属性。

3. 自定义属性　自定义属性由用户自己定义，并应用于整个文档。

4. 配置特定属性　配置特定属性只应用于特定的配置。

5. SOLIDWORKS 特定属性　有几个自定义属性可自动被 SOLIDWORKS 更新。这些属性包括零件的质量和材质。

知识卡片	文件属性	• 从菜单工具栏中选择【文件属性】▣。 • 从菜单中选择【文件】/【属性】。

6.8.2　创建文件属性

可直接在文件中创建文件属性，也可通过其他方法创建。

1. 直接方式　文件属性由用户直接添加至文件中。

2. 系列零件设计表　系列零件设计表可以通过列表头 $ PRP@ property 创建，其中 property 是被创建的属性的名称。该属性的内容将包含系列零件设计表中创建的信息。

3. 自定义属性选项卡　添加属性的表单模板可以使用 SOLIDWORKS【属性选项卡编制器】进行创建。这些表单数据可以通过任务窗格的【自定义属性】选项卡获取。

4. SOLIDWORKS Workgroup PDM　SOLIDWORKS Workgroup PDM 向检入到库中的零件添加若干个自定义属性，包括数字、状态、描述、项目和版本信息。SOLIDWORKS Workgroup PDM 也可以通过设置向文件添加由库管理员定义的附加属性。

6.8.3　文件属性的用途

文件属性可用于多种操作。

1. 零件、装配体和工程图　文件属性可用于创建由变量控制的注释。链接至文件属性的注解可随属性的变化而更新。

2. 装配体　【高级选择】和【高级显示/隐藏】可以基于特定的文件属性选择零部件。具体的操作步骤参阅《SOLIDWORKS® 高级装配教程》(2014 版)。

3. 工程图　文件属性可用于填写标题栏、BOM 表和修订表的数据。具体的操作步骤请参阅《SOLIDWORKS® 工程图教程》(2017 版)。

所有的 SOLIDWORKS 文档都有表 6-2 所示的系统定义属性。

表 6-2　SOLIDWORKS 文档共有的系统定义属性

属 性 名 称	数　值	属 性 名 称	数　值
SW-作者	摘要信息对话框中的作者栏	SW-关键字	摘要信息对话框中的关键字栏
SW-详述	摘要信息对话框中的备注栏	SW-上次保存者	摘要信息对话框中的上次保存者栏
SW-配置名称	零件或装配体 ConfigurationManager 中的配置名称	SW-上次保存的日期	摘要信息对话框中的上次保存时间栏
		SW-长日期	当前日期为长格式(2015 年 9 月 12 日)
SW-生成的时间	摘要信息对话框中的创建时间	SW-短日期	当前日期为短格式(2015-9-12)
SW-文件名称	不带扩展名的文件名称	SW-主题	摘要信息对话框中的主题栏
SW-文件夹名称	在末尾带有反斜杠的文件夹名称	SW-标题	摘要信息对话框中的标题栏

步骤5　设置文件属性　单击【文件属性】▤，然后单击【自定义】选项卡，激活【属性名称】文本框第一行。使用单元格右侧箭头，选择预先定义属性中的【说明】。在【数值/文字表达】下拉菜单中输入 Handwheel for Globe Valve 作为说明，如图 6-57 所示。

图 6-57　设置文件属性

步骤6　新建自定义属性　在【属性名称】文本框中输入名称"质量"。在【数值/文字表达】下拉菜单中选择【质量】。【评估的值】将显示当前的质量，如图 6-58 所示。关闭这个对话框。

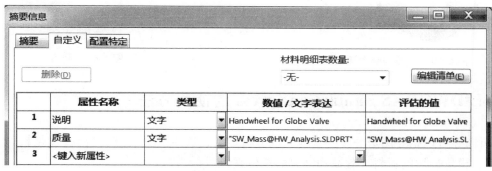

图 6-58　自定义属性

提示　　用户也可以使用【配置特定】选项卡，根据配置来定义不同的属性。详细内容请参阅第 10 章"配置"。

6.9　SOLIDWORKS SimulationXpress 简介

手轮的三维实体和材料都定义完毕，我们已经获得了仿真需要的所有信息，以判断力作用在这个

151

零件上的反应。我们将使用 SOLIDWORKS SimulationXpress 工具来做这个工作。

SOLIDWORKS SimulationXpress 是 SOLIDWORKS 为用户提供的初步应力分析工具，利用它可以帮助用户判断目前设计的零件是否能够承受实际工作环境中的载荷。

SOLIDWORKS SimulationXpress 是 SOLIDWORKS Simulation 的子集。

6.9.1 概述

SOLIDWORKS SimulationXpress 利用设计分析向导为用户提供了一个易用的、按步骤进行的设计分析方法。向导要求用户提供用于零件分析的信息，如夹具、载荷和材料。这些信息代表了零件的实际应用情况。例如，用户可以考虑一下当手轮转动时会出现什么情况。

轮轴安装在一个零件上，该零件将对手轮产生一个反转动的作用力，对于手轮来说这是一个夹具，它约束了手轮的转动。当转动摇把旋转手轮时，有一个作用力作用在手轮轮辐的摇把安装孔上，这就是载荷。这种情况下，会对轮辐造成什么影响？轮辐是否弯曲？轮辐是否会折断？这不仅决定于手轮零件所采用的材料，还依赖于轮辐的形状、大小以及载荷的大小，如图 6-59 所示。

6.9.2 网格

为了对模型进行分析，SOLIDWORKS SimulationXpress 会自动对模型进行网格划分，即将整个模型细分为更小的更易分析的块。这些块被称为"单元"。

尽管用户看不到模型中划分的单元，但可以在分析零件之前设置网格划分的精细程度，如图 6-60 所示。

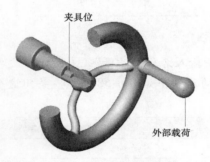

夹具位

外部载荷

图 6-59　手轮的受力情况

图 6-60　网格

6.10　SOLIDWORKS SimulationXpress 的使用方法

设计分析向导可以指导用户一步一步地完成分析步骤，这些步骤从【选项】到【优化】，如下所示：

1）选项：设置通用的材料、载荷和结果的单位系统。

2）夹具：选择面，指定分析过程中零件的固定位置。

3）载荷：指定导致零件受力和变形的外部载荷，如力或压力。

4）材料：从标准的材料库或用户自定义的材料库中选择零件所采用的材料。

5）运行：开始运行分析程序，可以设置零件网格划分的精细程度。

6）结果：显示分析结果，包括安全系数（FOS）、应力和变形。这个步骤有时也称为后处理。

7）优化：选择尺寸得到优化后的结果值。

知识卡片	操作方法	● 在 CommandManager 中单击【评估】/【SimulationXpress 分析向导】。 ● 从【工具】菜单中选择【SimulationXpress】。

操作步骤

步骤 1　启动 SimulationXpress　单击【工具】/
【SimulationXpress】，分析向导出现在任务窗格中，
如图 6-61 所示。

> 提示　第一次运行【SimlationXpress 分析
> 向导】时需要输入一个【SimlationX-
> press 产品代码】。可以根据对话框中的
> 提示来获得这个代码。

图 6-61　SimulationXpress 分析向导

6.11　SimulationXpress 界面

　　SOLIDWORKS SimulationXpress 启动界面从任务窗格开始，SOLIDWORKS SimulationXpress 选项卡
显示任务的顺序列表。选取的选项和 SimulationXpressStudy 树显示在 PropertyManager 中，如图 6-62 所
示。

PropertyManager 和 SimulationXpressStudy　　　　　SOLIDWORKS SimulationXpress 任务窗格选项卡

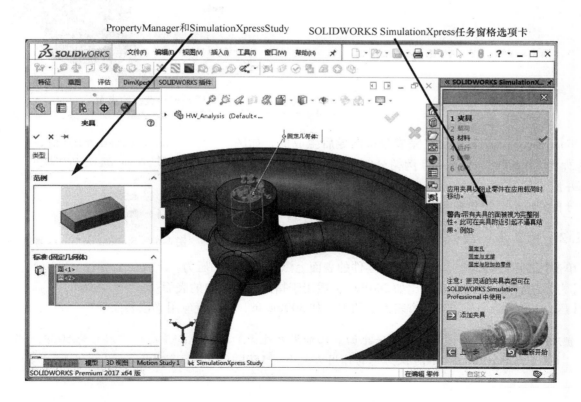

图 6-62　SimulationXpress 界面

在【选项】对话框中可以设置【单位系统】和【结果位置】。

步骤 2　设置【选项】　设置单位为公制，并使用默认的【结果位置】。单击【在结果图解中为最大和最小值显示注解】，单击【确定】，然后单击【下一步】。

6.11.1　第 1 步：夹具

夹具用于“固定”零件的面，使零件在分析过程中保持不动。用户至少需要约束零件的一个面，以防止由于刚性实体运动而导致分析失败。如果用户正确完成了一个步骤，设计分析向导会显示一个绿色的✓。

步骤 3　打开夹具选项卡　单击添加夹具。

技巧　单击蓝色的超链接(如固定孔)来查看例子。

步骤 4　选择约束面　选中形成 D 型孔的一个圆柱面和一个平面，如图 6-63 所示。

单击【确定】，然后单击【下一步】。

夹具
类型
范例
标准 (固定几何体)
面<1>
面<2>
固定几何体:

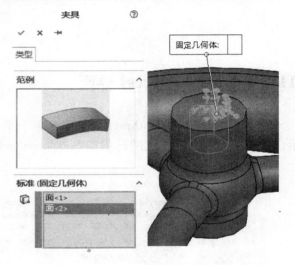

图 6-63　选择约束面

SimulationXpress 算例是在完成分析向导后生成的，如图 6-64 所示。SimulationXpress 算例树分割 FeatureManager 设计树，并位于其下方。

分析完成后，算例树包括夹具、加载、网格和分析结果。

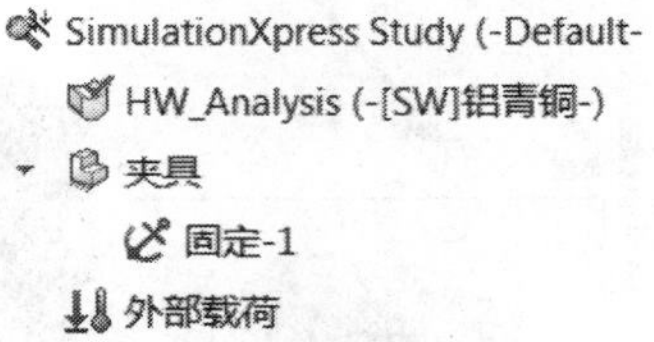

SimulationXpress Study (-Default-
HW_Analysis (-[SW]铝青铜-)
夹具
固定-1
外部载荷

图 6-64　SimulationXpress 算例

6.11.2　第 2 步：载荷

单击【载荷】选项卡，用户可以在零件的表面上添加外部力和压力。

【力】是指作用力的总和，比如 200lbf㊀，适用于指定受力方向的表面。

【压力】是指平均分布到某个表面上的力，如 300lbf/in²㊁，垂直应用于该表面上。

提示　指定的力作用于每一个面。比如用户选择了 3 个面，并指定作用力为 50lbf，那么 SimulationXpress 认为总的作用力大小是 150lbf(每个面是 50lbf)。

㊀ lbf 是力的单位，1lbf = 4.44822N。——编者注

㊁ lbf/in² 是压力的单位，1lbf/in² = 6894.76Pa。——编者注

步骤5　打开载荷选项卡　在本例中，选择【力】作为载荷的类型。单击【添加力】。

步骤6　选择受力表面　如图 6-65 所示，选择圆柱面作为受力表面。单击【选定的方向】并选择"Right Plane"。设置【力】为 3000N，单击【确定】，单击【下一步】。

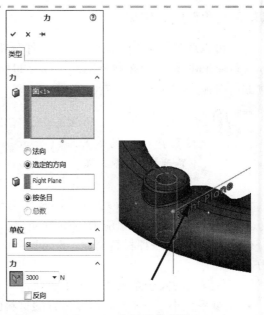

图 6-65　选择受力表面

6.11.3　第3步：选择材料

下一个步骤是选择零件的材料。可以从系统提供的标准材料库中选择材料，也可以添加用户自定义的材料。

步骤7　材料页面　在 SOLIDWORKS 中已选择的用户可以默认当前材料是【红铜合金】列表中的【铝青铜】。如果想要改变材料，单击【3.材料】在列表中选择其他的材料覆盖当前材料。这个列表和【编辑材料】命令弹出的列表是一样的。保留当前已设定的材料【铝青铜】，单击【下一步】，如图 6-66 所示。

图 6-66　选择材料

6.11.4　第4步：运行

经过上述步骤以后，SimulationXpress 已经收集到了进行零件分析所必需的信息，现在可以创建网格，计算位移、应变和应力。

步骤8　打开运行选项卡　备齐所需信息且准备好求解器。单击【运行模拟】。

6.11.5　第5步：结果

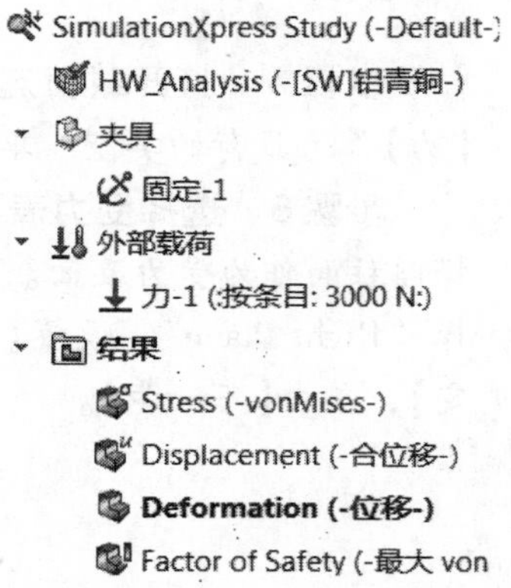

用户可以通过【结果】选项卡显示零件分析的结果。整个 SimulationXpressStudy 树显示在被分割的 FeatureManager 设计树中，包括算例的所有输入和输出，如图6-67所示。

> 技巧🔑　在动画停止的状态下，可以双击其中的结果特征［例如 Stress（-vonMises-）］，选择【显示】来查看结果。

SimulationXpress 使用最大 von Mises 应力标准来计算安全系数分布。此标准表明，当等量应力（von Mises 应力）达到材料的屈服强度时，柔性材料开始屈服。屈服强度（SIGYLD）定义为一种材料属性。SimulationXpress 对某一点的安全系数等于屈服强度除以该点的等量应力。

图6-67　SimulationXpressStudy 树

任何位置上的安全系数表示如下：
- 安全系数小于1.0，表示该位置的材料已经开始屈服，设计不安全。
- 安全系数等于1.0，表示该位置的材料刚开始屈服。
- 安全系数大于1.0，表示该位置的材料尚未屈服。

步骤9　查看结果　变形图解的预览画面将出现在屏幕中。变形通过一定比例放大，使我们更容易查看。如果零件的变形符合预期，单击【是，继续】查看下一个结果。

步骤10　查看安全系数　图6-68所示的安全系数（FOS）小于1，表明零件的这个区域应力过大，设计不安全。红色的区域表示安全系数小于1。单击【查阅结果完毕】，单击【下一步】。

图6-68　安全系数

6.11.6　第6步：优化

【优化】选项卡可通过重复变化某一个尺寸的值并依次进行校验，从而将【安全系数】、【最大应力】和【最大位移】限定在可接受的范围内。

优化是在给定的边界条件数值内随以上约束进行的。

步骤11　优化模型　在"您想优化您的模型吗？"选项卡中单击【是】，并单击【下一步】。

步骤12　选择要更改的尺寸值　选择尺寸14mm（椭圆长轴的长度）作为要更改的尺寸，如图6-69所示。单击【确定】。

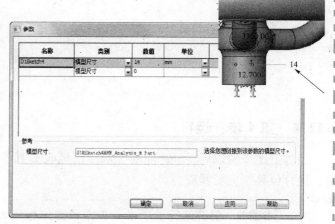

图6-69　更改尺寸值

步骤13 变量和约束 设置【最小】和【最大】变量值为 18mm 和 22mm，如图 6-70 所示。在【约束】栏中选择【安全系数】，并设置最小值为 1。单击【运行】。

变量视图	结果视图				
运行 ☑优化					
□变量					
	D1Sketch4 (0.014)	范围	最小: 18mm	最大: 22mm	
	单击此处添加 变量				
□约束					
	安全系数	大于	最小: 1		
	单击此处添加 约束				

图 6-70 设置变量和约束值

步骤14 查看结果 经过若干次的迭代校核，优化最终完成。单击【结果视图】选项卡，如图 6-71 所示。最终的更改结果在稍微增加质量的条件下达到了安全系数的预期要求。

步骤15 优化结果 选择【优化值】，单击【下一步】，单击【4 运行】和【运行模拟】。

	初始	优化
D1Sketch4 (0.0195542)	14mm	19.554169mm
安全系数	0.672736	1.043159
质量	2.79881 kg	2.8727 kg

图 6-71 查看结果

6.11.7 更新模型

用户在 SOLIDWORKS 中做的改动和分析中的优化能自动反映到 SimulationXpress 中，改动包括：模型、材料、夹具和载荷。通过重新分析更新现有分析可得到最新结果。

步骤16 保存数据 在 SOLIDWORKS SimulationXpress 窗口单击【关闭】，选择【确定】保存数据。

步骤17 修改模型 优化过程修改了所选尺寸的数值。在图形窗口的底部单击【模型】选项卡，修改尺寸为 20mm，重建模型，如图 6-72 所示。

步骤18 重新得到数据 再次启动 SimulationXpress，运行模拟。

步骤19 保存并关闭文件 在 SOLIDWORKS SimulationXpress 窗口单击【关闭】，选择【确定】保存数据。

步骤20 保存并关闭零件

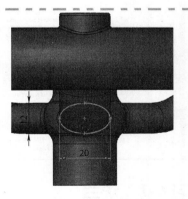

图 6-72 修改模型

6.11.8 结果、报表和 eDrawings 文件

下面是不同类型分析输出的例子（见表 6-3），包括分析结果、报表和 eDrawings 文件。

 提示

一些显示结果在变形比例上作了夸大处理。

表 6-3   不同类型分析输出的显示结果

类　型	显　示	类　型	显　示
Stress（-vonMises-）	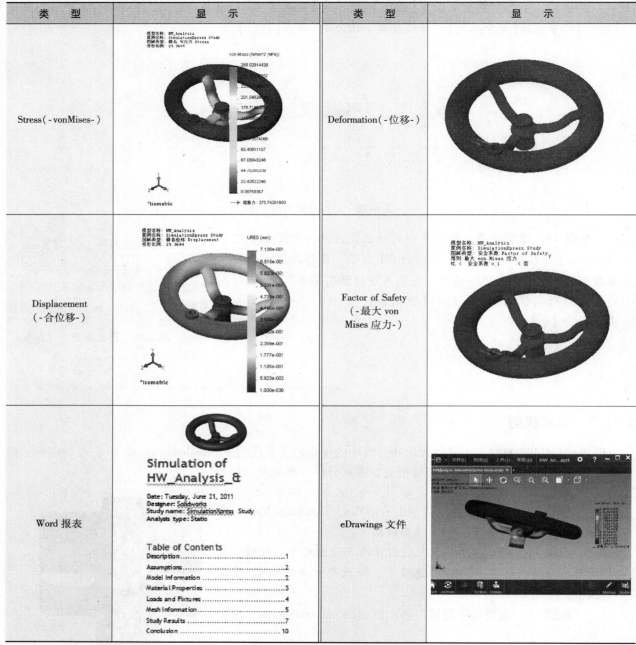	Deformation（-位移-）	
Displacement（-合位移-）		Factor of Safety（-最大 von Mises 应力-）	
Word 报表		eDrawings 文件	

练习 6-1   法兰

　　本练习的主要任务是使用提供的信息和尺寸创建如图 6-73 所示的模型。灵活使用几何关系实现设计意图。

　　本练习应用以下技术：

- 旋转特征。

（1）设计意图

此零件的设计意图如下：

1）阵列的孔等距分布。

2）孔的直径相等。

图 6-73   法兰

3）所有圆角的半径尺寸都为 *R*6mm。

⚠️**注意** 构造圆可以通过圆的属性生成。

（2）尺寸信息

根据图 6-74 所示的尺寸信息，并结合设计意图创建零件。

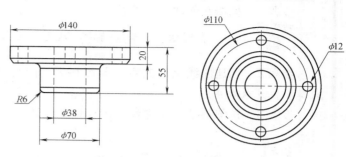

图 6-74 法兰的尺寸信息

练习 6-2 轮子

本练习的主要任务是使用提供的信息和尺寸创建如图 6-75 所示的模型。灵活运用几何关系实现设计意图。

本练习应用以下技术：

- 旋转特征。

（1）设计意图

此零件的设计意图如下：

1）零件关于轮轴中心线对称。

2）轮轴具有拔模特征。

（2）尺寸信息

根据图 6-76 所示的尺寸信息，并结合设计意图创建零件。

图 6-75 轮子

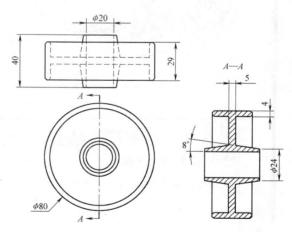

图 6-76 轮子的尺寸信息

草图中的文字（可选做）

在草图中可以添加文字，并用来创建拉伸凸台或拉伸切除。文字可以自由放置，可以使用尺寸或几何关系定义位置，也可以使文字沿草图曲线或模型边线分布。

知识卡片	文字	• 在 CommandManager 中单击【草图】/【文字】🄰。 • 从菜单中选择【工具】/【草图绘制实体】/【文字】。 • 快捷方式：右键单击图形区域，选择【文字】🄰。

操作步骤

步骤1　构造几何体　在模型的前平面上绘制构造线和构造圆弧。

技巧　　　在圆弧终点和竖直中心线之间添加【对称】几何关系。

步骤2　创建曲线上的文字　如图 6-77 所示，创建两个文本，分别附在两个圆弧上。文本属性见表 6-4。

步骤3　拉伸特征　创建拉伸凸台特征，设置深度为 1mm，拔模斜度为 1°，如图 6-78 所示。

提示　　　拉伸文字比较耗时间。

步骤4　保存并关闭零件

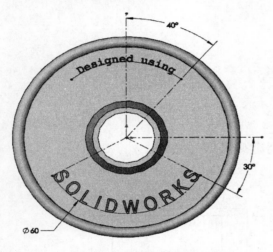

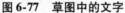

图 6-77　草图中的文字

图 6-78　拉伸特征

表 6-4　文本属性

第一个文本	第二个文本
• 文字：Designed using	• 文字：SolidWorks
• 字体：Courier New，11pt	• 字体：Arial Black，20pt
• 对齐：中心对齐	• 视图对齐：两端对齐
• 宽度因子：100%	• 宽度因子：100%
• 间距：100%	• 间距：两端对齐的情况下不可用

练习6-3　导向件

本练习的主要任务是使用提供的信息和尺寸建立如图 6-79 所示的模型，灵活运用几何关系实现设计意图。

本练习使用以下技术：

• 槽口。

图 6-79　导向件

操作步骤

创建一个单位为 mm（毫米）的新零件，命名为导向件。按以下步骤建立模型。

提示 👆 下面各图显示了草图关系（【视图】/【隐藏/显示】/【草图关系】）作为示意。

步骤1 直线和绘制圆角 在前视基准面创建一个草图。建立草图直线，绘制圆角和一个角度尺寸，如图 6-80 所示。

步骤2 等距实体 用等距实体命令偏距 20mm，如图 6-81 所示。

步骤3 闭合末端 用相切圆弧闭合末端，如图 6-82 所示。

步骤4 拖拉到原点 拖拉并放置圆弧中心点到原点，自动建立与原点重合关系，如图 6-83 所示。

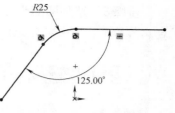

图 6-80 绘制直线和圆角

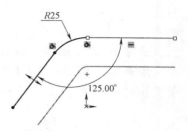

图 6-81 等距实体

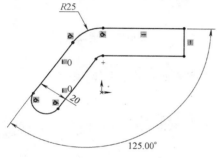

图 6-82 闭合末端

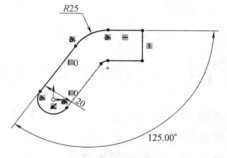

图 6-83 拖拉到原点

步骤5 创建虚拟交点 创建一个虚拟交点来表示直线的交点。通过选择如图 6-84 所示两条直线并单击【点】·来完成创建。

步骤6 完全定义 为草图添加如图 6-85 所示的尺寸来完全定义草图。

步骤7 拉伸草图 将刚创建好的草图拉伸 10mm，如图 6-86 所示。

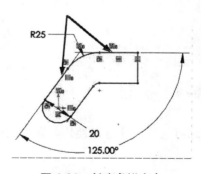

图 6-84 创建虚拟交点

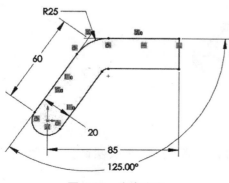

图 6-85 完全定义

图 6-86 拉伸草图

步骤8　添加圆形凸台　在模型的顶面添加一个新的草图，绘制一个圆，添加相切和重合几何约束。完全定义并拉伸草图，距离为10mm，如图6-87所示。

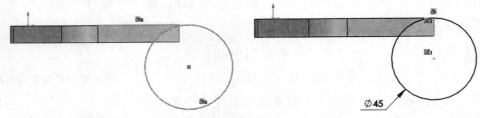

图6-87　添加圆形凸台

步骤9　添加圆角　添加一个 R20mm 的圆角，如图6-88所示。

步骤10　槽口　使用【直槽口】创建如图6-89所示的几何特征，在槽口选项中选择【总长度】和【添加尺寸】。用直槽口草图创建通过所有的拉伸切除。

图6-88　添加圆角

图6-89　槽口

技巧
　　槽口草图应该被完全定义，可能会要求添加一个【平行】关系。

步骤11　添加通孔　添加一个直径为20mm的通孔，如图6-90所示。

步骤12　保存并关闭文件

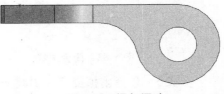

图6-90　添加通孔

练习6-4　椭圆

本练习的主要任务是使用椭圆来创建如图6-91所示的零件。

图6-91　椭圆模型

本练习应用以下技术：
● 插入椭圆。

创建一个单位为 mm(毫米)的新零件，所有【锥孔】的类型都是【M3 平头螺钉】。按图6-92建立模型。

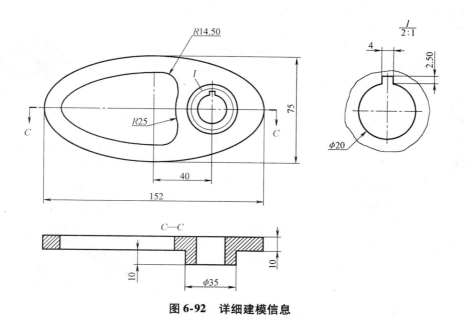

图 6-92　详细建模信息

练习 6-5　扫描

本练习的主要任务是利用扫描特征创建下面三个零件。扫描需要一个草图轮廓和一条路径或一个圆形轮廓和一条路径。

本练习应用以下技术：

- 介绍：扫描。

（1）开口销

定义内侧边线为开口销零件的扫描路径，如图 6-93 所示。

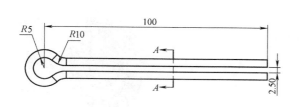
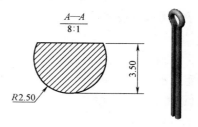

图 6-93　开口销

（2）回形针

定义中心线为回形针零件的扫描路径，如图 6-94 所示。

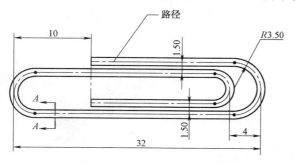
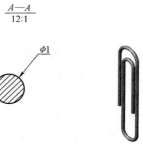

图 6-94　回形针

（3）斜接扫描

定义外侧边线为斜接扫描零件的扫描路径，如图 6-95 所示。

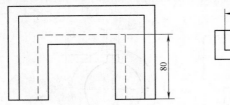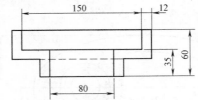

图 6-95   斜接扫描

（4）止滑销

止滑销通过中心线描述扫描的路径，如图 6-96 所示。

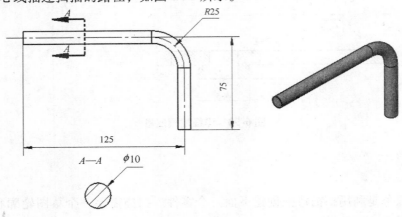

图 6-96   止滑销

练习 6-6   SimulationXpress 应力分析

本练习的主要任务是对零件进行初步的应力分析，如图 6-97 所示。

本练习应用以下技术：

- 夹具。
- 定义载荷。
- 指定材料。
- 运行。
- 显示分析结果。

图 6-97   应力分析

操作步骤

    步骤1   打开零件"Pump Cover"   该零件是高压油罐的上盖，如图 6-98 所示。启动 SimulationXpress 设计分析向导。

    步骤2   设置单位   单击【选项】设置单位体系为【公制】，同时选择【在结果图解中为最大和最小值显示注解】。

    步骤3   定义夹具   选择 4 个安装脚的顶面和 4 个螺钉孔的圆柱面，如图 6-99 所示。

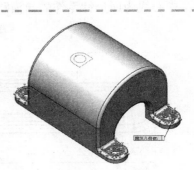

图 6-98   定义夹具

步骤4　定义载荷组　选择【压力】作为载荷的类型。右键单击零件"Pump Cover"的内表面上任意一点，从快捷菜单中选择【选择相切】。

步骤5　设置压力值　设置压力值为250lbf/in^2，如图6-99所示。

步骤6　指定材料　从列表中选择【铝合金】和【2014 合金】。

步骤7　运行模拟

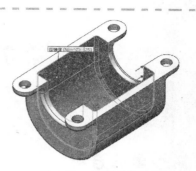

图6-99　设置压力值

步骤8　分析结果　分析结果显示安全系数小于1，说明零件应力过大，顺便查看一下应力和变形图解，如图6-100 所示。

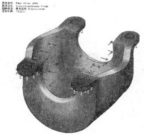

图6-100　分析结果

步骤9　改变材料　在SimulationXpressStudy 中右键单击 Pump Cover(-2014 合金) 图标，选择【应用/编辑材料】，设定材料为【其他合金】/【Mone(CR)400】。

步骤10　更新模型　单击【运行模拟】，利用新设定的材料再次进行分析。安全系数应该大于1。

步骤11　保存并关闭零件

第 7 章　抽 壳 和 筋

学习目标

- 将拔模应用于模型表面
- 执行抽壳操作以掏空一个零件
- 使用筋工具
- 创建薄壁特征

7.1　概述

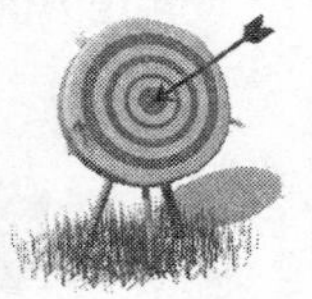

对于薄壁零件(见图 7-1)，不管是铸造成形的，还是注塑成形的，它们都包括一些共同的造型步骤和操作，这些操作有抽壳、拔模以及筋。本章的例子将完成添加拔模、创建基准面、抽壳和创建筋的步骤。

图 7-1　薄壁零件

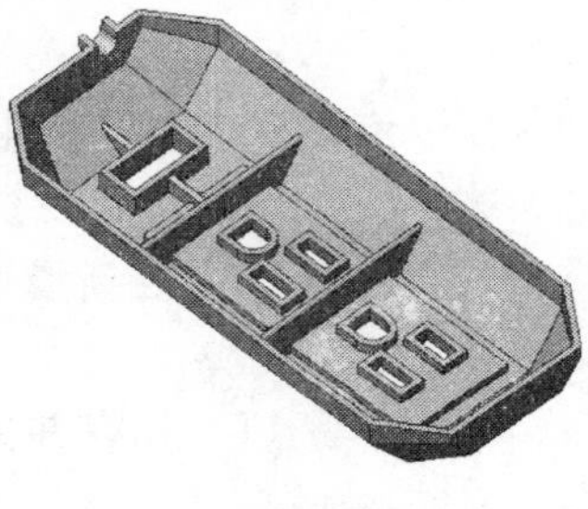

该零件建模过程中的一些关键步骤如下：

1. 相对于参考平面拔模　相对于参考平面和给定方向的拔模。

2. 抽壳　抽壳是掏空一个零件的过程，用户可以选择去除零件的一个或多个表面。抽壳特征是一种应用特征。

3. 筋工具　筋工具可以用来快速地创建一条或多条筋。利用最少的草图元素，在模型的边界面之间创建筋。

4. 薄壁特征　在旋转、拉伸、扫描与放样过程中选择薄壁特征选项来创建一定厚度的实体。

7.2　分析和添加拔模

铸造成形和注射成形的零件都需要拔模。由于有多种方法可以创建拔模，因此能够在零件上检查拔模并且添加拔模角度就很重要了。

操作步骤

步骤 1　打开零件　打开零件"Shelling&Ribs"，如图 7-2 所示。

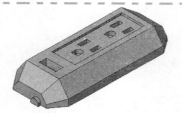

图 7-2　零件 Shelling&Ribs

扫码看 3D

7.2.1　选择集

可以为需要多次选择的几何体创建选择集。每个集可以包含一个或多个几何体。可以用零件的顶点、边、面或特征来创建选择集。如果是装配体，则选择集在零部件中也可添加。在本例中，单个面将会被保存为一个选择集，但根据几何体类型的不同，保存方法有以下几种：

1）保存点、边、面时，右键选择对应的几何体，然后单击【选择工具】/【保存选择】。

2）保存特征时，右键选择对应的面，然后单击【保存选择】。

3）保存零部件时，右键选择对应的面，然后单击【保存选择】。

知识卡片	选择集	• 快捷菜单：在视图区右键单击选择一个物体并单击【保存选择】。

步骤2　选择集　在底面（图7-3）右键单击【选择工具】/【保存选择】。选择集被保存在 Selection Sets 文件夹中，命名为选择集4（1），如图7-4所示。

🍃 Shelling&Ribs (Def
　📄 History
▾ 🗂 Selection Sets
　▾ 🗂 选择集4(1)
　　■ 面
　📄 Sensors

图7-3　选择底面　　　　　　　图7-4　保存选择集

7.2.2　拔模分析

【拔模分析】是一个很有用的工具，它能够确认已经给定了拔模角的零件是否能成功拔模。

知识卡片	拔模分析	• 在 CommandManager 中单击【评估】/【拔模分析】📄。 • 从下拉菜单中选择单击【视图】/【显示】/【拔模分析】。

提示 👆　对话框可能会存在轻微的差异，这取决于用户的显卡。

步骤3　拔模分析　单击【拔模分析】📄。

步骤4　设置拔模方向　在弹出的 Feature Manager 设计树中将选择集4（1）作为拔模方向，如图7-5所示箭头指向。

步骤5　查看拔模结果　如图7-6所示，单击【反向】切换箭头方向，设置【角度】为2.00°，依照拔模的种类，表面被分配不同的颜色。其中3个黄色显示的面需要拔模处理。单击【✔】完成该操作。面的颜色保留显示状态。

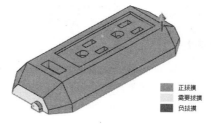

拔模分析

分析参数
↗ 面<1>
📐 2.00度
　□ 调整三重轴
　□ 面分类

颜色设定
　□ 逐渐过渡
正拔模：
　　　编辑颜色
需要拔模：
　　　编辑颜色
负拔模：
　　　编辑颜色

■ 正拔模
■ 需要拔模
■ 负拔模

图7-5　拔模方向　　　　　　图7-6　拔模分析

7.2.3　拔模的其他选项

到现在为止，我们介绍了一种创建拔模特征的方法：在【插入】/【凸台/基体】/【拉伸】命令中使用【拔模】选项。

有时候这个方法无法处理具体情况。举例来说，当我们创建第一个特征时，在特征上没有添加任何拔模。显然，必须要有一种方法可以在已创建特征的表面上添加拔模。

插入拔模	【插入拔模】使用户能够在模型的表面相对于一个中性面或一条分型线添加拔模。
操作方法	• 在 CommandManager 中单击【特征】/【拔模】。 • 在【插入】菜单中，选择【特征】/【拔模】。

7.2.4　中性面拔模

添加拔模的过程需要选择一个【中性面】，同时选择一个或多个【拔模面】。

步骤6　中性面拔模　单击【拔模】，并在【拔模类型】中选择【手工】/【中性面】。选择背面作为【中性面】，设置【拔模角度】为2.00°。如图7-7所示，选择3个黄颜色面作为拔模面，单击【确定】结束命令。

提示：如果需要，单击【反向】，使箭头的方向与图7-7中所示的方向一致。

步骤7　查看分析结果　用户会注意到刚才所选面颜色的变化，这些面现在已经符合拔模分析的边界设定。再次单击【拔模分析】工具，关闭颜色显示。结果如图7-8所示。

技巧：放大上视图可以显示拔模面，如图7-9所示。

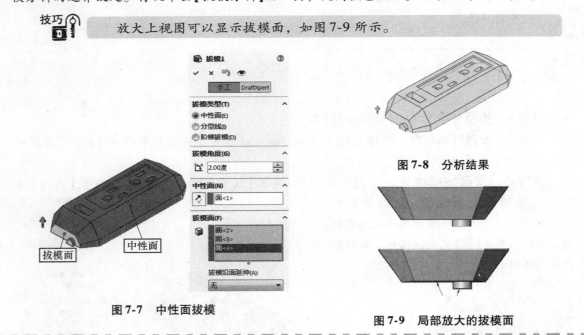

图7-7　中性面拔模

图7-8　分析结果

图7-9　局部放大的拔模面

7.3　抽壳

抽壳操作用来"掏空"一个实体。用户可以为不同的表面指定不同的壁厚，也可以选择被移除的

表面。在本例中，所有零件的壁厚都是相等的。

7.3.1 抽壳次序

多数塑料零件都有圆角，如果抽壳前对边缘加入圆角而且圆角半径大于壁厚，零件抽壳后形成的内圆角就会自动形成圆角，内壁圆角的半径等于圆角半径减去壁厚。利用这个优点可以省去烦琐的在零件内部创建圆角的工作。

如果壁厚大于圆角半径，内圆角将会是尖角。

知识卡片	插入抽壳	【插入抽壳】移除所选的表面并对剩余的表面形成一定的厚度，创建一个薄壁零件。也可以在同一个抽壳命令中创建多个厚度。
	操作方法	• 在 CommandManager 中单击【特征】/【抽壳】。 • 在【插入】菜单中，选择【特征】/【抽壳】。

技巧 在选择面之前请关闭【显示预览】，否则每次选择都将更新预览，从而降低操作速度。

7.3.2 选择表面

抽壳命令可以移除模型的一个或多个表面，也可以形成完全中空的密封体。表7-1是抽壳的各种情形。

表7-1 抽壳的各种情形

选择内容	示 例
选中一个表面	
选中一个表面	
选中多个表面	
没有选中表面 ⚠️注意 此结果是用剖切视图命令产生的【剖面视图】	

步骤8 抽壳 单击【抽壳】，并设置【厚度】为1.500mm。关闭【显示预览】选项，选择图7-10所示的9个表面(包括隐藏的底面)作为【移除的面】，单击【确定】。除了那些移除的面之外所有的壁厚都是相等的，如图7-11所示。

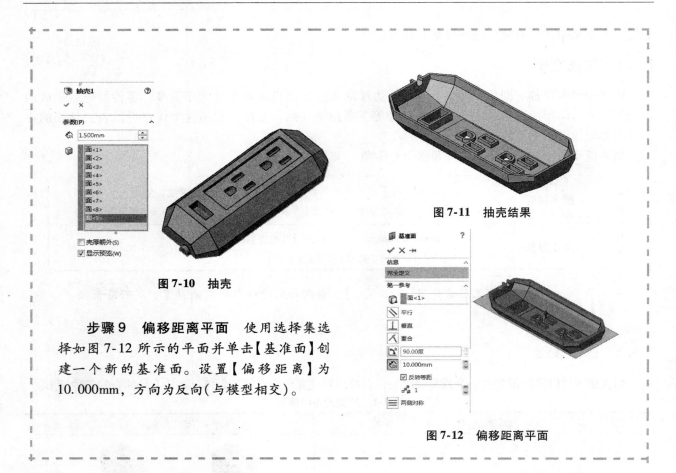

图 7-10　抽壳

图 7-11　抽壳结果

图 7-12　偏移距离平面

步骤9　偏移距离平面　使用选择集选择如图 7-12 所示的平面并单击【基准面】创建一个新的基准面。设置【偏移距离】为 10.000mm，方向为反向（与模型相交）。

7.4　筋

筋工具允许用户使用最少的草图几何元素创建筋。创建筋时，需要指定筋的厚度、位置、筋材料的方向和拔模角度。

与其他草图不同，筋草图不需要完全与筋特征长度相同。因为筋特征会自动延伸草图的两端到下一特征。

筋的草图可以简单，也可以复杂；既可以简单到只有一条直线来形成筋的中心，也可以复杂到详细描述筋的外形轮廓。根据所绘制筋草图的不同，所创建的筋特征既可以垂直于草图平面，也可以平行于草图平面进行拉伸。简单的筋草图既可以垂直于草图平面拉伸，也可以平行于草图平面拉伸，而复杂的筋草图只能垂直于草图平面拉伸。表 7-2 是筋草图拉伸的一些例子。

表 7-2　筋草图拉伸

拉 伸 方 向	图　例
简单草图，拉伸方向与草图平面平行	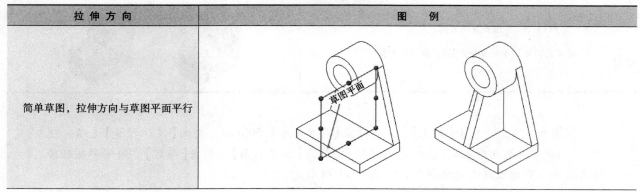

（续）

拉 伸 方 向	图 例
简单草图，拉伸方向与草图平面垂直	
复杂草图，拉伸方向与草图平面垂直	

知识卡片	插入筋	【插入筋】可以创建一个带或不带拔模的平顶筋。筋的形状依赖于定义筋走向的草图。一个完整圆角可以使筋圆滑。
	操作方法	• 在 CommandManager 中单击【特征】/【筋】 。 • 从【插入】菜单中选择【特征】/【筋】。

171

步骤 10 绘制草图 在基准面 1 上建立新草图。单击【直线】/【中点线】选项。从中心附近绘制一条水平线。添加第二条直线，并添加如图 7-13 所示尺寸。

> 提示：直线可以是欠定义的，因为不需要保证直线端点与模型边线重合。【筋】特征会延长实体几何与模型壁面相交。即使直线穿过了模型壁面，筋特征仍然只会保留零件壁面内部的部分。这个简单的草图只是定义筋在顶部的位置以及生成筋的方向。

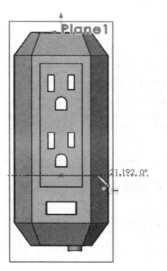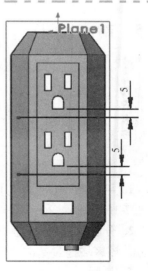

图 7-13 绘制筋草图

步骤 11 创建筋 单击【筋】 工具，并按图 7-14 所示设置参数：
- 厚度：1.500mm，选择【在草图基准面处】，向草图两侧创建筋 。
- 拉伸方向：垂直于草图方向 。
- 拔模角度 ：向外拔模 3.00°。
- 单击【确定】。

技巧 预览一下拉伸方向，如果筋拉伸的方向错了，勾选【反转材料方向】复选框。

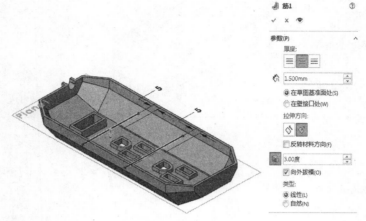

图7-14　创建筋

步骤12　创建筋草图　选择右视基准面建立一个新草图。改变显示方式为【隐藏线可见】。

步骤13　创建草图线　如图7-15所示，从顶点到筋之间生成一条水平直线。保留草图的欠定义状态。

步骤14　生成筋　单击【筋】 ⬛和【平行于草图】 ⬛，其他设置与前面的筋特征相同，生成一个筋。

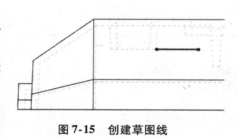

图7-15　创建草图线

7.5　剖面视图

知识卡片	剖面视图	【剖面视图】使用一个或多个剖切平面来剖切模型视图。剖切平面可动态地拖动。【剖面视图】有【平面副】和【分区】两个选项。基准面和平面常被用作剖切平面。
	操作方法	●选择下拉菜单中的【视图】/【显示】/【剖面视图】。 ●在前导视图工具栏中单击【剖面视图】 ⬛。

1. 平面副　【平面副】选项通过基准面切除模型，如图7-16所示。

2. 分区　【分区】选项使用交叉区域切除模型的一部分，该区域通过基准面限定，并且允许有多个剖切，如图7-17所示。

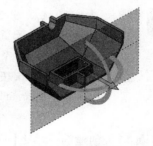

图7-16　平面副

提示 画一个剖面视图并保存，当我们建立该零件的工程图时，在【视图调色板】里就能直接找到已保存的剖面视图。

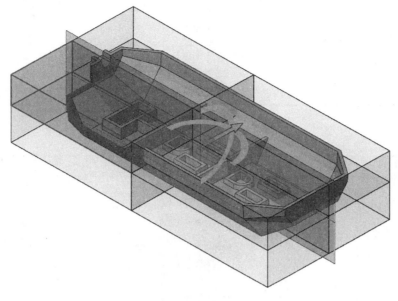

图 7-17　分区

步骤 15　**剖面视图**　单击【剖面视图】和【前基准面】，单击【平面副】选项，拖动箭头到剖面合适位置，如图 7-18 所示。单击【确定】

步骤 16　**创建草图**　在右基准面上创建一个草图，如图 7-19 所示。

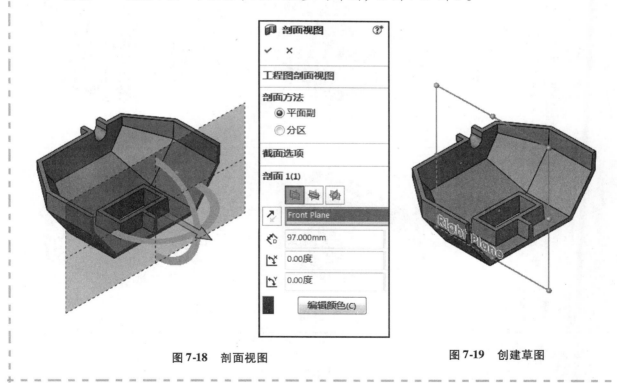

图 7-18　剖面视图　　　　　　　　　图 7-19　创建草图

7.6　转换实体引用

在激活的草图中，【转换实体引用】可以用来复制现有的模型边线，边线被投射到草图平面，而不管这些边是否在这个草图平面上，见表 7-3。

转换实体引用	【转换实体引用】可以用来复制现有的模型边线到激活的草图中。
操作方法	• 在命令管理器中单击【草图】/【转换实体引用】⬜。 • 从【工具】菜单中选择【草图绘制工具】/【转换实体引用】。 • 快捷方式：右键单击图形区域，选择【转换实体引用】。

表7-3　转换实体引用不同选项

转换实体引用选项	图　　示
边	
面	
【逐个内环面】	

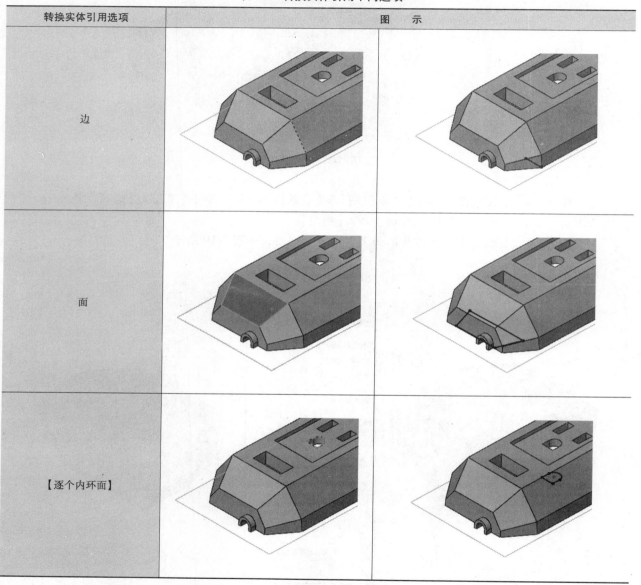

　　步骤17　转换边线　单击【转换实体引用】⬜，选择前一个筋特征的线性边并将其转换在当前激活的草图平面上，单击【确定】。拖动端点，如图7-20所示。

　　步骤18　完成筋　参考前面做法来完成另一个筋特征，如图7-21所示。再一次单击【剖面视图】将其关闭。

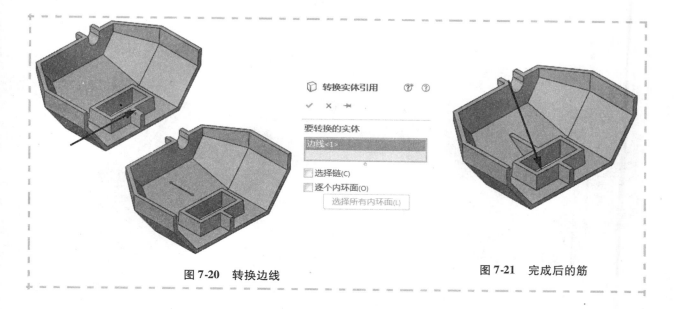

图 7-20　转换边线　　　　　　　　　　　图 7-21　完成后的筋

7.7　完整圆角

　　【完整圆角】选项是在相邻的 3 个面上创建一个相切的圆角特征。任何一个面组可以包括一个以上的面，但是同一个面组里的面必须是相切连续的，如图 7-22 所示。

知识卡片	完整圆角倒圆	在【完整圆角】时不需要设定半径值，半径的大小在选择面组的时候已经确定了。
	操作方法	● 在【圆角】的 PropertyManager 中选择【完整圆角】。

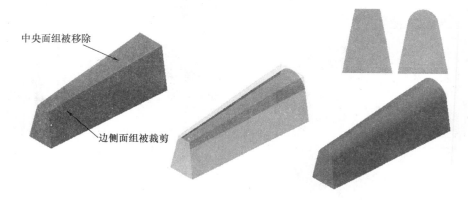

中央面组被移除

边侧面组被裁剪

图 7-22　完整圆角

　　步骤 19　完整圆角　单击圆角图标并且选择【完整圆角】选项。在【圆角项目】选项框中，选择如图 7-23 所示的各个面。注意每个加强筋上的圆角必须单独添加。

　　步骤 20　完成圆角　使用步骤 19 的方法添加另一个圆角，如图 7-24 所示。

　　提示　单击鼠标右键可以快速确认面组。

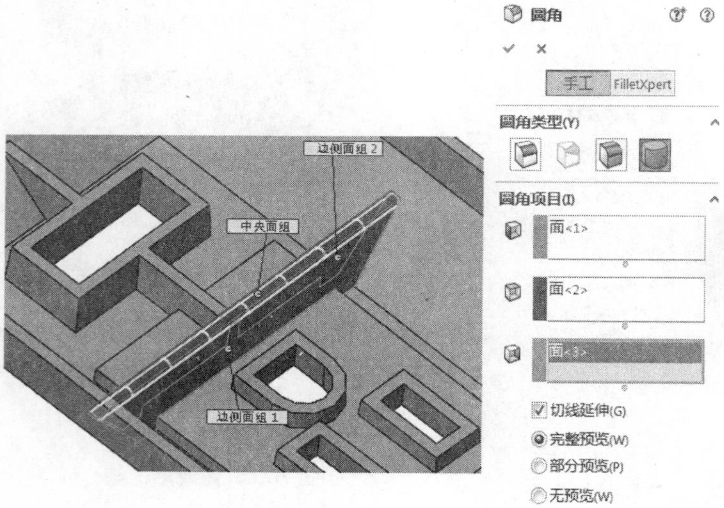

图 7-23　完整圆角选项与结果

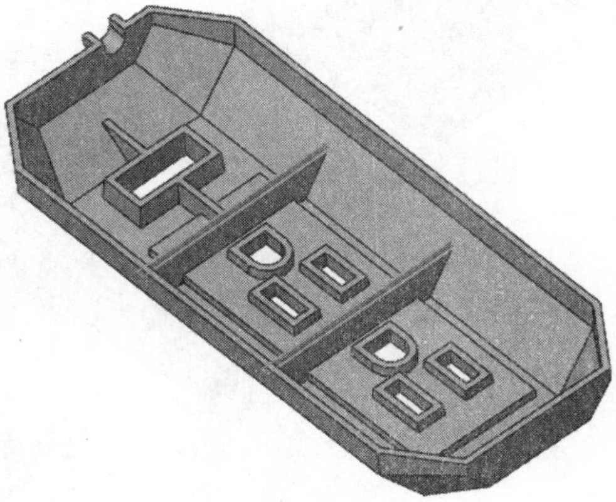

图 7-24　完成圆角

步骤21　保存并关闭文件

7.8　薄壁特征

【薄壁特征】通过一个开环的草图轮廓并定义一个壁厚来实现。壁厚可以自定义，且在厚度方向可以选择是向内加厚还是向外加厚。特征生成方向可以是单向、两侧对称或者是双向。拉伸或旋转薄壁特征的创建会自动调用非闭合草图轮廓，闭合草图轮廓同样也能生成薄壁特征。可以用拉伸、旋转、扫描以及放样来生成薄壁特征。表7-4是生成薄壁特征的一些例子。

表 7-4　生成薄壁特征

方法	图　例	方法	图　例
旋转，非闭合轮廓	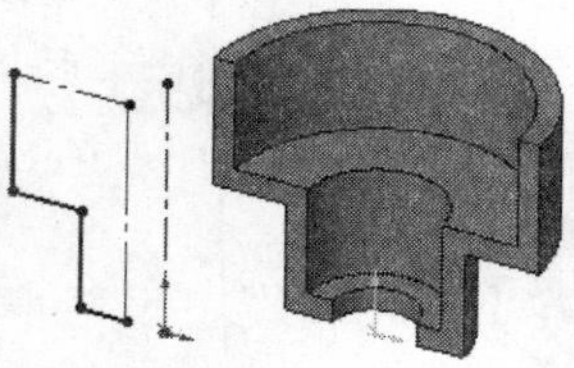	拉伸，非闭合轮廓	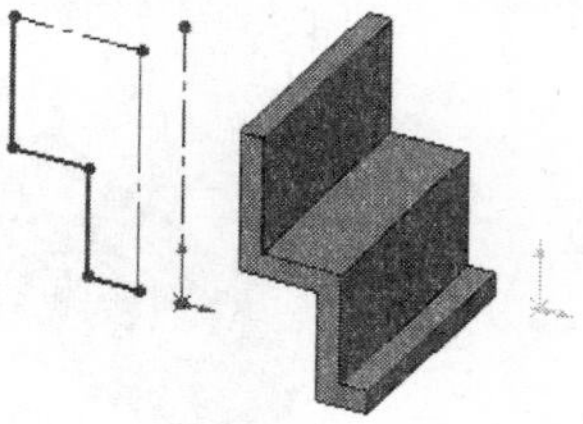
旋转，闭合轮廓	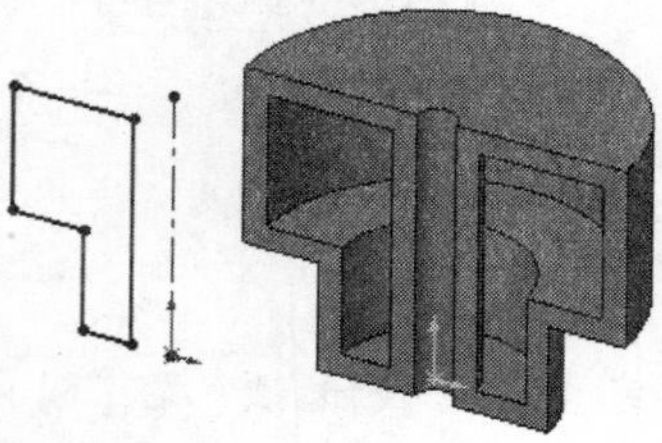	拉伸，闭合轮廓	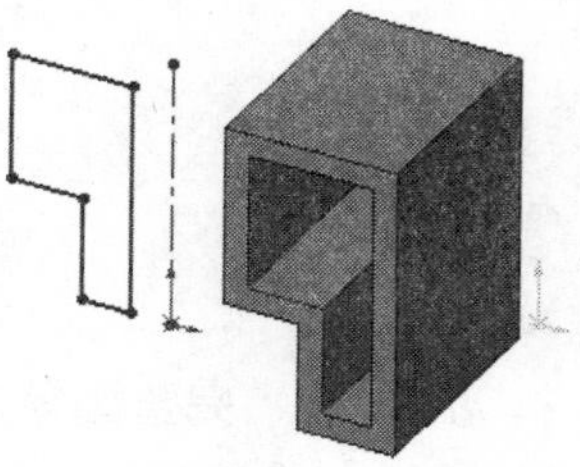

薄壁特征	• 在【旋转】的 PropertyManager 中选择【薄壁特征】。 • 在【拉伸】的 PropertyManager 中选择【薄壁特征】。

操作步骤

步骤1　打开零件"Thin_Features"

步骤2　旋转薄壁　选择草图"strainer"并单击【旋转】。当系统询问草图是否需要被自动封闭时，选择"否"。设置【方向1】厚度为5.00mm，向外加厚。单击【确定】，如图7-25所示。

步骤3　拉伸薄壁　选择草图"bracket"并单击【拉伸】。设置厚度方向为两侧对称，厚度为5.00mm。勾选【自动加圆角】复选框，设置圆角半径为3.00mm，如图7-26所示。

图7-25　旋转薄壁

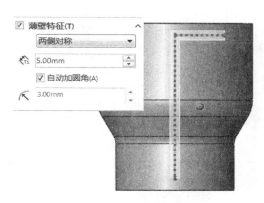

图7-26　拉伸薄壁

步骤4　选择拉伸方向　选择拉伸方向为旋转基体方向，类型为【成形到下一面】，确认退出，结果如图7-27所示。

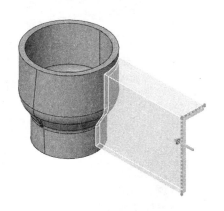

图7-27　拉伸方向

提示

本例提供了以下两种拉伸方式的对照：【成形到一面】(见图7-28a)和【成形到下一面】(见图7-28b)。

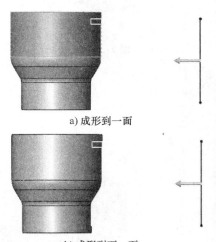

a) 成形到一面

b) 成形到下一面

图7-28　【成形到一面】与
【成形到下一面】

步骤5　转换边线　反转模型视图并在图7-29所示平面上生成一个草图。单击【转换实体引用】，选择如图7-29所示的圆形边线。单击【确定】。

技巧
🔒 如果用户提前选择了边线，则不会出现【转换实体引用】对话框。

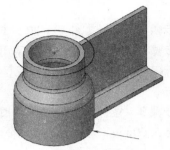

图 7-29　转换边线

步骤6　拉伸特征　将草图拉伸 5mm 并远离模型，如图 7-30 所示，显示右视基准面。

步骤7　新建参考基准面　按住 Ctrl 键并拖动右视基准面 75mm 来新建一个参考基准面，如图 7-31 所示。

步骤8　转换平面　在新的基准面上新建一个草图，选择拉伸-薄壁 1 特征的端面，如图 7-32 所示。单击【转换实体引用】□。

步骤9　拉伸草图　使用【成形到下一面】拉伸草图，单击【确定】，如图 7-33 所示。

图 7-30　拉伸特征

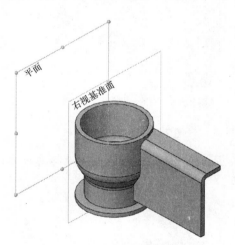

图 7-31　新建参考基准面

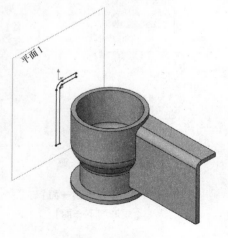

图 7-32　转换平面

图 7-33　拉伸草图

步骤10　保存并关闭文件

练习 7-1 泵壳

使用提供的尺寸建立图 7-34 所示的零件。灵活地使用几何关系实现设计意图。

本练习应用以下技术：

● 抽壳。

（1）设计意图 这个零件的设计意图如下：

1）零件凸出部分的尺寸和形状完全相同。

2）孔尺寸相同。

3）所有圆角半径均为 3mm。

4）零件厚度一致。

5）两侧边有沟槽。

6）除了沟槽，零件沿两个基准面是对称的。

（2）尺寸视图 根据图 7-35 所示的尺寸，结合设计意图建立零件。

图 7-34 泵壳

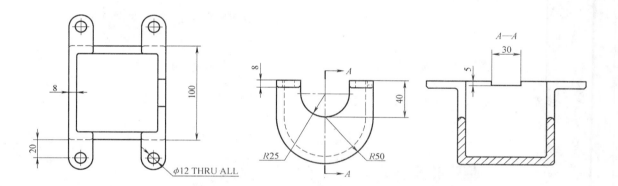

图 7-35 泵壳的尺寸信息

练习 7-2 柱形工具

使用提供的尺寸建立图 7-36 所示的零件。本练习应用以下技术：

● 抽壳。

● 剖面视图。

● 转换实体引用。

图 7-36 柱形工具

179

操作步骤

新建一个以 mm 为单位的草图并命名为"Tool Post"。

提示 步骤图例中展示了草图关系用来示意。

步骤1 创建草图轮廓 在上视基准面上新建草图。按照图 7-37 创建出多段直线和一段圆弧，同时标注尺寸。

步骤2 旋转凸台 按照图 7-38 添加一个旋转特征。在旋转中草图的圆弧形成了一个球面。

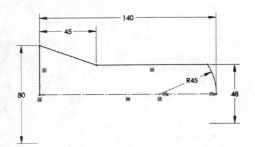

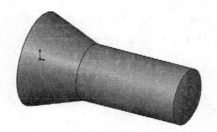

图 7-37 创建草图轮廓 　　　　　　　　图 7-38 旋转凸台

步骤3 抽壳 将旋转体向内抽壳 16mm，删除图 7-39 所示的两个面。

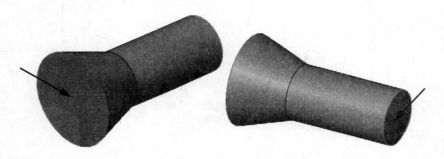

图 7-39 抽壳

步骤4 创建剖面视图 如图 7-40 所示创建一个剖面视图来显示模型内部构造，剖面方法应为【分区】并选择上视基准面和前视基准面。

步骤5 切除特征 在前视基准面上通过转换实体引用和绘制直线来创建一个不封闭的草图，这里使用了一个直径尺寸来标注并不会被用于旋转的草图。通过【完全贯穿-两者】方法创建拉伸切除特征，切除后的效果如图 7-41 所示。

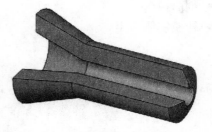

图 7-40 创建剖面视图

步骤6 镜像切除特征 在上视基准面中镜像上一步中完成的切除特征，如图 7-42 所示。

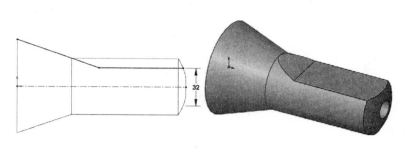

图 7-41　切除特征

步骤 7　切除特征　首先创建如图 7-43a 所示的草图，然后使用【完全贯穿】方法创建拉伸切除特征。回到【剖面视图】可以显示零件的内部构造，如图 7-43b 所示。

步骤 8　保存并关闭文档

图 7-42　镜像切除特征

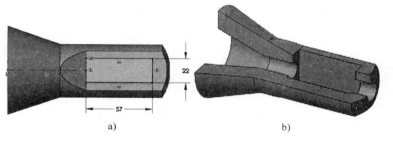

a)　　　　　　　　　　　　　　　　b)

图 7-43　切除特征

练习 7-3　压缩盘

本练习的主要任务是使用提供的尺寸创建如图 7-44 所示的零件。灵活地使用几何关系实现设计意图。

本练习应用以下技术：

- 抽壳。
- 筋工具。
- 转换实体引用。

（1）设计意图

这个零件的设计意图如下：

1）零件是对称的。

2）筋尺寸相同。

3）所有倒角和圆角半径均为 1mm。

（2）尺寸视图

根据图 7-45 所示的尺寸，结合设计意图创建零件。

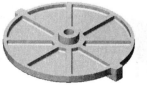

图 7-44　压缩盘

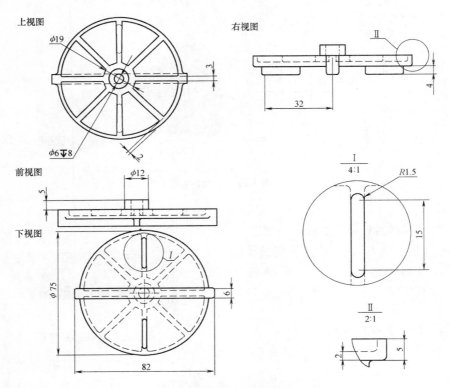

图 7-45　压缩盘的尺寸信息

练习 7-4　吹风机壳

本练习的主要任务是根据所给的步骤，创建如图 7-46 所示的零件。

本练习应用以下技术：

- 拔模分析及添加拔模特征。
- 抽壳。
- 筋工具。
- 完整圆角。

草绘（可选）

用户可以选择使用已有的草图文件，也可以自己创建草图。新草图中以 mm 为单位，外形尺寸如图 7-47 所示，草图平面选择右视基准面。

图 7-46　吹风机壳

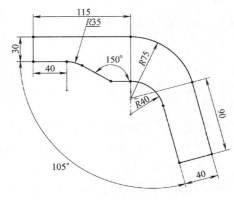

图 7-47　吹风机的外形尺寸

操作步骤

在 Exercise 文件夹中打开已有的零件。

步骤1 打开零件"Blow Dryer"

步骤2 拉伸基体 如图 7-48 所示，拉伸 25mm 形成零件的第一个特征。

步骤3 拔模 使用上视基准面作为中性面，给外表添加 2°的拔模角度。图 7-49 显示的是从出风口方向观察到的部分前视图。

技巧 🔑 出风口所在的面不需要拔模。

步骤4 创建圆角 如图 7-50 所示，依次创建 R16mm 和 R11mm 的圆角特征。

步骤5 检查拔模 使用【拔模分析】，分析参数选择右视基准面，检查角度为 2°。

步骤6 完成零件 根据图 7-51 所示的尺寸信息完成此零件。

* 壁厚是相等的。
* 通风孔与筋的尺寸是相等的。
* 所有凸台均需要 2°的拔模斜度。
* 除筋部采用完整圆角外其余圆角均为 1mm。

图 7-48 拉伸

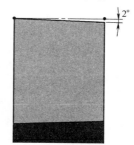

图 7-49 部分前视图

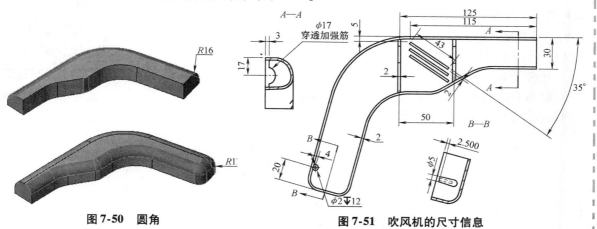

图 7-50 圆角

图 7-51 吹风机的尺寸信息

步骤7 保存并关闭文件

183

练习 7-5 刀片

本练习的主要任务是根据提供的信息和尺寸创建如图 7-52 所示的零件。本练习应用以下技术：

* 完整圆角。
* 薄壁特征。

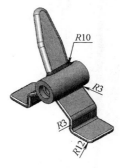

图 7-52 刀片

操作步骤

创建一个新零件，按照图 7-53 所示尺寸创建模型。

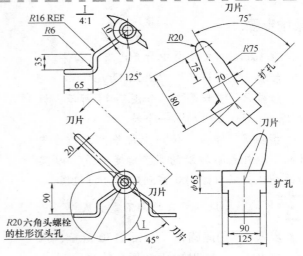

图 7-53　详细建模信息

练习 7-6　角件

使用提供的尺寸建立这个零件，灵活地使用几何关系实现设计意图，如图 7-54 所示。

本练习应用以下技术：

- 转换实体引用。
- 薄壁特征。

这个零件的设计意图如下：

1）零件是对称的。

2）除非有特别说明，所有内外圆角都是 2mm。

利用图 7-55 所示，结合设计意图建立零件。

图 7-54　角件模型

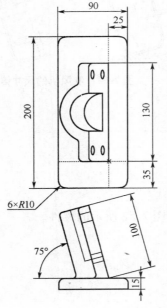

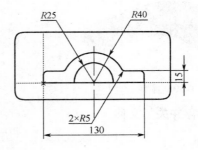

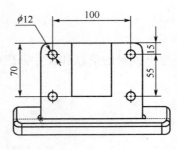

图 7-55　角件工程图

练习 7-7　回转臂

使用提供的尺寸建立这个零件，灵活地使用几何关系实现设计意图，如图 7-56 所示。

本练习应用以下技术：

- 转换实体特征。
- 完整圆角。
- 薄壁特征。

这个零件的设计意图如下：

1）零件是对称的。

2）所有内外圆角半径都为 2mm。

利用图 7-57 所示，结合设计意图建立零件。

图 7-56　回转臂

185

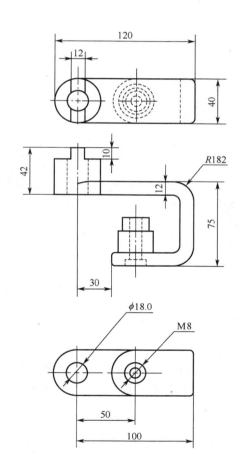

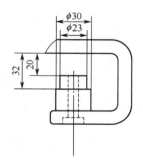

图 7-57　回转臂工程图

第8章 编辑：修复

学习目标

- 诊断零件中的各种问题
- 修复草图几何问题
- 使用退回控制棒
- 修复悬空的关系和尺寸
- 使用 FeatureXpert 修复圆角问题

8.1 零件编辑

在 SOLIDWORKS 中，用户可以在任何时间编辑任何内容。为了强调这一点，本章将对编辑零件的主要工具进行介绍和回顾。在本章中每一个主题都是单独的一节。

修改零件的一些关键流程如下：

1. 添加和删除几何关系 有时由于设计的改变，必须要删除或修改草图中的几何关系。

2. 什么错? 建模过程中出现错误，可以用【什么错】来查明错误的原因。

3. 编辑草图 【编辑草图】可以修改任何草图的几何元素和关系。

4. 检查草图合法性 【检查草图合法性】可以查找草图中的问题，检验草图用于特征的合法性。用户必须先编辑草图，再检查草图合法性。

5. 编辑特征 通过【编辑特征】改变特征的创建方式。编辑特征与创建特征所用的对话框相同。

8.2 编辑的内容

对零件(见图 8-1)进行编辑的内容非常广泛。从修补损坏的草图到在 FeatureManager 设计树中重新排序都属于编辑的内容。这些内容可以归纳为三类：查看模型信息、修复模型错误和零件设计修改。

8.2.1 查看模型的信息

对模型进行非破坏性的检测可以得到很多重要的信息，例如模型是如何创建的、如何添加几何关系、对模型可以进行什么样的改变等。本章将集中讨论使用编辑工具和回退来查看模型信息。

8.2.2 查找并修复问题

图 8-1 零件编辑

在建模中，找到并修复问题是一项关键的技术。对零件的很多修改，如【编辑特征】、【编辑草图】和【重新排列】等，可能会使特征出现错误。这部分将讨论如何找到错误并采取相应的解决办法。

零件中存在的问题出现在零件的草图或特征中。尽管错误的种类很多，但有些错误会出现得更频繁。例如，悬空尺寸和几何关系是很常见的，这是由于它们在草图中是附加几何关系。

打开一个有错误的零件可能会看到混乱的局面，接近建模开始处的错误经常会使很多后续的特征失败，修复了最初的错误，其他的错误可能会解决。在审校和更改之前，应该对有错误的模型进行一些修复工作。

8.2.3　设置

在【工具】/【选项】对话框中的两处设置将会影响错误的处理方式。【每次重建模型时显示错误】确保每次重建后都会显示出错对话框；使用【当发生重建模型错误时】下拉列表将会显示当带有错误的零件被打开时可以采取的措施。用户可选择出错时提示、出错时停止或继续。

当模型局部有改动时，可以针对变动的尺寸使用重建模型，但是【强制重新生成】将会对模型的所有特征进行一次重建。可以使用快捷键【Ctrl + Q】来进行强制重新生成。

操作步骤

步骤1　错误设置　单击【工具】/【选项】/【系统选项】/【信息/错误/警告】，勾选【每次重建模型时显示错误】选项并在【显示 FeatureManager 树警告】下拉列表中选择【始终】。单击【确定】。

步骤2　打开零件"Editing CS"　此零件有很多错误。

步骤3　特征失败　打开零件后，系统显示一个【什么错】的消息框。每个错误按照特征名称列于对话框中。此时模型不可见，错误将导致许多特征失败。

187

8.2.4　【什么错】对话框

【什么错】对话框列出零件中的所有错误。这些错误分为【错误】和【警告】两类，【错误】导致特征创建失败，而【警告】不会。其他的几列给出一些诊断信息，包括一些情况的预览，如图 8-2 所示。

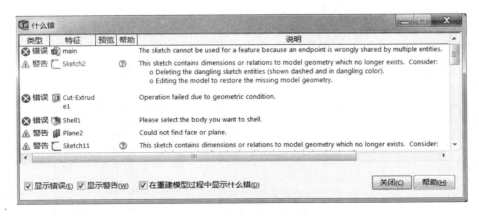

扫码看 3D

图 8-2　【什么错】对话框

提示　单击问号⑦打开在线帮助查看有关错误类型。

技巧　对话框中的信息可以根据列排序。单击【类型】标题栏，信息将按照【错误】和【警告】类型排序，如图 8-3 所示。

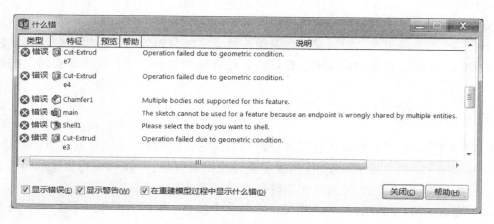

图 8-3　按类型排序

> **提示**　此错误对话框的显示由菜单中【工具】/【选项】/【系统选项】/【信息/错误/警告】/【每次重建时显示错误】选项控制。只有选择该选项，这个对话框才会出现。还可以用其他方法控制：
> - 通过【工具】/【选项】对话框。
> - 通过这个消息框本身：【在重建时显示什么错】。
> - 通过这个消息框本身：【显示错误】/【显示警告】。

步骤 4　查看 FeatureManager 设计树　在 FeatureManager 设计树中列出了许多标记的错误，如图 8-4 所示。记号位于特征的右边，各自有特殊的意义：
- **顶层错误**　【顶层错误】图标🔽表示在设计树下有错误。在装配和工程图当中查看零件的错误是非常有用的。
- **错误**　【错误】记号❌表示此特征有问题，无法建立几何体。特征的名称用红色表示。
- **警告**　【警告】记号⚠表示此特征有问题，但可以建立几何体。悬空的几何体和几何关系通常会出现这种情况。特征的名称用黄色表示。
- **正常特征**　【正常特征】没有警告记号也没有错误记号。特征的名称用黑色表示。

1. 搜索特征树　可以使用 FeatureManager 搜索栏🔽   搜索需要的特征内容。例如输入"sk""fil""pa"的搜索结果，如图 8-5 所示。单击"×"清除搜索内容。

2. 平坦树视图　在零件文档中，可以将 FeatureManager 设计树设置为按创建的顺序显示特征，而不是按层次显示。使用【平坦树视图】，曲线、2D 草图和 3D 草图不会被吸收到引用它们的特征中，而是按创建的先后顺序显示。在 FeatureManager 设计树中使用平坦树视图显示方式，可以方便地查看出错零件的特征和相关的草图。

> **知识卡片**
>
> **平坦树视图**
> - 在 FeatureManager 设计树顶部单击右键，选择【树显示】/【显示平坦树视图】。
> - 快捷键：【Ctrl + T】。

步骤 5　显示平坦树视图　使用快捷键【Ctrl + T】显示平坦树视图。草图 Sketch1 位于特征 main 上面，表明草图被特征引用。所有的草图和特征都按照创建的先后顺序排列显示，如图 8-6 所示。

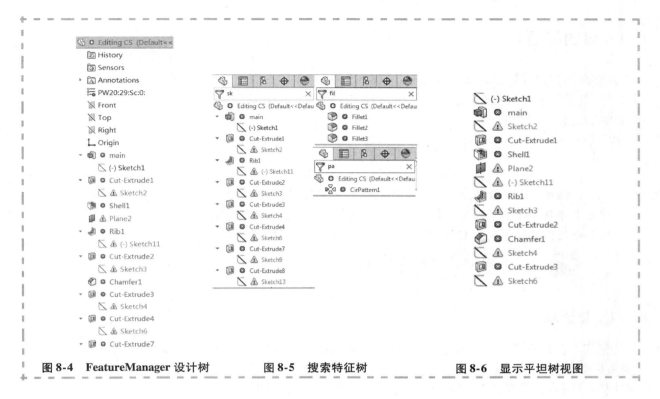

图 8-4　FeatureManager 设计树　　　图 8-5　搜索特征树　　　图 8-6　显示平坦树视图

8.2.5　从哪里开始

特征以设计树中从上到下的顺序重建。修改错误的最好方法是从第一个有错误的特征开始修改，本例的第一个错误特征是 main 特征。一个基本特征的错误会导致一系列子特征的错误。用户可能会发现许多错误都是与草图相关的，"SketchXpert"是解决草图过定义的一个好方法。

步骤6　显示什么错　【什么错】选项可以用来单独显示所选特征的错误信息。右键单击 main 特征，选择【什么错】。错误信息指出由于其中一个端点被多个实体错误地共享，这个特征不能使用该草图，如图 8-7 所示。

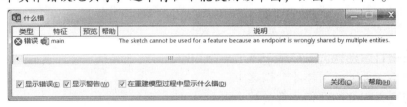

图 8-7　main 特征的"什么错"

图 8-8　在 FeatureManager 上显示"什么错"

技巧　将光标移到 FeatureManager 设计树中出错的特征上，将会出现错误提示信息。其中会显示与"什么错"对话框中相同的错误描述信息，如图 8-8 所示。

步骤7　编辑草图　【什么错】的信息指出了草图 Sketch1 的问题。关闭对话框并编辑该特征的草图。

189

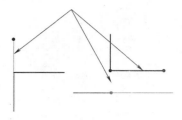

8.3 草图问题

虽然草图包含几何、关系或者尺寸，但它们不能被重建是有原因的。可能是因为多余的直线连接在已有的端点上，或者共享了一些没用的几何，如图 8-9 所示。

图 8-9　显示检查结果

提示　　在连续的轮廓中存在个别的缝隙是可以接受的。

　　步骤 8　整屏显示全图　有些离得很远的不经意间绘制的几何也会导致草图问题。单击【整屏显示全图】，草图中所有的几何都会被显示。如图 8-10 所示，发现一小片没关联的几何。

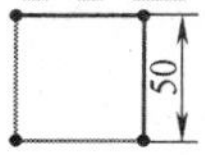

图 8-10　整屏显示全图

提示　　旧版本软件中的闭合草图轮廓并不会有阴影。

8.3.1　框选取

　　【框选取】使用户可以使用拖拽框选中多个草图元素。草图元素是否被选中由拖拽的方向决定。尺寸也可以被选中。

　　【从左往右】：只有在框选线内部的完整几何被选中，如图 8-11 所示。

　　【从右往左】：在框选线内部或相交的几何都被选中。

技巧　　在框选的时候配合 Shift 键可以将选中的对象添加到选择集中。使用 Ctrl 键框选可以将原先未选中的对象添加到选择集中，而原先已选中的对象将转换为未选中。

　　步骤 9　框选多余的线　使用从左向右的框选方式选中多余的线并删除它们。放大剩下的几何图形。

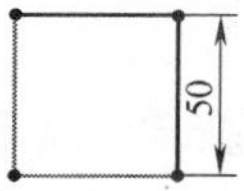

图 8-11　框选多余的线

8.3.2　套索选取

　　【套索选取】：使用户可以使用自由拖拽的窗口选中多个草图实体。

　　【顺时针】：只有完全位于套索内部的几何体才会被选中。

　　【逆时针】：在套索内部或与套索相交的几何体都会被选中。

8.3.3　检查草图合法性

　　用户可以使用【检查草图合法性】来检查草图是否可以用于某种特征。由于不同的特征需要不同的草图(例如，旋转特征需要一条用于旋转的轴)，因此用户选择的特征类型决定了系统对草图的检查结果。任何妨碍特征创建的草图元素都会被高亮显示。此命令也可用于检查丢失的或不恰当的草图元素。

知识卡片	检查草图合法性	• 从下拉菜单中选择【工具】/【草图绘制工具】/【检查草图合法性】，检查当前打开的草图。

提示　　如果检查草图合法性时检查出草图有问题，那就从自动修复草图开始。

190

步骤 10　检查草图合法性　【检查有关特征草图合法性】命令，将检查草图中的错误元素，并与此【轮廓类型】的要求进行比较。在本例中，【特征用法】设置为【基体拉伸】，【轮廓类型】由特征类型决定，如图 8-12 所示。单击【检查】，并在消息框单击【确定】，得到【修复草图】的对话框。

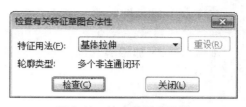

图 8-12　检查草图合法性

8.3.4　修复草图

知识卡片	修复草图	【修复草图】工具用于在草图中发现错误并允许用户修复这些错误，修复草图会罗列并描述这些错误，还可以使用放大镜显示错误的具体所在。
	操作方法	• 在 CommandManager 中选择【草图】/【修复草图】。 • 单击【工具】/【草图工具】/【修复草图】。

知识卡片	放大镜	【放大镜】工具用于在零件或者装配体中发现和选择较小的边或面。放大镜通常在其他工具激活时配合使用。下面是相关的操作功能： • 鼠标中键按钮/滚轮缩放放大镜内部几何。 • Alt + 中键按钮/滚轮显示模型截面。 • Ctrl + 中键按钮/滚轮移动放大镜和指示器。
	操作方法	• 单击快捷键 g 打开放大镜。

191

步骤 11　修复草图　【修复草图】自动启动。设定【缝隙】为 0.010mm，单击【刷新】。这时显示有三个错误，放大镜里显示第一个问题，如图 8-13 所示。

步骤 12　查看错误　单击【下一个】，由于两个问题基本上在同一个区域，所以放大镜也出现在同一个地方。滑动滚轮缩放有问题的区域，问题描述如下："实体很小。是故意的吗？"

这时应单击较短的直线将其删除，然后单击【刷新】，如图 8-14 所示。

步骤 13　查看两点缝隙　下一个问题是两点缝隙。放大镜显示，两端点之间有一小块缝隙。选择这两个端点，添加【合并】几何关系，如图 8-15 所示。

图 8-13　修复草图

图 8-14　查看错误

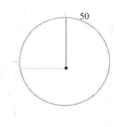

图 8-15　查看两点缝隙

步骤14　最后的问题　单击【刷新】，显示最后的问题，关闭对话框。选中线并删除。单击刷新确认结束，关闭修复草图对话框，如图 8-16 所示。

步骤15　添加相等几何关系　如图 8-17 所示添加两条直线【相等】几何关系，完成草图。

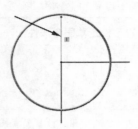

图 8-16　最后的问题

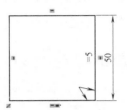

图 8-17　添加相等几何关系

8.3.5　使用停止并修复

系统提供选项提示，用户可以选择重建整个模型或者是停止在下一个错误特征并重建该特征。下面是信息提示的两种选择：

- 继续（忽略错误）：重建模型并允许用户选择下一步编辑。
- 停止并修复：停止在下一个错误特征，退回控制棒会放置在该特征后面。等用户都修复错误后，SOLIDWORKS 会再一次停止在下一个错误特征，并提示用户操作。

步骤16　退出草图

步骤17　停止并修复　在消息框中单击【停止并修复】。

步骤18　下一个错误　列表框中列出的第一个错误存在于 Cut-Extrude1 特征的 Sketch2 草图中。信息表明它的错误是悬空的草图实体。当尺寸或几何关系的参考不存在时，就会出现类似的错误信息。

 提示

> 悬空尺寸和几何关系可以在视图里隐藏。【隐藏悬空尺寸和注解】选项在菜单【工具】/【选项】/【文档属性】/【出详图】分支中，如图 8-18 所示。

图 8-18　"隐藏悬空尺寸和注解"选项

1. 重新定义共线关系　悬空的共线几何关系可以通过重新连接到模型上相应的边而得到快速修复。

步骤19　编辑草图　单击 Cut-Extrude1 特征，从快捷菜单的什么错中选择【编辑草图】，如图 8-19 所示。。

步骤20　悬空的几何关系　草图中的一条直线显示为悬空颜色。选择该直线，显示它的拖动柄。这个拖动柄可以用来拖放进行修复。当选择该直线时，其几何关系会在 PropertyManager 中显示，悬空的几何关系颜色和草图中的颜色相同，如图 8-20 所示。

步骤21　重新定义几何关系　拖动红色的手柄，将其放置在基体特征最上方的水平边线上。系统将共线几何关系从丢失的实体（删除的平面）替换成被拖动到模型边线上的直线的几何关系。此时草图不再悬空，如图 8-21 所示。

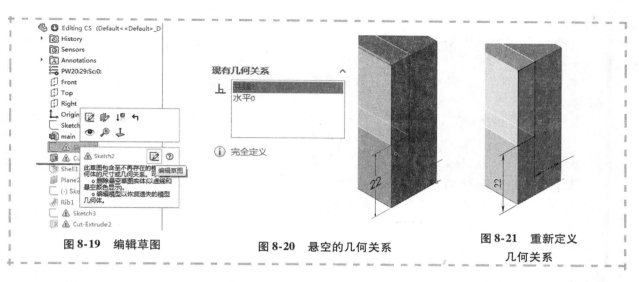

图 8-19　编辑草图　　　　图 8-20　悬空的几何关系　　　　图 8-21　重新定义几何关系

2. 使用显示/删除几何关系修改几何关系　有些几何关系，只能用【显示/删除几何关系】命令进行修改。这个命令可以对草图中的所有几何关系进行分类显示。

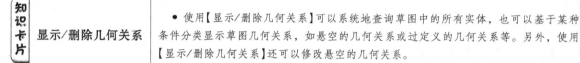

显示/删除几何关系	• 使用【显示/删除几何关系】可以系统地查询草图中的所有实体，也可以基于某种条件分类显示草图几何关系，如悬空的几何关系或过定义的几何关系等。另外，使用【显示/删除几何关系】还可以修改悬空的几何关系。

193

步骤22　**撤销操作**　单击【撤销】，取消修改悬空的几何关系的前一步操作。

步骤23　**显示/删除几何关系**　单击鼠标右键，从快捷菜单中选择【显示/删除几何关系】，从【过滤器】下拉列表框中选择【悬空】，该对话框只显示悬空的几何关系。选择【共线】几何关系，如图 8-22 所示。

步骤24　**查看几何关系中的实体**　在 PropertyManager 中展开实体选项组，其中显示了选择的几何关系利用的实体。其中一个实体处于【完全定义】状态，而另一个处于【悬空】状态，如图 8-23 所示。

图 8-22　显示/删除几何关系

图 8-23　查看几何关系中的实体

步骤25 **替换错误实体** 选择标为【悬空】的实体，并选择基体特征最上方的水平边线（参考步骤23）。单击【替换】，再单击【确定】关闭草图。

步骤26 **退出草图**

步骤27 **向前推进** 拖动退回棒到特征 Cut-Extrude2 和 Chamfer1 之间的位置。

步骤 28 **查看消息** 将鼠标停在 Sketch3 上，【什么错】显示草图平面缺失，可以使用【编辑草图基准面】修复，如图 8-24 所示。

图 8-24 定位 Cut-Extrude2 特征

8.3.6 修复草图基准面问题

当一个被作为草图平面的基准面或者是特征的平面被移除时，会出现另外一个常见的错误。在本例中，草图已经有一个错误并且需要指定一个新的草图基准面。

知识卡片	编辑草图平面	用户可以使用【编辑草图平面】命令把用于绘制草图的平面换成其他平面，新的草图平面不必与原始平面平行。
	操作方法	• 右键单击草图，选择【编辑草图平面】🔲命令。 • 在【编辑】菜单中选择【草图平面】命令。

步骤29 **编辑草图平面** 单击 Sketch3，选择【编辑草图平面】🔲。PropertyManager 列出了草图基准面＊＊遗失＊＊基准面〈1〉（图 8-25），同时在图形区域显示遗失基准面的虚线，如图 8-26 所示。

步骤30 **选择替换平面** 选择零件的前侧平面作为替换面，如图 8-27 所示。单击【确定】，特征被修复。

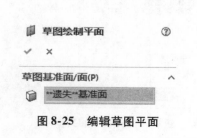

图 8-25 编辑草图平面

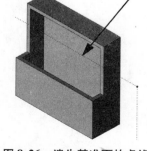

图 8-26 遗失基准面的虚线

图 8-27 选择替换平面

步骤 31　向前推进　【向前推进】到 Cut-Extrude4 特征之后，这将带来下一个错误信息。将鼠标停留在特征上，查看错误信息。

1. 重新连接尺寸　悬空尺寸可通过重新连接至模型而被快速地修复，尺寸数值将反映新距离。

技巧　　不管尺寸是否悬空都可以使用重新连接来修复。

步骤 32　编辑草图　编辑 Cut-Extrude4 特征的草图。注意到尺寸 9mm 的颜色与显示悬空几何关系时标记的颜色相同，这个尺寸曾经依附的几何体已不存在了，因此被认为是一个悬空的尺寸，如图 8-28 所示。

单击尺寸 9mm 显示其拖动柄。标记为红色的一端即为悬空端，这一点与显示悬空几何关系时标记的颜色相同。

步骤 33　拖放　拖动拖动柄并在边线光标出现时将其放置在零件底部的边上。这时尺寸和几何体将变回正常的颜色，尺寸的值将随之更新以反映几何体的尺寸，如图 8-29 所示。如果想更改这个尺寸，双击编辑即可。

提示　　如果放置的位置不适当，光标会变为 ⃠ 符号。

步骤 34　退出草图重建模型

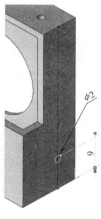
图 8-28　悬空的尺寸

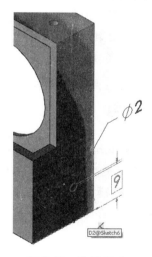
图 8-29　拖放尺寸

2. 重新连接同圆心和等半径几何关系　悬空的同圆心和等半径几何关系可通过将其重新连接到模型中一个类似的圆弧边线而快速地得到修复。

步骤 35　向前推进　将特征推进至 Cut-Extrude8 之后。

步骤 36　编辑草图　编辑特征 Cut-Extrude8 的草图。单击最右侧悬空的圆弧(同心)以显示出拖动柄。拖放这个拖动柄到后面的圆弧边线上。对最左侧悬空的圆弧(等半径)也重复同样的过程。然后退出草图，结果如图 8-30 所示。

步骤 37　退出草图

步骤 38　退回到尾　在 FeatureManager 上单击鼠标右键，选择【退回到尾】使退回控制棒移到 FeatureManager 设计树的最后。

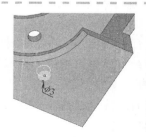
图 8-30　编辑草图

195

3. 高亮显示有问题的区域   有些错误信息含有预览符号 👁。如果单击这一标志，系统将会高亮显示有问题的区域。如果直接在特征上使用【什么错】，也将自动显示有问题的区域。

步骤39   高亮显示有问题的信息   单击预览符号 👁 将显示发生问题的区域，如图 8-31 所示。发生错误的区域将以一种网状图案的形式高亮显示，如图 8-32 所示。在这一区域内有一个圆角特征失败。

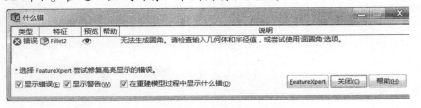

图 8-31   高亮显示有问题的信息

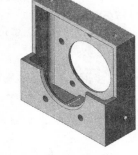

图 8-32   图形错误

8.3.7   FeatureXpert

FeatureXpert 功能只在圆角和拔模失败的特殊情况下才可使用。在这个例子中，Fillet2 特征失败了，如图 8-33 所示。FeatureXpert 将会利用所有相邻的圆角去创建一个解决方案。这种自动生成的解决方案也许会将某一组已有的圆角集合再次拆分成不同的圆角特征，并重新排列顺序。FeatureXpert 是基于 SOLIDWORKS SWIFT 技术的一项功能。

图 8-33   Fillet2 特征失败

 提示   用户必须先选择【启用 FeatureXpert】，该选项可以在【工具】/【选项】/【系统选项】/【普通】里设置。

步骤40   FeatureXpert   单击"什么错"对话框上的【FeatureXpert】，注意到原来的圆角已被拆分为三个新的圆角特征。

步骤41   重建模型   现在重建模型将不会出现任何错误和警告，如图 8-34 所示。保存并关闭模型。

图 8-34   重建模型

8.4   冻结特征

用户可以使用【冻结栏】来冻结特征。所有冻结栏上方的特征将会被冻结，不能重建且不能编辑。这些特征将会添加一个锁定特征 🔒 的图标，如图 8-35 所示。当用户想要延后重建或防止某些特征发生改变时，冻结栏是非常有用的工具。冻结特征将无法编辑，如果用户尝试更改一个冻结特征的尺寸时，将得到下面的消息：由于与尺寸关联的特征已冻结，修改尺寸已被禁用。按照下列步骤启用冻结栏。

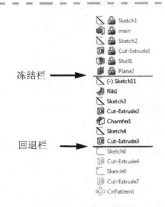

图 8-35   冻结特征

操作步骤

步骤 1 启用冻结栏 单击【工具】/【选项】/【系统选项】/【普通】/【启用冻结栏】。

步骤 2 打开零件

步骤 3 设置冻结栏 通过在 Feature Manager 设计树上拖动来设置冻结栏。

新特征插入到冻结栏之后可以被编辑，如图 8-36 所示。冻结栏之上的特征仍然保持不可编辑或重建状态，在冻结栏之后创建的特征是可以编辑的。按照下列步骤关闭冻结栏。

步骤 4 关闭冻结栏 将【冻结栏】拖至设计树顶部（零件名称下方）。取消【工具】/【选项】/【系统选项】/【普通】/【启用冻结栏】的勾选状态。

步骤 5 保存并关闭模型

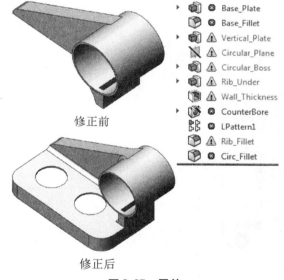

图 8-36 可编辑特征区域

练习 8-1 错误 1

本练习的主要任务是利用给定的信息和尺寸编辑零件，修正错误和警告，并完成这个零件，如图 8-37 所示。

本练习应用以下技术：

- 使用【什么错】对话框。
- 检查草图合法性。
- 重新创建共线几何关系。
- 重新定义尺寸。
- 高亮显示出错区域。

197

操作步骤

打开已有零件"Error1"并进行编辑，以去除错误和警告。利用如图 8-38 所示的工程图作为向导。

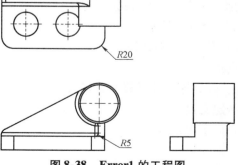

图 8-38 Error1 的工程图

练习 8-2　错误 2

本练习的主要任务是利用给定的信息和尺寸编辑零件，修正错误和警告，并完成这个零件，如图 8-39 所示。

本练习应用以下技术：

- 使用【什么错】对话框。
- 发现并修复问题。
- 检查草图合法性。

> Base-Extrude-Thin
> Boss-Extrude2
> Rib2
> Cut-Extrude1
> Fillet1
> Fillet2
> Fillet3
> CBORE for 3/8 Binding
> Mirror1
> Extrude1
> Fillet4
> CBORE for 3/8 Binding

图 8-39　Error2

操作步骤

　　打开已有零件"Error2"并进行编辑，以去除错误和警告。利用如图 8-40 所示的工程图作为向导。

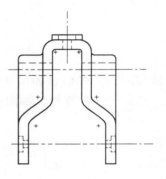

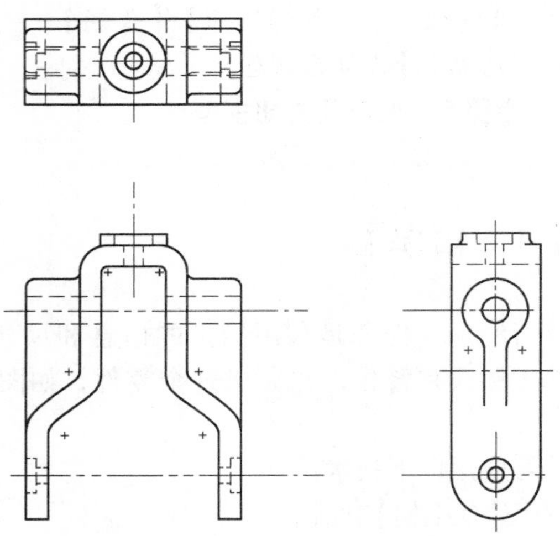

图 8-40　Error2 的工程图

 提示　在 Mirror1 特征中使用【合并实体】选项，完成的零件必须是一个单一实体。

练习 8-3　错误 3

本练习的主要任务是利用给定的信息和尺寸编辑零件，修正错误和警告，并完成这个零件，如图 8-41 所示。

本练习应用以下技术：

- 使用【什么错】对话框。
- 检查草图合法性。
- 使用显示/删除关系修复几何关系。
- 重新定义尺寸。
- 高亮显示出错区域。

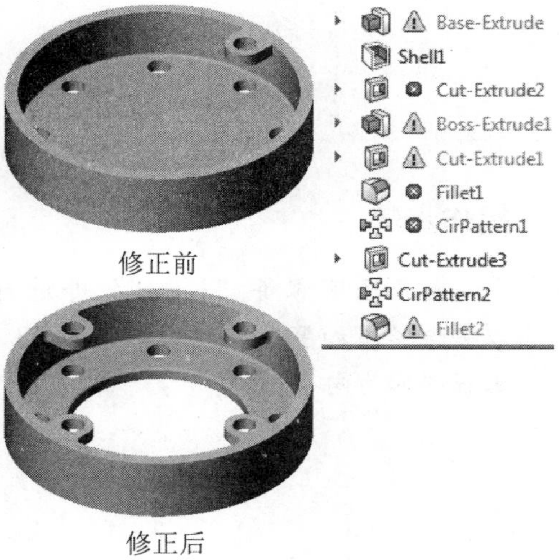

> Base-Extrude
> Shell1
> Cut-Extrude2
> Boss-Extrude1
> Cut-Extrude1
> Fillet1
> CirPattern1
> Cut-Extrude3
> CirPattern2
> Fillet2

修正前

修正后

图 8-41　Error3

198

操作步骤

打开已有零件"Error3"并进行编辑，以去除错误和警告。利用如图 8-42 所示的工程图作为向导。

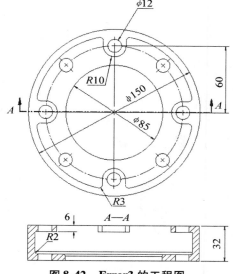

图 8-42　Error3 的工程图

练习 8-4　添加拔模斜度

本练习的主要任务是利用步骤中提供的信息和尺寸对一个现有的零件进行修改，使用编辑技术保持设计意图，如图 8-43 所示。

本练习应用以下技术：

- 编辑草图平面。

图 8-43　添加拔模斜度零件

操作步骤

打开如图 8-44 所示的零件"Add Draft"，并对模型进行编辑修改，使之具有 5°的拔模斜度。

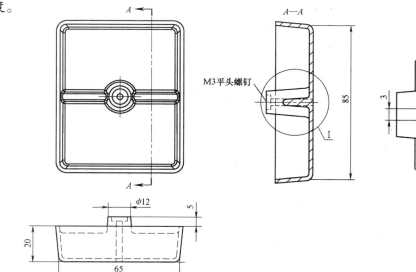

图 8-44　尺寸信息

第 9 章 编 辑：设 计 更 改

学习目标

- 理解建模技术如何影响零件修改使用
- 使用各种可用的工具编辑和修改零件
- 利用草图轮廓定义特征形状

9.1 零件编辑

在 SOLIDWORKS 中，用户可以在任何时间编辑任何内容，编辑功能非常强大。为了强调这一点，本章将使用主要的零件编辑工具设计更改如图 9-1 所示的零件。

下面列出了更改零件的一些关键流程。在本章中，每一个主题就是一节内容。

1. 模型信息 经常用到的编辑命令有：编辑草图、编辑特征、编辑草图平面、重新排列、退回以及改变尺寸值，这些命令这里都会一一介绍。

2. 编辑模型 使用以上介绍的编辑工具修改几何体和设计意图。

图 9-1 零件编辑

3. 草图轮廓 通过利用单个草图中的多个轮廓，用户能够使用一个草图来构建多个特征。

9.2 设计更改

对零件进行更改，有些会改变零件的结构，有些仅改变尺寸值。零件的设计更改可能如同改变尺寸值一样非常简单，但是也可能像移去外部参考一样非常困难。本节将通过一系列的零件更改来逐一讲解，重点讲解编辑特征，而不是删除和重新插入特征。编辑特征使得用户保留了对工程图、装配体或其他部件的参考，当用户删除特征时，参考也会随之丢失。

下面将利用类似于第 8 章的方式编辑一个零件。

如图 9-2 所示，需要对零件进行如下的更改：

- 圆形凸台要位于肋的中央。
- 肋的末端是半圆形的。

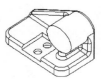
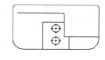
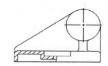

图 9-2 更改要求

- 圆形凸台要与右边线相切。
- 基座上要建立一个带孔的方槽。
- 两个孔半径相等。
- 只有基座需要抽壳。

操作步骤

步骤1　打开零件 Editing_Design_Changes　这个零件在建立时有几个错误，已经被修复了。该模型不支持设计意图和需求的变化。本章将回顾整个模型的建模过程后做出相应的修改。

9.3　模型信息

如图9-3所示，这个零件有一些因特征顺序不当引起的模型错误。当做设计更改的时候，这些错误就变得更加明显了。为了了解这个零件的构造，下面将一步步重复这个零件的建立过程，并介绍将要用到的一些工具。在重建每一个特征时了解零件的设计意图。

9.3.1　Part Reviewer

图9-3　模型信息

知识卡片	Part Reviewer	【Part Reviewer】命令可以用来浏览零件特征的创建过程和步骤。在控制面板上使用箭头控制浏览步骤和顺序，通过草图选项切特征和草图的显示模式，在浏览的同时可以添加注解信息便于沟通交流。
	操作方法	• 命令管理器【评估】/【Part Reviewer】。 • 单击【工具】/【SOLIDWORKS 应用程序】/【Part Reviewer】。

步骤2　打开 Part Reviewer　单击【评估】/【Part Reviewer】。在任务窗格上显示【Part Reviewer】选项卡，单击控制面板上的按钮，显示零件的创建过程，如图9-4所示。

步骤3　显示草图　在【Part Reviewer】面板上，单击【显示草图细节】。在单击浏览零件特征时显示特征所引用的草图。

步骤4　查看 Base_Plate 特征　单击【跳转到开始】按钮。如图9-5所示，Base_Plate 特征是从一个矩形通过拉伸特征建立的。

图9-4　Part Reviewer 选项卡

图9-5　Base_Plate 特征

201

步骤5　查看 Sketch1 草图　单击【前进】➡按钮。如图 9-6 所示，图形区域中显示了草图和预览。矩形草图固定在原点位置并有长度和宽度约束尺寸。

步骤6　查看 Base _ Fillet 特征　单击【前进】➡按钮，不必关闭之前的 Sketch1 草图前进到下一个特征。如图 9-7 所示，等半径的圆角建立在 Base_ Fillet 特征的前角上。

步骤7　查看 Vertical _ Plate 特征　单击【前进】➡按钮。这个特征的草图绘制于模型的后表面，然后向前方拉伸，如图 9-8 所示。

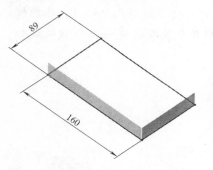

图 9-6　Sketch1 草图　　　　图 9-7　Base_ Fillet 特征　　　　图 9-8　Vertical_ Plate 特征

步骤8　预览注解信息　在 Vertical_ Plate 特征上有一个注解：请仔细检查这个特征的厚度。在 FeatureManager 设计树的注解文件夹中显示具体的注解信息内容。

> **技巧**　如果要添加 Part Reviewer 之外的注解，在 FeatureManager 设计树上，右键单击特征后，选择【评估】/【添加备注】。如果要查看评估标记，在 FeatureManager 设计树上右键单击顶部零件节点，选择【树显示】/【显示备注指示符】。

步骤9　删除注解　单击【编辑特征名称和注解】🖉按钮。然后按 Delete 键删除注解，或编辑相应的注解内容，如图 9-9 所示。

步骤10　编辑草图　单击【前进】➡按钮。Vertical_ Plate 特征的草图自动切换到编辑预览，查看草图几何体和连接点，如图 9-10 所示。

图 9-9　删除注解

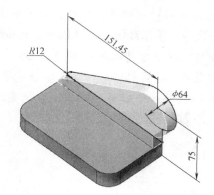

图 9-10　编辑草图

步骤11　显示/删除几何关系　单击【显示/删除几何关系】⅃，查看草图元素之间的几何关系。在 PropertyManager 中设置【过滤器】为【全部在此草图中】，在几何关系列表中单击每个几何关系并查看几何关系实体，如图 9-11 所示。这些关系解释草图元素之间以及草图元素与模型其他部分之间是如何连接在一起的。

202

步骤 12　参考 Circular _ Plane 基准面　单击【前进】➡️按钮。这个基准面是为下一个特征——一个圆形凸台创建的，它位于 Sketch2 草图之后，如图 9-12 所示。

图 9-11　显示/删除几何关系

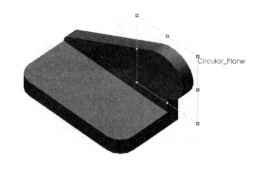

图 9-12　参考 Circular _ Plane 基准面

9.3.2　从属

从属是 FeatureManager 设计树中特征之间的关联关系。在编辑特征、删除特征或重排序特征时，依赖信息是非常重要的。

父特征——其他特征所依赖的已有特征。

子特征——依赖于已有特征的特征。

| 知识卡片 | 父/子关系 | 【父/子关系】可以用来显示特征间的依附从属关系。父特征是其他特征所依赖的特征，子特征则是依赖于其他特征的特征。 |
| | 操作方法 | ● 可以在一个特征上单击右键，然后选择【父/子关系】。 |

步骤 13　动态参考显示　将父级🔲和子级🔲动态参考显示切换为开，鼠标悬停在 Circular _ Plane 特征上。唯一的父特征是 Base _ Plate，如图 9-13 所示。

步骤 14　隐藏草图　单击【显示草图细节】🔲，在单击浏览零件特征时隐藏特征所引用的草图。

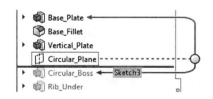

图 9-13　动态参考显示

步骤 15　查看 Circular_ Boss 特征　单击【前进】➡️按钮。该特征使用 Circular_ Plane 作为草图平面，然后从后部拉伸穿过零件，如图 9-14 所示。

203

步骤16　查看 Rib_ Under 特征　单击【前进】➡按钮。该特征的草图是一个矩形，向上拉伸到 Circular_ Boss 特征，如图 9-15 所示。

图 9-14　Circular_ Boss 特征

图 9-15　Rib_ Under 特征

步骤17　查看 Wall_Thickness 特征　单击【前进】➡按钮。零件通过抽壳剩下两个圆形表面和开放的底表面。截面移除的细节如图 9-16 所示。移动退回控制棒到 CounterBore 特征之后。

步骤18　创建沉头孔　单击【前进】➡按钮。使用【孔向导】来建立一个【沉头孔】，放置在顶平面上。因为薄壁的影响，这个孔看起来像一个普通的切除特征，如图 9-17 所示。移动退回控制棒到 LPattern1 特征之后。

步骤19　阵列 LPattern1 特征　单击【前进】➡按钮。LPattern1 特征是 CounterBore 特征的线性阵列，如图 9-18 所示。移动退回控制棒到 Rib_ Fillet 特征之后。

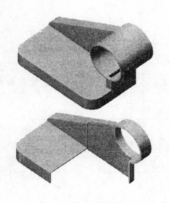

图 9-16　Wall_ Thickness 特征

图 9-17　创建沉头孔

图 9-18　LPattern1 特征

步骤20　查看 Rib_Fillet 特征　单击【前进】➡按钮。Rib_ Fillet 特征在连接 Circular_ Boss 特征和 Base_ Plate 特征的加强筋上建立了大圆角，如图 9-19 所示。右键单击选择【退回到尾】命令。

步骤21　查看 Circ_Fillet 特征　单击【跳到末尾】按钮。这个特征在 Vertical_ Plate 特征的两侧建立了小圆角，如图9-20所示。

图 9-19　Rib_Fillet 特征

图 9-20　Circ_Fillet 特征

9.4　重建工具

对模型进行重建可以实现对模型所做的修改，如果重建模型的时间很长，会大大降低零件建模的效率。用户可以通过本节介绍的一些工具减少重建模型的时间。

9.4.1　退回特征

使用【退回】特征的方法可以减少模型的重建时间。例如，对 Vertical_Plate 特征进行修改，可以退回到该特征之后的位置，如图 9-21 所示。

修改了零件的某个特征后，零件会被重建。根据退回控制棒的位置，只有退回控制棒之前的特征会被重新建模。零件中的其他特征，在退回控制棒移动或保存零件时才会重新建模。

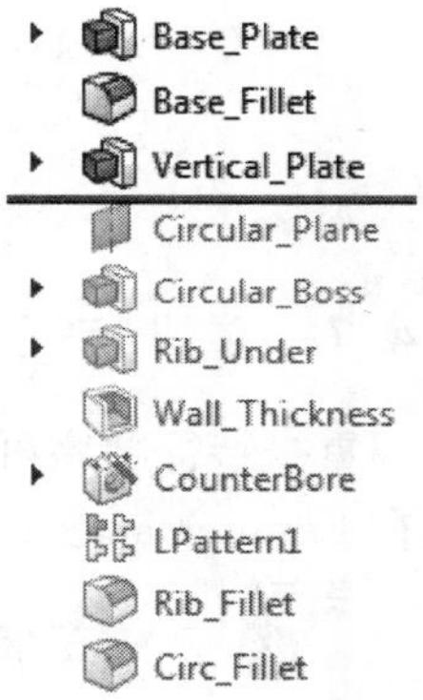

9.4.2　冻结栏

【冻结栏】可以用来冻结其上方的特征，冻结特征不能重建。

9.4.3　重建进度和中断

模型在重建时，在 SOLIDWORKS 窗口的状态栏中将会显示一个进度条。用户可以按 Esc 键来中断正在进行的重建。

9.4.4　特征压缩

【特征压缩】是减少模型重建时间的常用方法。压缩的特征不会被重建。可以使用配置来安排压缩特征的组合，如图 9-22 所示。

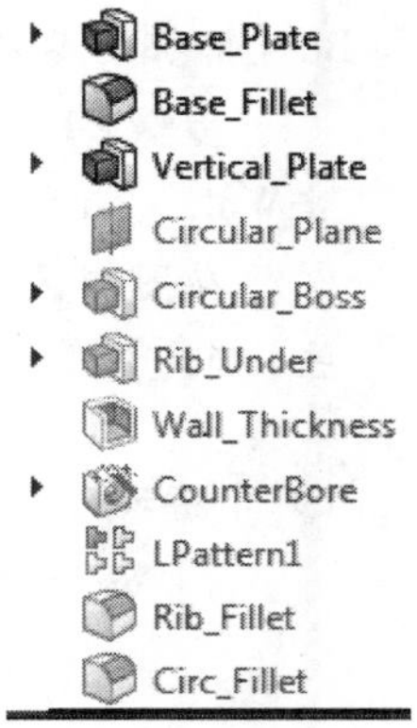

9.4.5　常用工具

总的来说，对于一个特征的修改主要可以使用如下四个工具：

- 编辑特征。
- 编辑草图。
- 编辑草图平面。
- 删除特征。

205

- Base_Plate
- Base_Fillet
- Vertical_Plate
- Circular_Plane
- Circular_Boss
- Rib_Under
- Wall_Thickness
- CounterBore
- LPattern1
- Rib_Fillet
- Circ_Fillet

图 9-21　退回特征

- Base_Plate
- Base_Fillet
- Vertical_Plate
- Circular_Plane
- Circular_Boss
- Rib_Under
- Wall_Thickness
- CounterBore
- LPattern1
- Rib_Fillet
- Circ_Fillet

图 9-22　特征压缩

9.4.6 删除特征

任何特征都可以从零件中删除，但必须考虑它是否被其他特征所引用，否则那些引用它的特征也将随着该特征的删除而删除。【确认删除】对话框列出了所有将随着这个特征一起被删除的依赖项目，大多数特征的草图将不会自动被删除。然而，用【异形孔向导】建立的孔特征，其草图将随着孔的删除而删除。同时，对于那些具有相互依赖关系的特征，删除父特征的同时子特征也将被删除。

步骤22 删除特征 选择并删除 CounterBore 特征，同时勾选【也删除所有子特征】复选框，如图 9-23 所示。这意味着 LPattern1 特征及其关联的草图将被一起删除，因为它们是 CounterBore 特征的子特征。单击【是】，确认删除。

图 9-23 删除特征

9.4.7 重排特征顺序

重排特征顺序可以改变特征在模型中的顺序。特征顺序的改变受特征间父子关系的限制。其方法是在 FeatureManager 设计树中拖拽特征到其他特征上，该特征放置在目标特征的后面。

> **提示** 不能把子特征排列到父特征前面。

步骤23 尝试重排特征顺序 试着把抽壳特征 Wall_Thickness 放在 Base_Fillet 特征之后，如图 9-24 所示。在拖动过程中，光标显示"不能移动" ⊘ 形状，提示用户不能在此位置放置。使用【父子关系】对话框，确定 Wall_Thickness 特征的依赖关系。

为了便于用户重排特征顺序，需要按序删除 Circular_Boss 特征的参考引用。

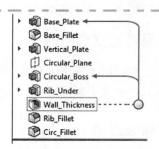

图 9-24 重排特征顺序

步骤24 编辑特征 在【父子关系】对话框中，右键单击 Wall_Thickness 特征，从弹出的快捷菜单中选择【编辑特征】命令，如图 9-25 所示。

在图形区域中，选择高亮显示的两个圆柱面，在【移除的面】列表中仅显示一个面。单击【确定】。

> **提示** 当再次选择被选中的对象时，将取消选择。删除选中对象还有另外一个方法：在列表中选择一个对象，然后按 Delete 键。但使用这种方法可能会造成一些混乱，因为用户可能不清楚面<1>究竟代表哪个面。

步骤25 查看父子关系的变化 编辑 Wall_Thickness 特征，在【父子关系】对话框中会引起变化。对话框中【父特征】部分现仅列出了一个 Base _ Plate 特征，如图 9-26 所示。特征现在可以进行重新排序了。

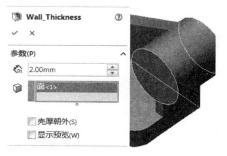

图 9-25　编辑特征

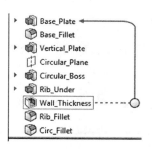

图 9-26　查看父子关系的变化

步骤 26　重排顺序　拖动 Wall _ Thickness 特征并放在 Base _ Fillet 特征上，以重排顺序。如图 9-27 所示，Wall _ Thickness 特征排在 Base _ Fillet 特征之后。

步骤 27　查看结果　现在抽壳操作仅作用于零件的第一个和第二个特征，如图 9-28 所示。

步骤 28　编辑草图　编辑 Vertical _ Plate 特征的草图。

步骤 29　添加新的几何关系　按住 Ctrl 键，同时选择最右边的竖直线和圆弧，单击右键，从快捷菜单中选择【使相切】命令。添加两个元素的相切几何关系，结果如图 9-29 所示。

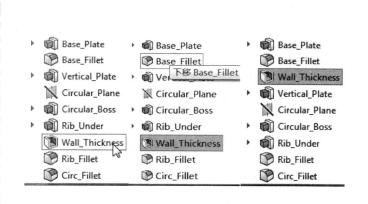

图 9-27　重排顺序

图 9-28　查看结果

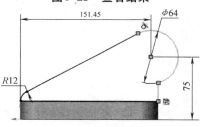

图 9-29　添加相切几何关系

当草图状态由完全定义变为过定义，将会出现一个用于修正草图的工具（参考草图状态），修正所有不合理的草图状态。

步骤 30　过定义　新添加的几何关系使草图出错。现在此草图处在过定义状态，如图 9-30 所示。

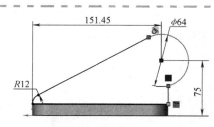

图 9-30　过定义

207

9.4.8 SketchXpert

【SketchXpert】选项用以自动修正草图的过定义、无法解决或残缺状态。此选项基于 SOLIDWORKS 的智能特征技术。

 提示 对于零件的一般性编辑、修改已在第 8 章中介绍。

 知识卡片 | 过定义 | • 状态栏中会显示【过定义】⚠ 过定义。

步骤31 弹出过定义消息 当草图过定义时，屏幕右下角弹出消息。单击【过定义】按钮，如图9-31 所示。

步骤32 诊断 单击【诊断】按钮，并单击 >> 按钮显示各种可能的解决方案。每种方案包含不同的几何关系与尺寸组合。被标记有红色斜线的尺寸和几何关系将被取消。它们将被列在【更多信息/选项】列表栏中，见表9-1。

图 9-31 过定义消息

表 9-1 可能的解决方案

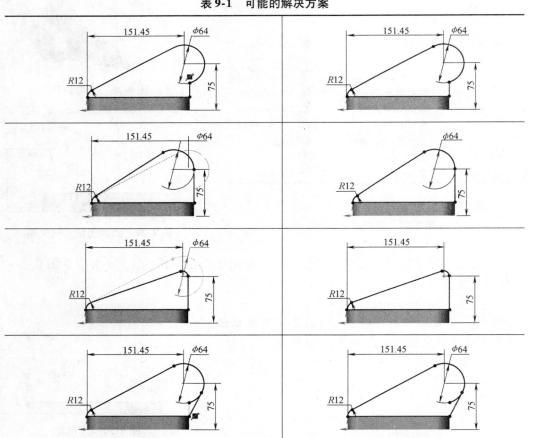

208

步骤33　选取方案　确认删除水平尺寸的方案，如图 9-32 所示。

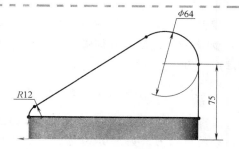

图 9-32　选取方案

【手工修复】选项可被用于修复过定义草图。用此选项可以选取并删除相互冲突的几何关系或尺寸如图 9-33 和图 9-34 所示。

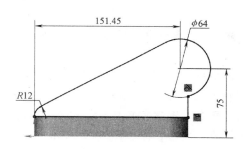

图 9-33　显示定义冲突

图 9-34　手工修复

209

步骤34　退出草图

步骤35　查看重建模型结果　如图 9-35 所示，Circular _ Boss 特征移动到它的圆柱面与 Base _ Plate 特征的外侧边相切的位置，圆角也移动到了新位置。

步骤36　编辑 Rib _ Under 特征草图　Rib _ Under 特征的草图仍然是与 Base _ Plate 特征的外侧边重合，如图 9-36 所示。

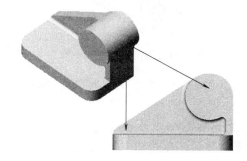

图 9-35　重建模型结果

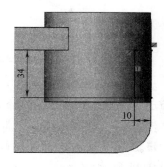

图 9-36　编辑 Rib _ Under 草图

步骤37　删除几何关系　删除和模型右侧竖直边线共线的关系，如图 9-37 所示。

步骤38　绘制新几何体　绘制一个矩形，靠近圆形凸台底部的中间位置。编辑草图，标注图 9-38 所示的尺寸和几何关系。

提示 ☝ 临时切换至等轴测视图，从凸台的圆形边线的最小圆弧条件中选择尺寸。

步骤39　显示临时轴　建立圆弧的圆心与临时轴间的重合几何关系，这将使筋位于圆形凸台的中心上。如图 9-39 所示。打开显示临时轴的选项，并显示圆弧中心和临时轴的关系。退出草图时【临时轴】会自动隐藏。

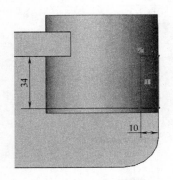

图 9-37　删除几何关系

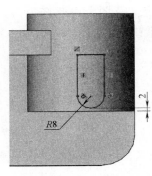

图 9-38　绘制新几何体

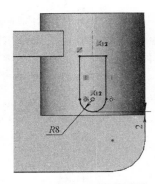

图 9-39　圆弧圆心与临时轴重合

步骤40　编辑草图平面　展开 Circular_Boss 特征，右键单击该特征的草图，从弹出的快捷菜单中选择【编辑草图平面】命令。这里不需要编辑草图内容，如图 9-40 所示。

步骤41　选择平面或基准面　当前的草图平面和草图几何体都高亮显示，现在可以选择一个新的草图平面。如图 9-41 所示，选择模型的后表面，单击【确定】。特征 Circular_Boss 已经被编辑过了。现在的草图将参考一个模型表面而不是基准面。

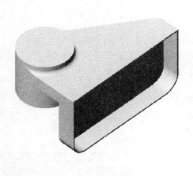

图 9-40　编辑草图平面

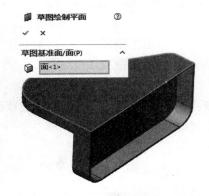

图 9-41　选择新的草图平面

步骤42　删除该基准面　查看 Circular_Plane 基准面的父子关系（图 9-42），现在该基准面已经没有子特征了。删除该基准面。

步骤43　编辑特征　编辑 Circ_Fillet 特征。添加如图 9-43 所示的边，并单击【应用】。

步骤44　查看结果　如零件上的 Circ_Fillet 特征所示，另外的相切边线将被倒圆角，如图 9-44 所示。

步骤45　保存并关闭文件

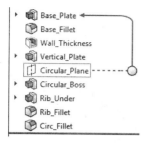

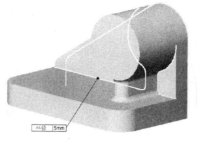

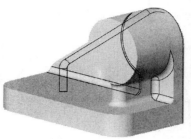

图 9-42   查看父子关系   图 9-43   编辑 Circ_Fillet 特征   图 9-44   结果

9.4.9   替换草图实体

【替换草图实体】用于将另一个现有草图替换一个实体，同时还保持与此几何体相关的下游关联。当草图实体被删除时也将激活替换草图实体的功能。【草图实体删除确认】对话框将为此目的提供【替换实体】选项，如图 9-45 所示。

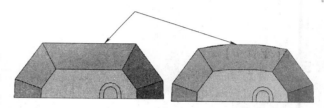

图 9-45   替换草图实体

知识卡片	替换草图实体	• 菜单：【工具】/【草图工具】/【替换实体】。 • 快捷菜单：右键单击草图几何体并选择【替换实体】。

操作步骤

步骤 1   打开零件 Replace Entity

步骤 2   添加圆弧   编辑 Sketch1，添加一个【3 点圆弧】，并标注尺寸，如图 9-46 所示。

扫码看 3D

步骤 3   删除直线   删除圆弧下方原有的直线并在弹出的【草图实体删除确认】对话框中单击【替换实体】按钮，如图 9-47 所示。

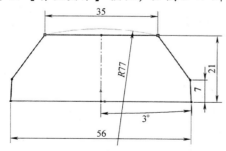

图 9-46   添加圆弧

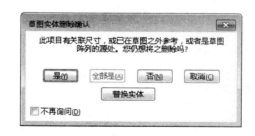

图 9-47   删除直线

步骤 4   替换实体   右键单击圆弧下面的直线并选择【替换实体】。选择【制作结构】并选择圆弧作为替换。单击【确定】，如图 9-48 所示。

步骤 5   重建模型   退出草图，对模型进行重建，不会出现任何错误，如图 9-49 所示。

步骤 6   保存并关闭模型

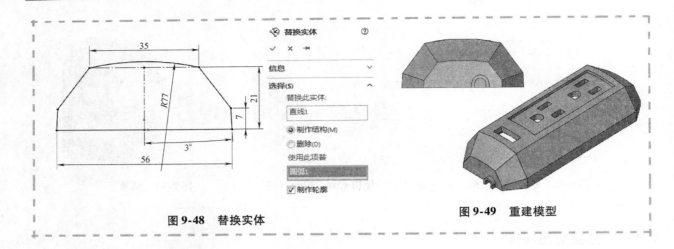

<table>
<tr><td>图 9-48　替换实体</td><td>图 9-49　重建模型</td></tr>
</table>

9.5　草图轮廓

【草图轮廓】允许用户选择由几何体交叉形成草图的一部分，并可以利用所选择的草图轮廓建立特征。通过草图轮廓，用户可以使用草图的一部分来创建特征。利用草图轮廓的另一个优点是草图可以被再次利用，用户可以分别利用草图的不同部分单独创建特征。在 SOLIDWORKS 中，可以使用【轮廓选择工具】和【结束选择轮廓】两个命令来选择轮廓和结束轮廓的选择。

9.5.1　可用的草图轮廓

在一幅草图中，往往包括多个可用的草图轮廓。通过草图几何体相交而形成的草图轮廓，可以单独使用，也可以和其他轮廓组合使用。就本例而言，表 9-2 列出了草图所形成的独立区域轮廓和轮廓的组合。

表 9-2　独立区域轮廓和轮廓的组合

独立区域			
独立草图轮廓			
组合草图轮廓			

操作步骤

步骤 1　打开零件 Partial_ Editing CS　打开现有的零件，除了一个附加的草图 Contour Selection，该零件与前面的零件是相同的。草图 Contour Selection 包含了封闭在矩形中的两个圆，如图 9-50 所示。

步骤 2　重新排序和退回　【重新排序】使 Contour Selection 草图位于 Base Fillet 特征和 Wall_ Thickness 特征之间，【退回】到 Contour Selection 草图和 Wall_ Thickness 特征之间的位置。

步骤 3　创建切除特征　单击【切除拉伸】，展开【所选轮廓】，单击长方形的单独轮廓。创建一个切除特征，给定深度为 10mm。该特征重命名为"Hole _ Mtg"，如图 9-51 所示。

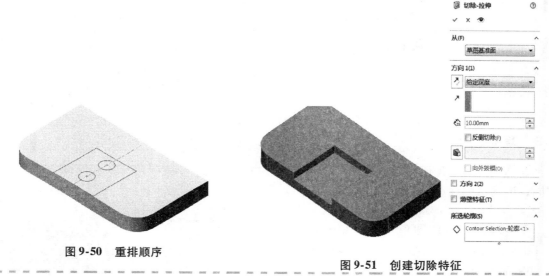

图 9-50　重排顺序

图 9-51　创建切除特征

9.5.2　共享草图

用户可以对同一个草图使用多次，用于创建多个特征。特征创建完后，所使用的草图将被吸引成为特征的一部分，并且草图会自动隐藏。当用户激活【轮廓选择工具】并选择了轮廓以后，草图将自动显示在图形区域。

步骤 4　再创建一个切除特征　选择 Hole _ Mtg 特征的草图，并在特征工具栏中单击【拉伸切除】。创建【完全贯穿】切除特征，并命名此特征为"Thru _ Holes"，如图 9-52 所示。

步骤 5　退回到尾　在 FeatureManager 设计树中单击右键，从弹出的快捷菜单中选择【退回到尾】命令。

注意

这两个孔在抽壳操作中创建了额外的、不需要的表面，如图 9-53 所示。

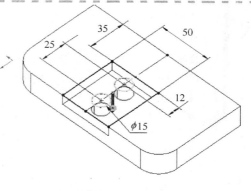

图 9-52　添加切除

步骤6　**重排特征顺序**　将 Thru _ Holes 特征拖动到 Wall _ Thickness 特征之后。这样 Thru _ Holes 特征就不会受到抽壳操作的影响，结果如图 9-54 所示。

步骤7　**修改零件壁厚**　将抽壳特征的壁厚改成6mm，重新建模，结果如图 9-55 所示。

图 9-53　退回到尾后的零件

图 9-54　重排特征顺序

图 9-55　修改壁厚

9.5.3　复制圆角

创建新圆角的一种便捷方法是：从现有的特征中进行复制。新圆角特征和原圆角特征的形状和类型相同，但两者间没有关联。

步骤8　**复制圆角**　按住 Ctrl 键拖动 Circ _ Fillet 圆角特征到模型的边线上，松开鼠标，如图9-56所示。

可以在 FeatureManager 设计树中选择圆角特征，也可以直接从模型中复制一个圆角。

技巧　　　倒角特征也可以使用相同的方法进行复制。

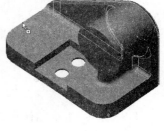

图 9-56　复制圆角

步骤9　**创建新的圆角特征**　在边线上创建一个新圆角。编辑这个圆角特征，添加另一侧的边线，并将圆角半径改成3mm，结果如图9-57所示。

步骤10　**选择剖切平面**　选择如图 9-58 所示的平面，将该平面用作剖切平面。

图 9-57　创建新的圆角特征

图 9-58　选择剖切平面

> **提示** 用户不必预先选择剖切平面。如果没有进行任何选择，系统将使用默认的剖切平面，通常为前视基准面。

步骤 11　剖面视图　单击【剖面视图】，选择【平面副】剖面方法，将选择的平面作为剖切平面，拖至箭头所指位置如图9-59所示。

步骤 12　选择剖面2　单击【剖面2】并选择右视基准面。使用箭头拖动定位剖切位置，如图 9-60 所示。

步骤 13　选择剖面3　单击【剖面3】并选择上视基准面。使用箭头拖动定位剖切位置，如图 9-61 所示。

步骤 14　分区　单击【分区】和交叉区域1，单击如图9-62所示更多的交叉区域。单击【预览】和【确定】。

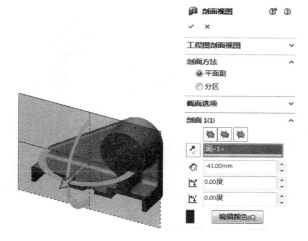

图 9-59　剖面视图

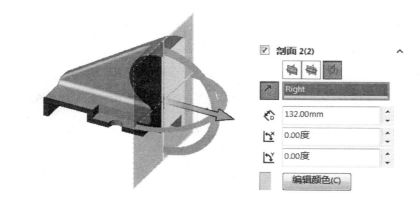

图 9-60　选择剖面 2

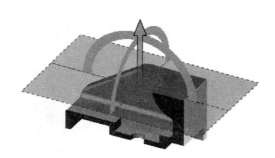

图 9-61　选择剖面 3

215

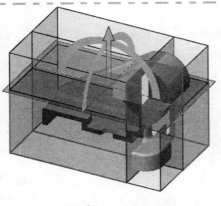

图 9-62　分区

步骤 15　弹出提示框　出现一个提示框，以解决由剖切产生的问题。单击自动解决后可自动调整并创建剖面视图，如图 9-63 所示。

步骤 16　保存并关闭模型

图 9-63　剖视结果

练习 9-1　设计更改

本练习的主要任务是对已有零件进行更改设计，结果如图 9-64 所示。
本练习应用以下技术：

- 删除特征。
- 重排特征顺序。
- 复制圆角。

图 9-64　设计更改零件

操作步骤

步骤 1　打开零件　打开已有零件 Changes，如图 9-65 所示。这里需要对这个零件进行几处更改。

步骤 2　删除特征　删除 Cut-Extrude1、Wall _ Thickness 和 Cut-Extrude2 特征以及相关联的特征，如图 9-66 所示。

图 9-65　零件 Changes

图 9-66　删除特征

216

步骤3 **修改壁厚** 将 Base _ Plate 特征和 Vertical _ Plate 特征的厚度都设置为 12mm，结果如图 9-67 所示。

步骤4 **切除特征** 移除 Vert _ Plate 特征位于 Circular _ Boss 特征右侧和 Rib _ Under 特征之间的部分，结果如图 9-68 所示。

为了保持圆角特征，在必要的情况下可以使用【编辑】、【退回】和【重新排序】特征。

图 9-67   修改壁厚   图 9-68   切除特征

步骤5 **创建圆角** 建立另一个和 Circ _ Fillet 半径相等的圆角，如图 9-69 所示。

步骤6 **创建柱形沉头孔** 使用以下尺寸建立两个柱形沉头孔（图 9-70）：
- ANSI Metric 标准。
- M6 六角头螺栓的柱形沉头孔。
- 【完全贯穿】。

为了避免底切，在必要的情况下可以对特征进行重新排序。

图 9-69   创建圆角   图 9-70   创建柱形沉头孔

步骤7 **保存并关闭零件**

练习 9-2   编辑零件

本练习的主要任务是使用提供的信息和尺寸对一个现有的零件进行修改，使用几何关系、终止条件来【成形到下一面】实现设计意图，如图 9-71 所示。

本练习应用以下技术：
- 重新排列特征顺序。

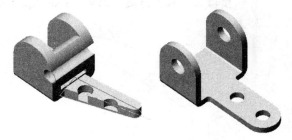

图 9-71   编辑零件

操作步骤

打开现有的 Editing 零件，进行修改，编辑和添加几何体、几何关系，使结果如图 9-72 所示。

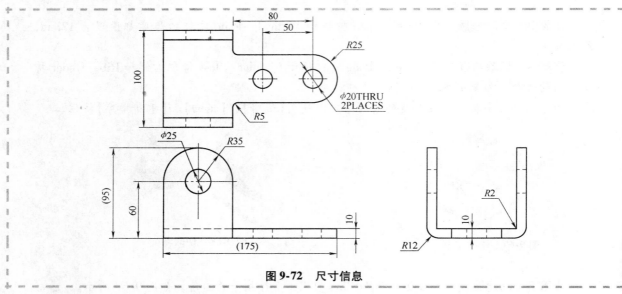

图 9-72 尺寸信息

练习 9-3 SketchXpert

使用 SketchXpert 修正零件，如图 9-73 所示。

本练习应用以下技术：

- SketchXpert。

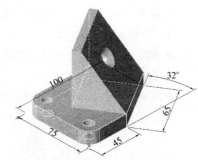

图 9-73 SketchXpert 修正零件

操作步骤

打开零件 SketchXpert 按下面步骤修改草图

步骤 1 编辑 Sketch1 展开特征 Base-Extrude，编辑草图 Sketch1，如图 9-74 所示。单击【正视于】显示草图。

步骤 2 解决方案 启动 SketchXpert 功能，单击【诊断】。选中一种解决方案，如图 9-75 所示。

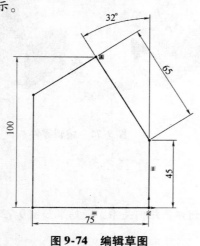

图 9-74 编辑草图

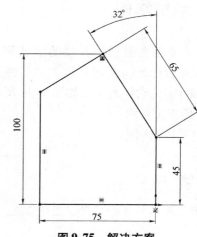

图 9-75 解决方案

步骤 3 修正其他草图 使用 SketchXpert 修正剩余两个草图。编辑 Cut-Extrude1 特征下面 Sketch3，选图 9-76 所示的解决方案。

编辑 $\phi 10.0(10)$ Diameter Hole1 特征下面 Sketch9，使用【手工修复】删除图中所示的几何关系，如图 9-77 所示。

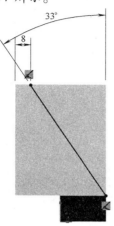

图 9-76 修正其他草图

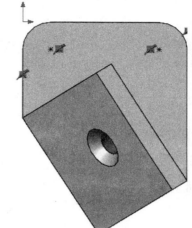

图 9-77 手工修复

步骤 4 保存并关闭零件

练习 9-4 草图轮廓

本练习的主要任务是利用操作步骤中提供的信息创建零件，通过拉伸轮廓来创建零件的各个部分（见表 9-3）。

本练习应用以下技术：
- 草图轮廓。
- 共享草图。

219

表 9-3 零件信息

零件信息	图 例
#1 深度：50mm、30mm	（图示）
#2 深度：3.5in、1in、2.5in	（图示）

（续）

零件信息	图　例
#3 深度：30mm、10mm	
#4 深度：1.5in、0.5in	
Handle Arm	
Oil Pump	
Idler Arm	

第 10 章 配　　置

- 在单一 SOLIDWORKS 文件中使用配置表示一个零件的不同版本
- 压缩与解除压缩特征
- 利用配置改变尺寸
- 利用配置压缩特征
- 了解在对带有配置的零件进行更改时会出现的问题
- 使用设计库将特征插入到零件中

10.1　概述

配置允许用户在同一个文件中表示零件的不同版本。例如，通过压缩加工特征（孔、倒角、凹口等），以及修改如图 10-1a 所示的两个零件的尺寸，可以得到如图 10-1b 所示的两个锻件的大体形状。

本章将学习在零件中使用配置。

下面解释一些与配置有关的专业术语。

1. 配置名称　【配置名称】显示在 Configuration-Manager 中。配置名称用于区分在零件或装配体中的不同配置。用户可以直接或间接地通过设计表格创建配置。

2. 压缩/解除压缩　【压缩】用于临时删除有关特征。当一个特征被压缩后，系统会当作它不存在。这意味着其他依赖它的特征也会随之被压缩。此外，

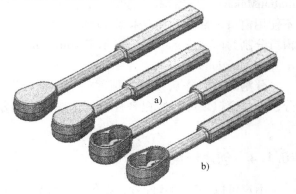

图 10-1　配置

系统从内存中删除被压缩的特征，将释放系统资源。压缩后的特征可以随时解除压缩。

3. 其他配置项目　除了可以压缩和解除压缩特征之外，还有一些项目可以利用配置进行压缩和解除压缩：

- 方程式。
- 草图几何关系。
- 外部草图几何关系。
- 草图尺寸。
- 草图基准面。
- 结束条件。
- 颜色。

10.1.1 如何使用配置

零件和装配体都可以创建配置。工程图本身没有配置，但可以在工程视图中显示模型的不同配置。

操作步骤

在本章将讲解如何在一个零件文件中使用配置。在第 13 章"自底向上的装配体建模"中，将结合装配体探讨如何使用零件的配置。

步骤 1 打开零件 Ratchet Body

10.1.2 激活 ConfigurationManager

ConfigurationManager 和 FeatureManager 设计树在同一个窗口中，用户可以通过窗口顶部的选项来切换窗口的显示内容。单击选项 ，窗口中会显示带有默认配置列表的 ConfigurationManager（显示在右上角）。默认配置的名称是"默认"。这个配置是建模时创建的零件——没有任何改变或压缩。当想切换回 FeatureManager 设计树显示时，单击选项 ，如图 10-2 所示。

ConfigurationManager 包括配置和显示状态两个窗口。

图 10-2 默认配置

10.1.3 分割 FeatureManager 窗口

很多情况下，如果能够同时显示 FeatureManager 设计树和 ConfigurationManager 就能提高工作效率，这是完全可以实现的。用户可以不使用窗口顶部的按钮切换窗口的显示内容，而是将 FeatureManager 窗口分割为两部分，一部分显示 FeatureManager 设计树，另一部分显示 ConfigurationManager。

分割的方法是从窗口的顶部向下拖动分割条，将窗口分为两部分，通过窗口顶部的按钮来控制每个窗口的显示内容，如图 10-3 所示。

图 10-3 分割 FeatureManager
窗口

10.1.4 创建新配置

用户可以手动创建配置，在创建新配置中可以设置包括【配置名称】的多个选项。

1. 材料明细表选项 当零件用于一个装配体时，材料明细表用来设定在零件序号下出现的名称。可以通过配置的【材料明细表选项】进行控制。

2. 高级选项 高级选项包括新特征创建规则和颜色设置。父子选项只在装配体中才有。

- 压缩特征。当其他配置处于激活状态且当前配置不为激活状态时，该选项控制着最后创建特征的状态。当选择该选项时，当前配置中新加入的特征将会被压缩。
- 使用配置指定颜色。可以使用调色板为每个配置设置不同的颜色。不同的材料可以表现为不同的颜色。
- 添加重建/保存标记。当零件保存时重建并保存配置数据。

知识卡片	添加配置	• 在 ConfigurationManager 中单击右键，从快捷菜单中选择【添加配置】。

步骤2 创建新配置 单击【添加配置】命令。

步骤3 创建配置 在【配置】选项卡中单击右键，从快捷菜单中选择【添加配置】命令。新建名为"Forged, Long"的配置，单击【确定】，如图10-4所示。当添加一个配置后，该配置就处于激活状态。任何后续的更改（如压缩特征）都会被保存为当前配置的一部分。

技巧 不允许在配置名称中使用特殊字符（如斜杠/）。

步骤4 查看配置列表 新的配置添加到了配置列表中，并自动处于激活状态。激活的配置名称会自动附加到顶层部件名称后面的括号中，如图10-5所示。

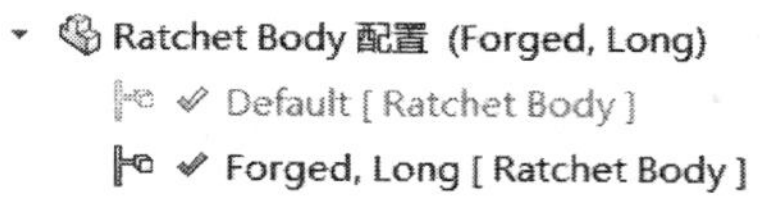

图 10-4 添加配置

▾ ⚙ Ratchet Body 配置 (Forged, Long)
    ⊩ ✓ Default [Ratchet Body]
    ⊩ ✓ Forged, Long [Ratchet Body]

图 10-5 配置列表

技巧 位于方括号的名字将出现在 BOM 表中。用户可以在【配置属性】对话框中更改【在材料明细表中使用时所显示的零件号】的设置来进行改变。

10.2 生成配置

配置一个特征或尺寸意味着在配置的基础上进行更改。对于一个特征，它的压缩状态可以通过配置来更改；对于一个尺寸，其数值可以通过配置来更改。配置名称用来在同一零件中区分不同的多个配置。

10.2.1 定义配置

通过关闭或者压缩零件的一个特征，可以定义一个配置。当特征被压缩后，它仍然出现在 FeatureManager 设计树中，但前面的图标颜色变灰了。零件的这种状态被保存在当前激活的配置中。用户可以在一个零件中创建很多不同的配置，使用 ConfigurationManager 可以很容易地在不同的配置之间进行切换。

10.2.2 压缩

【压缩】用于从内存中去除特征，从本质上来说是从模型中删除特征。它用来从模型中删除选择的特征，以获得不同"版本"的模型。被压缩特征的所有子特征也被压缩。

【解除压缩】和【带从属关系解压缩】用来解除一个（解除压缩）或多个特征（带从属关系解压缩）的压缩。

223

知识卡片	压缩	快捷菜单：右键单击一个特征并选择【压缩】↓↑。

步骤5 查看父子关系 单击 Recess 特征，【动态参考可视化】显示 Pocket 和 Ratchet Hole 是 Recess 特征的子特征，如图 10-6 所示。通过另一种角度查看父子关系，发现 Pocket 和 Ratchet Hole 都依赖于 Recess 父特征，如图 10-7 所示。

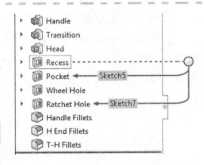

图 10-6 查看父子关系

提示 Wheel Hole 是 Pocket 的子特征。

步骤6 压缩 Recess 特征 右键单击 Recess 特征，从快捷菜单中选择【压缩】。系统不仅压缩特征 Recess，也压缩特征 Pocket、Wheel Hole 和 Ratchet Hole，如图 10-8 所示。为什么呢？因为特征 Pocket、Wheel Hole Ratchet Hole 是特征 Recess 的子特征。

回忆一下这个零件的创建过程，特征 Pocket 是绘制在特征 Recess 的底面上，特征 Wheel Hole 和 Ratchet Hole 是绘制在特征 Pocket 的底面上，这创建了它们之间的父子关系。

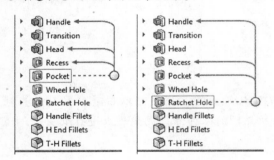

图 10-7 另一种查看父子关系的方法

图 10-8 压缩特征

提示 压缩特征时系统会自动压缩子特征。

当特征在 FeatureManager 设计树中被压缩时，它们相对应的几何体也在模型中被压缩，如图 10-9 所示。

图 10-9 压缩后的模型

提示 使用【特征属性】可以为此配置、指定配置或所有配置设定特征的压缩状态。右键单击特征并选择【特征属性】（图 10-10），勾选或清除【压缩】复选框并在列表中选择使用的配置。

图 10-10 特征属性

10.2.3　更改活动配置

为了激活不同的配置，只需要在 ConfigurationManager 中双击需要的配置。任何时候仅有一个配置可以被激活。

步骤7　激活 Default 配置
在 Default 配置图标上双击右键，然后单击 Recess 特征，从快捷菜单中选择【压缩】。

系统自动将设计树上的 Re-cess、Pocket、Wheel Hole 和 Ratchet Hole 特征解压缩。对应的几何体也在模型中被还原，如图 10-11 所示。

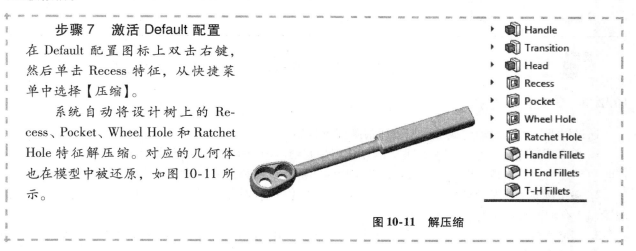

图 10-11　解压缩

10.2.4　重命名和复制配置

模型中已有两个配置：Default 和 Forged，Long。Default 为加工后状态，而 Forged，Long 为毛坯状态。

配置可以像特征名称一样被重新命名。如果一个配置被另一个 SOLIDWORKS 文档引用，重命名配置名称将会导致引用失败等问题。更好的办法是不重命名默认配置，而是复制一个配置，再重命名复制配置。

步骤8　复制 Default 配置　选择并复制 Default 配置。重命名复制配置为"Machined，Long"，如图 10-12 所示。

技巧⚷
> 复制配置可以使用：Ctrl + C，【编辑】/【复制】，或复制工具。
> 粘贴配置可以使用：Ctrl + V，【编辑】/【粘贴】，或粘贴工具。

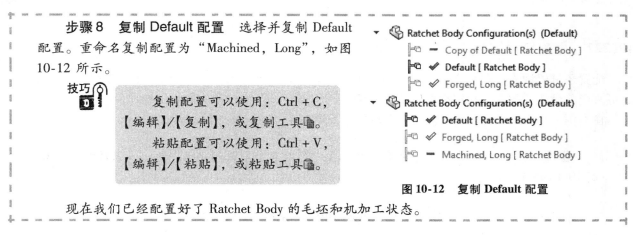

图 10-12　复制 Default 配置

现在我们已经配置好了 Ratchet Body 的毛坯和机加工状态。

10.2.5　配置符号

已经配置符号是 ConfigurationManager 的配置状态标记，见表 10-1。

表 10-1　配置符号

符　号	说　明
⊢⊡✓	表示配置是最新的，由完整的特征数据组成
⊢⊡✓	

225

（续）

符 号	说 明
 ⊢□ ─	表示配置是过时的
 ⊢□ 💾	配置被标记为在零件保存时自动重建并保存

 提示 配置符号取决于创建配置的方式，其他创建配置的方法在后续章节中介绍。

10.2.6 管理配置数据

通过以下选项来自动生成最新配置或清除配置数据。

1. 单个配置 在一个配置上右键单击并【添加重建/保存标记】。标记活动的配置以在下次保存文档时生成其完整数据集。此后，每次您打开文档时，都会重建和保存数据。

2. 多个配置 在零件配置顶层上右键单击并选择【重建/保存标记】子菜单中的一项。子菜单为此配置、所有配置和特定配置添加标记。

3. 清除数据 在零件配置顶层右键单击并选择【重建/保存标记】子菜单中的【移除所有配置的标记并清理数据】来立刻清除所有配置的数据。

提示 自动生成或重建所有配置数据虽然使用方便，但代价是增加零件容量。因此要选择有标记的配置进行重建。

步骤9 生成更多配置 使用同样的方法并复制和粘贴"Forged, Long"配置，重命名复制配置为"Forged, Short"。复制并粘贴"Machined, Long"配置，重命名复制配置为"Machined, Short"。

10.2.7 更改尺寸值

配置还可以用来控制一个尺寸的数值。每个配置可以用来改变尺寸的不同值。修改尺寸时可以指定更改当前激活的配置、指定配置或所有配置。

在本例中"Short"配置用于修改短手柄部分长度。

步骤10 激活配置 首先重建所有配置，然后双击"Machined, Short"激活配置，如图 10-13 所示。

> ▼ 🔩 Ratchet Body 配置 (Machined, Short)
>   ⊢□ ✓ Default [Ratchet Body]
>   ⊢□ ✓ Forged, Long [Ratchet Body]
>   ⊢□ ✓ Machined, Long [Ratchet Body]
>   ⊢□ ✓ Forged, Short [Ratchet Body]
>   ⊢□ ✔ Machined, Short [Ratchet Body]

图 10-13 激活配置

配置树排序	使用【树排序】可以控制 ConfigurationManager 中配置的顺序。排序选项包含【数字】、【文本】、【手动（拖放）】和【基于历史的】。默认的排序方式是【基于历史的】。
	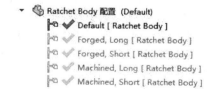
操作方法	快捷菜单：在零件配置顶层上右键单击并选择树排序子菜单中的一项。

步骤 11　改变顺序　在 ConfigurationManager 中右键单击零件配置顶层并选择【树排序】/【文本】，如图 10-14 所示。

步骤 12　修改配置尺寸　双击 "Handle" 特征显示尺寸，如图 10-15 所示。双击 220mm 尺寸修改为 180mm。在配置范围选项中选择【指定要修改的配置】。在配置列表中只选择 "Forged，Short" 和 "Machined，Short" 并单击【确定】，如图 10-16 所示。

图 10-14　改变顺序

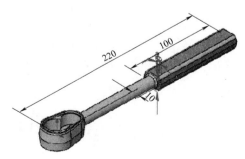

图 10-15　显示尺寸

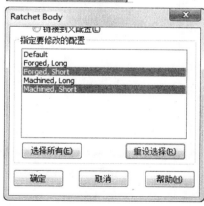

图 10-16　配置尺寸

步骤 13　配置特征　重建模型查看更改后的当前配置。

步骤 14　测试配置　使用配置工具条对每个配置进行测试。

10.3 使用其他方式创建配置

可以使用另外几种方法创建配置。结果都是在 ConfigurationManager 树上添加配置名称以及特征状态和尺寸数值变化。

使用其他方法可得到类似配置，但需要使用不同的工具盒方法。创建配置的方法【修改配置】和【设计表】将在下面介绍。

10.3.1 修改配置列

【修改配置】通过控制每个配置特征的压缩状态、尺寸变化和材料选择来创建配置，如图 10-17 所示。

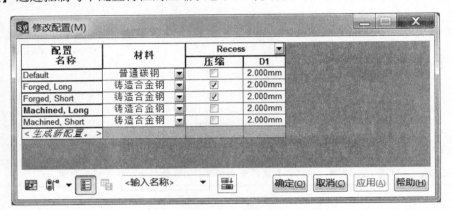

图 10-17 修改配置

【修改配置】对话框用于设置和显示配置特征、配置尺寸、配置材料。

提示 　　　　【修改配置】使用一个表的格式来简化配置项的输入和查看结果。

10.3.2 设计表

设计表是使用 Microsoft Excel 来创建配置的方法，如图 10-18 所示。

如果【修改配置】表被保存，将在 ConfigurationManager 列表中的【表格】文件夹中列出，每一个零件可以保存多个【修改配置】表，如图 10-19 所示。

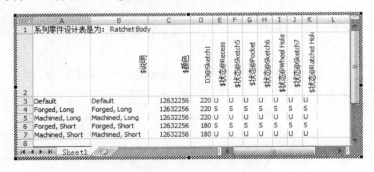

图 10-18 系列零件设计表　　　　图 10-19 设计表文件夹

10.4 配置的其他用途

零件配置有很多的应用和用途。建立不同配置的原因包括：特定的应用需求；不同的产品规范，例如零件的军用和民用版本；性能的考虑；装配的考虑。

1. 特定的应用需求　很多时候，完成的零件包含一些细微的细节，例如圆角。当为有限元分析（FEA）之类的场合准备零件时，零件需要尽量简单。通过压缩不必要的一些细节特征，可以得到针对 FEA 的配置，如图 10-20 所示。

另外，快速成型也需要专门的模型表示。

2. 性能的考虑　一些零件包含复杂几何特征，例如扫描和放样特征、变半径的圆角和多重厚度的抽壳，它们比较消耗系统的资源。用户可以定义一个压缩某些特征的配置，这会在进行模型的其他部分设计时，提高系统的性能。当用户进行压缩时，一定要考虑到父/子关系，压缩的特征不能被访问、使用或者参考，因此它们不能作为父特征。

图 10-20　压缩前与压缩后的零件

3. 装配的考虑　在设计包含大量零件的复杂装配体时，使用零件的简化表示将提高系统的性能。考虑压缩不必要的细节，例如圆角，只保留用于配合、干涉检查和定义配置与方程式所需的关键几何体。添加零部件到装配体时，可使用【插入】/【零部件】/【来自文件】。浏览器允许用户选择列出的零件的配置。为了更好地发挥作用，要求用户在创建零部件时就计划好配置定义并保存配置。

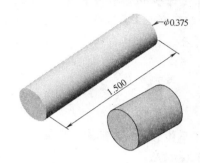

图 10-21　一个零件的两个配置

具有相同基本形状的相似模型可以被定义成不同的配置，可以在同一装配体中使用。如图 10-21 所示的零件有两个配置。

10.5　针对配置的建模策略

无论是否使用系列零件设计表来驱动配置，在创建一个使用配置的零件时，用户都需要充分考虑如何控制配置。例如，考虑上节中的零件。创建该零件的一种方法是先绘制它的轮廓草图，然后使用简单的旋转特征来生成，如图 10-22 所示。

此方法似乎非常有效，单个特征包含了所有信息，但单个特征也限制了零件的灵活性。如果将该零件分解成更小、更独立的特征，那么该零件就具有了压缩特征的灵活性，可以压缩圆角、切除等特征。

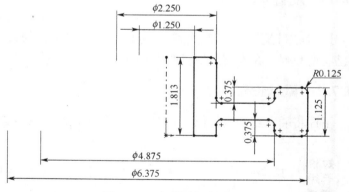

图 10-22　旋转特征的草图

10.6　编辑带有配置的零件

如果零件中添加了其他配置，有些特征可能会被自动压缩，有关对话框中也会出现更多关于配置的其他选项。用户还有可能遇到其他的不同信息。本节将说明当编辑一个包含多个配置零件时会发生哪些变化。

 提示　　　颜色、纹理和材料也可被配置。

操作步骤

步骤1 打开零件 打开零件"Work-ingConfigs"，如图 10-23 所示。该零件具有一个配置：Default。新的配置和新的特征将添加到该零件。

步骤2 创建新配置 切换到 ConfigurationManager 选项卡。在 ConfigurationManager 选项卡中单击右键，从快捷菜单中选择【添加配置】命令，得到【配置属性】对话框。使用【添加配置】添加一个配置，命名为 keyseat，并有选择性地添加注释，如图 10-24 所示。单击【确定】。

图 10-23 零件"WorkingConfigs"　扫码看 3D

 提示　默认选项【压缩新特征和配合】是被勾选的，这意味着当添加新特征时，除了激活的配置外，它们在所有配置中都是压缩的。

步骤3 添加另一个配置 新建一个配置 ports，确保该配置处于激活状态。

图 10-24 添加配置

10.7 设计库

【设计库】是任务窗口中特征、零件和装配体文件的集合。向零件和装配体插入这些文件能重新利用已有的数据。在本例当中将使用 features 文件夹中的库特征。

10.7.1 默认设置

下面将插入三个库特征，其中第一个特征用默认的设置来确定位置和大小。

知识卡片	库特征	● 在任务窗格的【设计库】🏛中，将一个库特征拖至模型。

步骤4 展开文件夹 单击【设计库】和图钉，展开 features 文件夹，然后展开 inch 文件夹。单击 fluid power ports 文件夹，如图 10-25 所示。

步骤5 拖放库特征 将特征 sae j1926-1（circular face）拖放到如图 10-26 所示的模型平面上。该表面就是特征的【放置面】。

步骤6 选择配置 如图 10-27 所示，在列表中选择配置 516-24。

图 10-25　设计库

图 10-26　拖放库特征

步骤7　选择边线　库特征零件将在一个独立窗口中预览显示。选择预览窗口显示的 Edge1（圆边）为参考，如图 10-28 所示。单击【确定】。

图 10-27　配置参数选择

图 10-28　定位配置

步骤8　添加库特征　库特征作为一个包含草图、基准面和切除的特征被添加到 FeatureManager 设计树中，如图 10-29 所示。

图 10-29　添加库特征

231

10.7.2　多参考

许多特征包含多个参考，如面、边和基准面。这些参考用来添加尺寸或设置几何体的关系。如果参考没有正确连接到模型的几何体上，将会悬空。

步骤9　选择参考　将特征 sae j1926-1（rectangular face）拖放到如图 10-30 所示的平面上。这个特征需要选择模型的两条直线边作为参考。选择配置 716-20。选择图 10-30 所示的两条边作为特征放置的两个参考。

步骤10　设置尺寸数值　单击单元格，将每个定位尺寸（Locating Dimension）设置为 0.5in，如图 10-31 所示。单击【确定】。

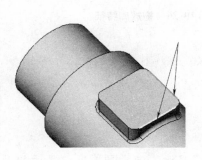

图 10-30　参考

参考

✔ Locating edge1
✔ Locating edge2

定位尺寸(L):

名称	数值
Locating dim	0.5in
Locating dim	0.5in

图 10-31　设置尺寸数值

步骤11　检查配置　在激活的配置（ports）当中，新的特征被解除压缩，但是在其他配置里还是压缩的，如图 10-32 所示。

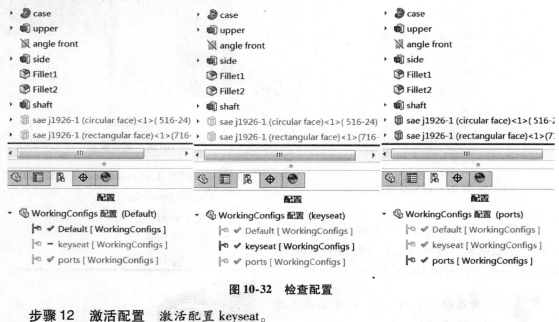

图 10-32　检查配置

步骤12　激活配置　激活配置 keyseat。

10.7.3　放置在圆形平面上

有些特征需要连接到此零件模型的图形平面上，这就要求将库特征拖放到此面上。本例中，放置哪个面是在拖放后选择的。

步骤13　放置库特征　在设计库中打开 keyways 文件夹。拖放特征 rectangular keyseat 到轴的圆形面上。选择配置 "φ0.6875W = 0.1875"，选择平端面作为【放置面】，如图 10-33 所示。

步骤14　选择参考　选择端面的圆边作为参考，如图 10-34 所示。

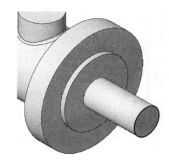

图 10-33　放置在圆形平面上的库特征

图 10-34　选择参考

步骤15　定位尺寸　如图 10-35 所示设置【定位尺寸】值。单击【确定】。

步骤16　检查配置　在激活的配置（keyseat）中的新特征是解除压缩的，但在其他配置当中是压缩的，如图 10-36 所示。

步骤17　保存并关闭文件

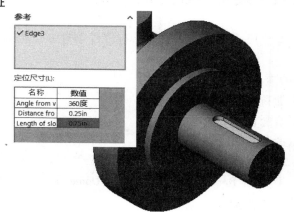

图 10-35　定位尺寸

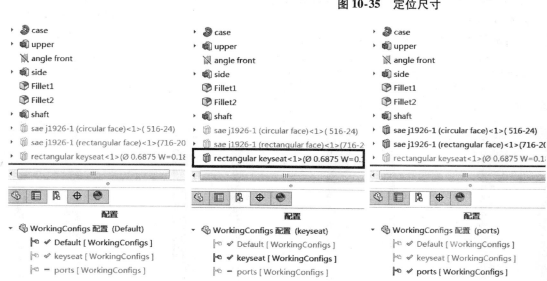

图 10-36　查看配置

> 提示　如果一个特征在所有的配置中都被压缩，那么是可以将其自动查找并删除的。右键单击最顶层特征并选择【清理未使用的特征】。

10.8　关于配置的高级教程

在《SOLIDWORKS®高级装配教程》（2014 版）中，【配置】的概念将引申到装配体中，如图 10-37 所示。

在装配体中也可以手动或利用系列零件设计表创建配置。零件配置集中于处理特征，而装配体配置则集中处理零部件、配合或装配体特征。利用装配体配置，可以控制零部件配置、零部件压缩状态、配合尺寸、配合压缩状态和装配体特征。

系列零件设计表也可以用于装配体，并针对装配体有更多关于控制一个或多个零部件的选项。

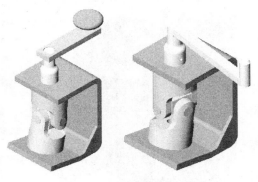

图 10-37　装配体的配置

练习 10-1　使用配置尺寸/特征 1

使用配置尺寸和配置特征为已有零件创建 8 个配置，如图 10-38 所示。

本练习应用以下技术：
- 添加新配置。
- 更改配置。
- 重命名和复制配置。

（1）100 和 200 系列配置　对特征 Volume Control、Tweeter Rounded、Tweeter Rectangular 和 Tweeter Dome 压缩或解除压缩来生成表 10-2 所示的配置。

（2）300 和 400 系列配置　对特征压缩或解除压缩（或修改尺寸）来生成表 10-3 所示的配置。

图 10-38　零件模型

（3）详细矩形槽尺寸　200 和 300 系列（右侧）细节矩形槽尺寸不同，如图 10-39 所示。

表 10-2　100 和 200 系列配置

100 系列		200 系列	
100C	100S	200C	200S

表 10-3　300 和 400 系列配置

300 系列		400 系列	
300C	300S	400C	400S
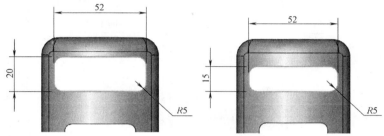			

图 10-39　矩形槽尺寸

练习 10-2　使用配置尺寸/特征 2

使用配置尺寸和配置特征为已有零件（图 10-40）创建新配置。

本练习应用以下技术：

- 添加新配置。
- 更改配置。

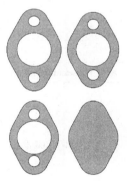

图 10-40　零件

操作步骤

打开已有零件 Using Configure Feature。

步骤 1　配置尺寸和特征　使用配置尺寸" CtoC@ Sketch1"和配置特征"Holes"创建配置。配置参数如下所示。

- Size1，130mm，unsuppressed
- Size2，115mm，unsuppressed
- Size3，105mm，unsuppressed
- Size4，105mm，suppressed

需要显示尺寸名称时，可以单击【视图】/【隐藏/显示】/【尺寸名称】，结果如图 10-41 所示。

步骤 2　保存并关闭零件

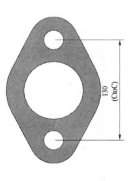

图 10-41　零件的尺寸

235

练习 10-3　配置

本练习的主要任务是利用一个现有零件，创建零件的一系列配置，如图 10-42 所示。通过在不同的配置中压缩不同的特征，创建零件的不同版本。

本练习应用以下技术：

- 添加新配置。
- 重命名和复制配置。
- 更改配置。

打开已有零件 config part。按照表 10-4 的说明和给定的名称建立配置。在必要情况下，添加某些特征。

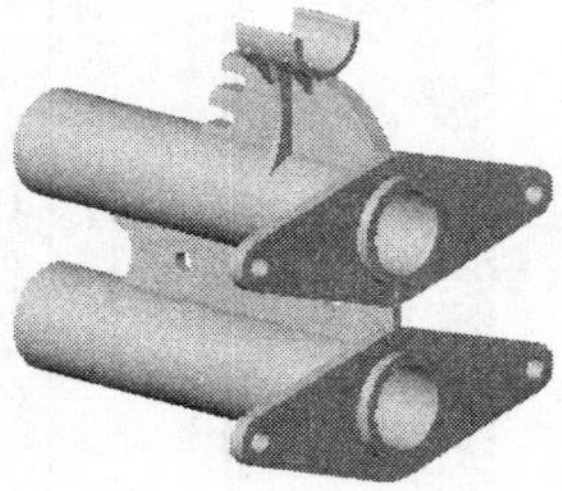

图 10-42　配置零件

表 10-4　配置零件

配置名称	图例	配置名称	图例
最好的（Best）配置		**较好的（Better）配置**	
包含发射架和瞄准器	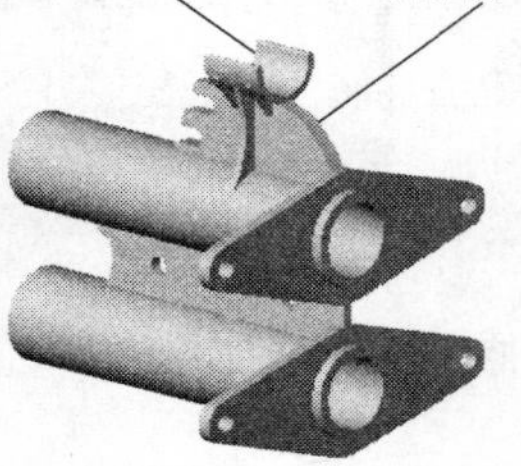 弹夹　瞄准器	只包含瞄准器	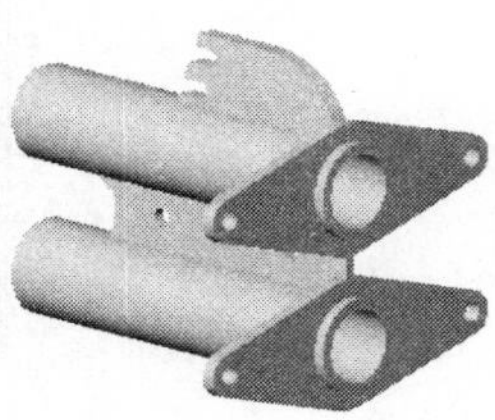
标准的（Standard）配置		**剖面（Section）配置**	
不包含发射架和瞄准器	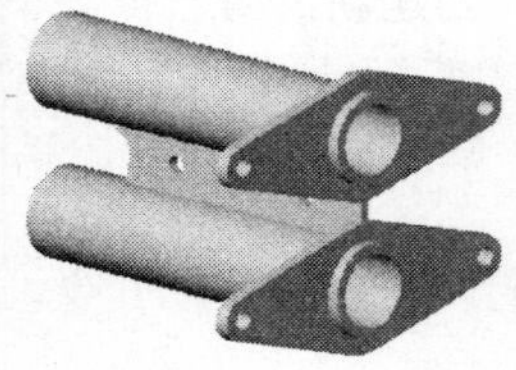	将标准（Standard）配置切除一半，以显示内部结构	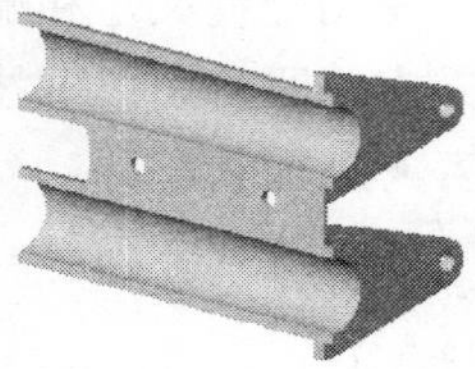

第 11 章　全局变量与方程式

学习目标

● 使用全局变量绑定数值
● 创建方程式

11.1　重命名特征和尺寸

为了能够更好地区分和识别某个尺寸，往往需要将尺寸重命名。如图 11-1 所示，尺寸 Inside _ Radius 和默认标注名称 D1、D3 相比就很好区分。

在使用【全局变量】和【方程式】时，重命名尺寸也会使得尺寸更加容易识别。

尺寸全名包括两部分，一个是尺寸本身的名字，另外一个是特征或者草图的名字，例如 Inside _ Radius@ Fillet1。在使用【全局变量】和【方程式】时，尺寸会以全名的方式显示，将这两部分名称分别重命名会很方便识别。

1. 尺寸名称格式　尺寸全名是由系统自动按照名称@ 特征名格式创建的，如：D3@ 草图 1、D1@ 圆角 2。

● 默认尺寸名称在每个特征或草图中从 D1 开始，数字依次增加。

● 默认草图名称从草图 1 开始，数字依次增加。

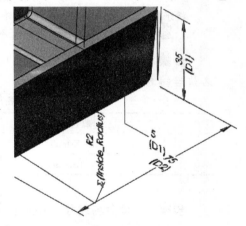

图 11-1　重命名尺寸名称

● 默认特征名称以特定的特征种类开头，例如凸台-拉伸 1、切除-拉伸 1 或者圆角 1，数字依次增加。

2. 尺寸名称　尺寸全名中，符号@ 之前的一部分是尺寸名称。按照以下步骤修改这部分名称，如图 11-2 所示。

1）单击尺寸打开【尺寸属性】窗口。

2）在【主要值】的尺寸名称栏中输入新名称。

3. 草图或特征名称　尺寸全名中，符号@ 后的一部分是特征或者草图名称。草图或特征可以直接从 FeatureManager 设计树修改，选定后可以通过 F2 键或者再次单击的方式修改，如图 11-3 所示。

通过【特征属性】可以对特征进行重命名。特征名称的修改，可以在相应特征上右键单击并选择【特征属性】，在名称栏中修改，如图 11-4 所示。

图 11-2　修改尺寸名称

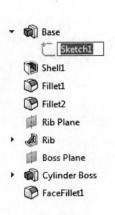

图 11-3　修改草图名称　　　　　　　　　　图 11-4　修改特征名称

操作步骤

步骤1　打开零件 Equations　从 Lesson 10 \ Case Study 文件夹打开零件。

> **提示**　如果不想对特征和尺寸进行重命名，打开零件 Equations，重命名这个零件。

步骤2　重命名特征　如图 11-5 所示，对特征进行重命名。命名前后的名字见表 11-1。

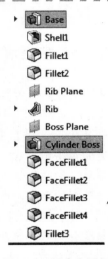

图 11-5　重命名特征

表 11-1　命名前后的名字

旧名称	新名称
Base-Extrude	Base
Boss-Extrude1	Cylinder Boss

步骤3　重命名尺寸　按照表 11-2 对所有尺寸进行重命名。

表 11-2　尺寸重命名前后对照

旧名称	新名称
D1@ Shell1	Wall _ Thickness@ Shell
D3@ Base	Draft _ Angle@ Base
D3@ Rib	Draft _ Angle@ Rib
D3@ Cylinder Boss	Draft _ Angle@ Cylinder Boss
D1@ Fillet1	Inside _ Radius@ Fillet1
D1@ Fillet2	Outside _ Radius@ Fillet2
D1@ Rib	Rib _ Thickness@ Rib
D1@ Fillet3	Rib _ Fillet@ Fillet3

步骤4　显示尺寸名称　右键单击 Annotations 文件夹并选择【显示特征尺寸】。也可在菜单中单击【视图】/【隐藏/显示】/【尺寸名称】，如图 11-6 所示。

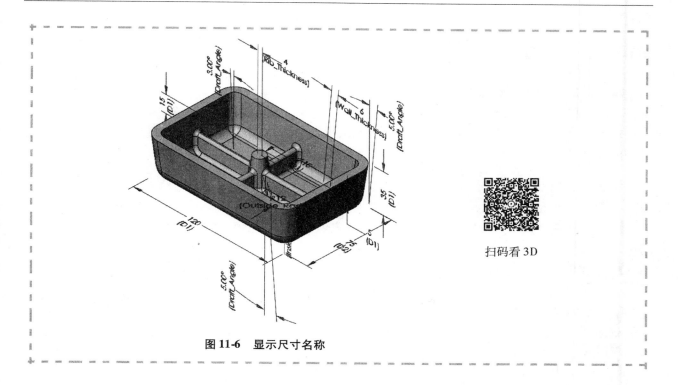

图 11-6　显示尺寸名称

扫码看 3D

11.2　使用全局变量和方程式建立设计规则

通过【全局变量】和【方程式】建立一些设计规则。这些设计规则和建模的一些基本规则相似，如拔模角度和外壳厚度。

1. 外壳厚度　外壳的厚度范围是 4～6mm。

2. 拔模角度　所有面的拔模角度相同，范围在 1°～5°。

3. 筋厚度　筋的厚度是外壳厚度的 2/3。

4. 圆角　内部圆角半径是外壳厚度的 1/2，外部圆角半径是外壳厚度的 1.5 倍，筋的圆角是外壳厚度的 1/4，如图 11-7 所示。

239

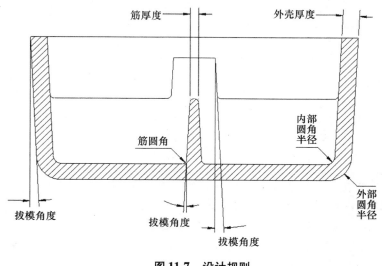

图 11-7　设计规则

11.3 全局变量

本节将介绍使用工具创建尺寸建立数学关系：全局变量和方程式。【全局变量】是独立的可以设置为任何值的数值。【方程式】用于建立尺寸之间的数学关系。我们将研究下面列出的情形。

1. 全局变量 创建【全局变量】时由用户直接给定名称和数值。全局变量可以用于驱动尺寸作为唯一的数值或直接应用于尺寸。同时还可以结合【方程式】一起使用。

> **提示** 用户可以在【方程式、全局变量、及尺寸】对话框中创建【全局变量】或【方程式】，或者在尺寸的【修改】对话框中完成。

2. 创建全局变量 【全局变量】可以针对方程式创建并指定数值，但要具备一个唯一的名称和一个数值。

3. 拔模角度 一些拔模角度应该有相同的尺寸值，创建一个全局变量来控制所有数值。

知识卡片		
全局变量和方程式	【方程式、全局变量、及尺寸】对话框可用于添加、编辑和删除全局变量及方程式，也可用于设置零件中的任何尺寸。可创建一个全局变量来控制所有拔模角度。	
操作方法	• 在菜单中选择【工具】/【方程式】。 • 右键单击【方程式】文件夹，选择【管理方程式】。	

步骤5 创建全局变量 DA 单击【方程式】，在全局变量下输入 DA。在【数值/方程式】下等号后面输入 3，在评论栏中输入拔模角度，单击【确定】，如图 11-8 所示。

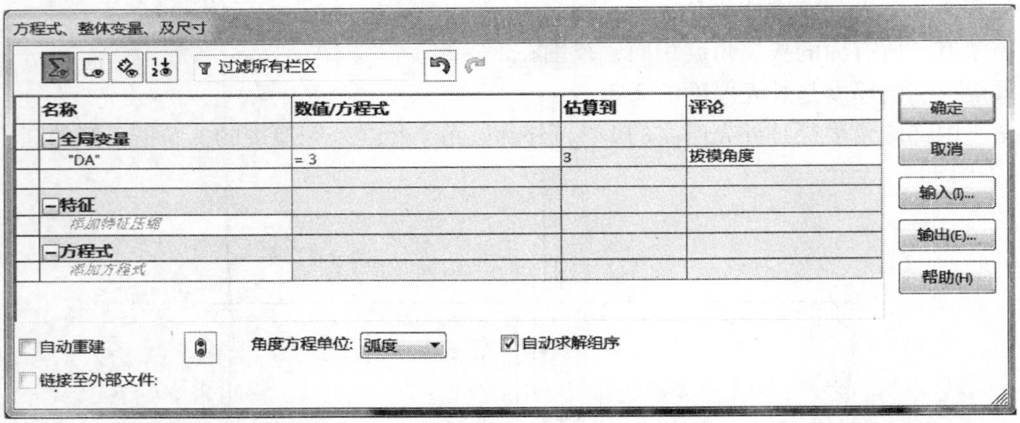

图 11-8 设计规则

在全局变量创建后，可以在【FeatureManager】设计树上看到【Equations】文件夹。右键单击管理方程式可以访问全局变量和方程式。

步骤6 展开文件夹 展开文件夹来查看全局变量。

步骤7 打开方程式对话框 关闭【显示特征尺寸】，打开方程式对话框并单击方程栏。

11.4　方程式

很多时候需要在参数之间建立关联，可是这个关联却无法通过使用几何关系或常规的建模技术来实现。用户可以使用方程式建立模型中尺寸之间的数学关系。

1. 因变量与自变量的关系　SOLIDWORKS 中方程的形式为：因变量 = 自变量。例如，在方程式 $A = B$ 中，系统由尺寸 B 求解尺寸 A，用户可以直接编辑尺寸 B 并进行修改。一旦方程式写好并应用到模型中之后，尺寸 A 就不能直接修改，系统只按照方程式控制尺寸 A 的值。因此，用户在开始编写方程式之前，应该决定用哪个参数驱动方程式（自变量），用哪个参数被方程式驱动（因变量）。

> 提示　一个【全局变量】可以像尺寸一样在【方程式】中应用。

2. 方程式示例　查看下列方程式示例，示例中包含了尺寸、全局变量和函数。

D1@ Sketch4 = D1@ Rib Plane + 10。

Inside _ Radius@ Fillet1 = W/2。

Rib _ Thickness@ Rib = int（W * 2/3）。

> 提示　单位按照文档单位。

3. 创建一个方程式　可以将一系列的尺寸值设为同一个【全局变量】。系统会创建一系列的等式，来表示这些尺寸被设置为同一个【全局变量】。此时改变该【全局变量】的值将会改变所有相关的尺寸值。

步骤8　选择尺寸　双击外壳最外部的面来显示相关尺寸。在对话框中单击方程式栏并选择图 11-9 示中的尺寸 5°。

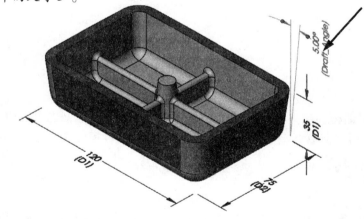

图 11-9　选择尺寸

步骤9　输入方程式　创建一个新的方程式，在等号一栏单击选择【全局变量】/【DA（3）】。在评论栏中输入基体拔模。

勾选【自动重建】复选框使改动立即生效，如图 11-10 所示。单击两次【确定】。

> 提示　尺寸名中的双括号是系统自动加入的，并非用户输入。

步骤10　测试　双击特征 Base 外部的面可以看到方程式驱动符号（Σ）和方程式驱动的尺寸值，如图 11-11 所示。

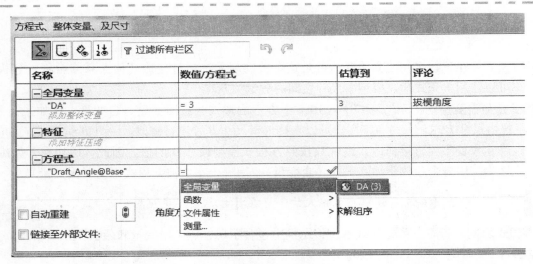

图 11-10　创建方程式

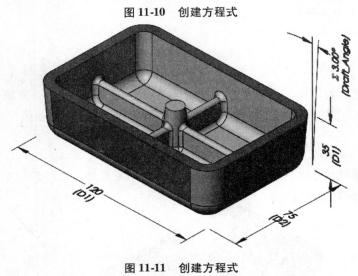

图 11-11　创建方程式

4. 使用【修改】对话框创建方程式　除了使用【方程式】对话框，也可以使用【修改】对话框来直接建立方程式。【修改】对话框有相同的全局变量、函数、文件属性和测量选项。

提示 全局变量同样可以在【修改】对话框中创建和应用。

步骤 11　**创建筋拔模方程式**　双击筋的任一平面并双击如图 11-12 所示尺寸。输入"="并选择【全局变量】/【DA(3)】，单击【确定】。

步骤 12　**创建凸台拔模方程式**　使用和步骤 11 类似的操作，为图 11-13 所示拔模尺寸创建方程式并单击【确定】查看变化。

步骤 13　**改变拔模角度**　所有 3 个拔模尺寸都被一个值所控制。右键单击 Equations 文件夹并单击管理方程式。3 个尺寸被一个全局变量驱动 3 个方程式的方式所控制。改变 DA 的值为 4 并单击【确定】，如图 11-14 所示。

可以选择性地为新的方程式添加评论。

242

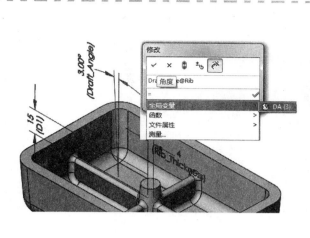

图 11-12　通过【修改】对话框创建方程式

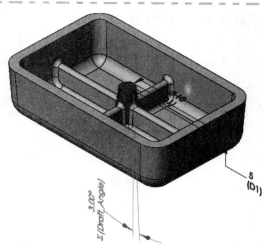

图 11-13　创建凸台拔模方程式

名称	数值/方程式	估算到	评论
⊟全局变量			
"DA"	= 4	4	拔模角度
添加整体变量			
⊟特征			
添加伸缩压缩			
⊟方程式			
"Draft_Angle@Base"	= "DA"	4度	基体拔模
"Draft_Angle@Rib"	= "DA"	4度	
"Draft_Angle@Cylinder Boss"	= "DA"	4度	
添加方程式			

图 11-14　改变拔模角度

5. 壳体厚度值　创建第二个全局变量来表示壳体厚度值。这个全局变量也会在后面创建圆角表达式的时候用到。在后面的示例中该全局变量将会通过【修改】对话框创建和应用。

步骤 14　创建全局变量　双击壳体的内表面后双击尺寸弹出【修改】对话框。输入 = W 并单击创建环境变量 。全局变量此时已被创建并应用于该尺寸，如图 11-15 所示，单击【确定】。

图 11-15　创建全局变量

243

技巧　一开始 W 显示为黄色，表明该全局变量还未被创建。

提示　单击如图 11-16 所示按钮，可以在显示值和全局变量之间切换。

图 11-16　切换显示方式

步骤 15　编辑方程式　右键单击尺寸并选择【编辑方程式】，全局变量"W"和方程式"Wall_Thickness@Shell1"两者都已被创建。

单击评论栏并输入壳体，如图 11-17 所示，单击【确定】。

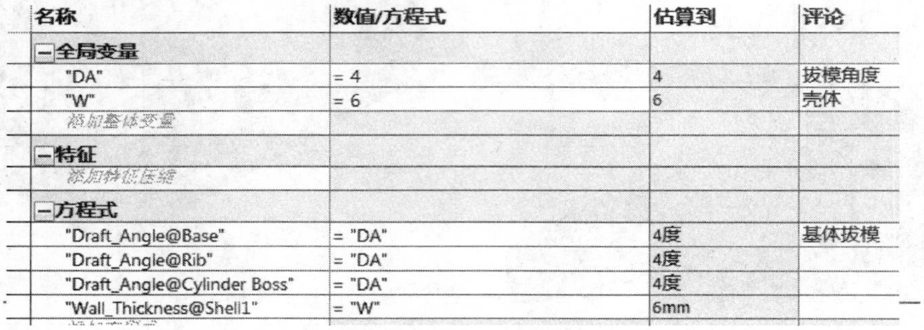

名称	数值/方程式	估算到	评论
□全局变量			
"DA"	= 4	4	拔模角度
"W"	= 6	6	壳体
添加整体变量			
□特征			
添加特征压缩			
□方程式			
"Draft_Angle@Base"	= "DA"	4度	基体拔模
"Draft_Angle@Rib"	= "DA"	4度	
"Draft_Angle@Cylinder Boss"	= "DA"	4度	
"Wall_Thickness@Shell1"	= "W"	6mm	

图 11-17　编辑方程式

> **提示**　"thickness"是钣金零件保留关键字，在全局变量和方程式中应避免使用。

11.5　使用运算符和函数

在创建方程式时可以使用标准运算符函数。运算符的运算顺序依赖于具体的运算种类，同时函数的值依赖于等式中的全局变量。【文件属性】和【测量】同样也可以运用于创建方程式。

包含运算符和函数的方程式示例如下："Rib_Thickness@Rib" = int（"W"*2/3）

1. 运算符　标准运算符可以用来构建方程式。它们包括：

- 加 +。
- 减 −。
- 乘 *。
- 除 /。
- 幂 ^。

运算符的运算顺序按照从左向右进行：

1）幂和开方。
2）乘和除。
3）加和减。

> **提示**　括号会改变方程式的计算顺序，如果使用了括号，括号中的内容将会被优先计算。例如，5+3/2会被计算为5+1.5=6.5，但 (5+3)/2 会被计算为8/2=4。

2. 函数　数学函数和特殊函数可以一起被用于创建方程式，见表 11-3。【函数】包含基本运算符号、三角函数，例如 sin（），以及逻辑语句，例如 if（）。

表 11-3　数学函数和特殊函数

运算符号	运算符号	运算符号	运算符号
sin( )	cotan( )	arccotan( )	int( )
cos( )	arcsin( )	abs( )	sgn( )
tan( )	arccos( )	exp( )	if( )
sec( )	atn( )	log( )	（可以使用 =，< = 或 = >
cosec( )	arcsec( )	sqr( )	进行比较）

3. 文件属性　SOLIDWORKS【文件属性】也可以被用于创建方程式，见表11-4。【文件属性】包含物理属性，例如 SW 质量和 SW 体积。

表11-4　文 件 属 性

属性名称	属性名称
SW-质量	SW-Pz
SW-平铺质量	SW-Lxx
SW-密度	SW-Lxy
SW-体积	SW-Lxz
SW-成本-成本计算时间	SW-Lyx
SW-表面积	SW-Lyy
SW-质量中心 X	SW-Lyz
SW-质量中心 Y	SW-Lzx
SW-质量中心 Z	SW-Lzy
SW-Px	SW-Lzz
SW-Pz	

4. 测量　在方程式中，【测量】选项允许用户生成并使用一个参考尺寸的数值。

5. 方程式的求解顺序　方程式按照【按序排列的视图】 中列出的顺序进行求解。如果勾选了【自动求解组序】复选框，方程式的顺序将被自动检测到，以避免类似无限循环的求解问题，如图11-18 所示。

图 11-18　求解顺序

6. 直接输入方程式　方程式直接可以在 PropertyManager 数值栏中通过 "＝" 输入。例如拉伸、旋转、圆角、镜像等特征，如图11-19 所示。

直接输入的方程式会在【方程式、全局变量、及尺寸】对话框中显示。

在本例中，圆角的尺寸遵循的设计规则（图11-20）可以用以下方程式来表达。它们都基于当前用于表示壳体厚度的全局变量 W。

Rib Thickness = W * 2/3。

Inside Radius = W * 0.5 或 W/2。

Outside Radius = W * 1.5。

Rib Fillet = W * 0.25 或 W/4。

图 11-19　直接输入方程式

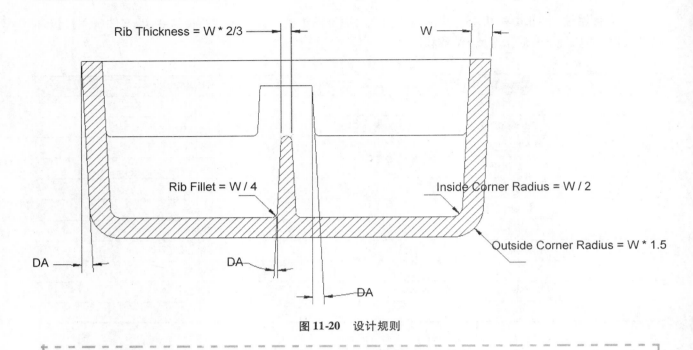

图 11-20　设计规则

操作步骤

步骤1　内部圆角半径方程式　双击圆角特征然后双击圆角尺寸，如图 11-21 所示，输入 " = " 后选择全局变量 W（6），再输入/2。单击确定。

步骤2　重建模型　单击【重建模型】查看变化，如图 11-22 所示。

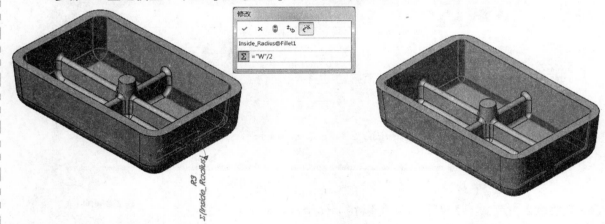

图 11-21　直接输入方程式　　　　　　　　　　图 11-22　重建模型

> **提示**　右键单击任何一个被方程式驱动的尺寸并选择【编辑方程式】，在对话框中编辑全局变量和方程式。

步骤3　添加外部圆角方程式　双击 Fillet2 特征并双击圆角尺寸。添加方程式 W * 1.5 并单击【确定】，然后重建模型，如图 11-23 所示。

步骤4　添加筋圆角方程式　双击 Fillet3 特征并双击圆角尺寸。添加方程式 W/4 并单击【确定】，如图 11-24 所示。

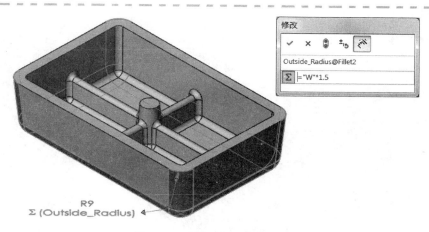

图 11-23　添加外部圆角方程式

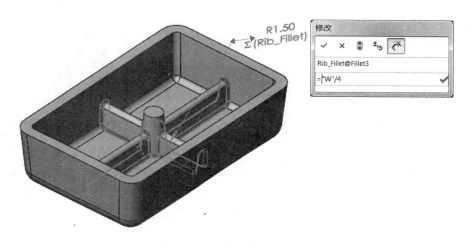

图 11-24　添加筋圆角方程式

步骤5　编辑方程式　右键单击尺寸并选择【编辑方程式】。所有被创建的方程式都会被列出，单击【确定】，如图 11-25 所示。

一方程式			
"Draft_Angle@Base"	= "DA"	4度	基体拔模
"Draft_Angle@Rib"	= "DA"	4度	
"Draft_Angle@Cylinder Boss"	= "DA"	4度	
"Wall_Thickness@Shell1"	= "W"	6mm	
"Inside_Radius@Fillet1"	= "W" / 2	3mm	
"Outside_Radius@Fillet2"	= "W" * 1.5	9mm	
"Rib_Fillet@Fillet3"	= "W" / 4	1.5mm	

图 11-25　编辑方程式

步骤6　添加筋厚度方程式　双击 Rib 特征并双击尺寸 Rib Thickness。添加方程式 = W * 2/3 并单击【确定】，重建模型，如图 11-26 所示。

步骤7　改变 W 数值　单击【方程式】将全局变量设为 5。圆角半径已联动，但现在已经不是整数了，如图 11-27 所示。先不要关闭对话框。

247

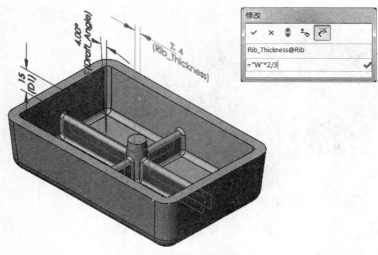

图 11-26 添加筋厚度方程式

名称	数值/方程式	估算到	评论
□全局变量			
"DA"	= 4	4	拔模角度
"W"	= 5	5	壳体
添加整体变量			
□特征			
添加特征压缩			
□方程式			
"Draft_Angle@Base"	= "DA"	4度	基体拔模
"Draft_Angle@Rib"	= "DA"	4度	
"Draft_Angle@Cylinder Boss"	= "DA"	4度	
"Wall_Thickness@Shell1"	= "W"	5mm	
"Inside_Radius@Fillet1"	= "W" / 2	2.5mm	
"Outside_Radius@Fillet2"	= "W" * 1.5	7.5mm	
"Rib_Fillet@Fillet3"	= "W" / 4	1.25mm	
"Rib_Thickness@Rib"	= "W" * 2 / 3	3.33mm	
减少方程式			

图 11-27 改变 W 数值

7. 编辑方程式 方程式本身或者全局变量的值都可以被编辑。在本例中，函数 int（）会被加入到一些方程式中来控制圆角的半径。

提示 　int 函数会将小数点后的数字去掉。例如，int（5.25）=5 或者 int（2.97）=2。
注意：如果括号内的数值小于 1，int 函数的结果将为 0，这会造成一些错误。

　　步骤 8　编辑方程式　将光标放在方程式" ="号和第一个" "" 之间" Inside _ Radius@ Fillet1"　=" W"　/2。
　　单击函数 int（）来添加函数，如图 11-28 所示。
　　步骤 9　修正方程式　将系统自动添加的第二个圆括号删除并添加在方程式的末尾。单击绿色的对号来检查输入或者直接观察【估算到】栏的值。数值已从 2.5 变为 2。

提示 　也可以直接在编辑框内输入函数。

　　步骤 10　编辑其他方程式　如图 11-29 所示，为其他的方程式也添加 int（）函数。

图 11-28 输入 int 函数

一方程式			
"Draft_Angle@Base"	= "DA"	4度	基体拔模
"Draft_Angle@Rib"	= "DA"	4度	
"Draft_Angle@Cylinder Boss"	= "DA"	4度	
"Wall_Thickness@Shell1"	= "W"	5mm	
"Inside_Radius@Fillet1"	= int ("W" / 2)	2mm	
"Outside_Radius@Fillet2"	= int ("W" * 1.5)	7mm	
"Rib_Fillet@Fillet3"	= int ("W" / 4)	1mm	
"Rib_Thickness@Rib"	= "W" * 2 / 3	3.33mm	

图 11-29　编辑其他方程式

提示 🤚　这里的筋厚度不适用函数 int（）的原因是可能会使筋变得太薄。

步骤 11　进行最终确认　设置全局变量 DA = 3、W = 4，如图 11-30 所示，单击确定。

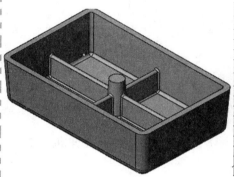

名称	数值/方程式	估算到	评论
一全局变量			
"DA"	= 3	3	拔模角度
"W"	= 4	4	壳体
添加整体变量			
+特征			
一方程式			
"Draft_Angle@Base"	= "DA"	3度	基体拔模
"Draft_Angle@Rib"	= "DA"	3度	
"Draft_Angle@Cylinder Boss"	= "DA"	3度	
"Wall_Thickness@Shell1"	= "W"	4mm	
"Inside_Radius@Fillet1"	= int ("W" / 2)	2mm	
"Outside_Radius@Fillet2"	= int ("W" * 1.5)	6mm	
"Rib_Fillet@Fillet3"	= int ("W" / 4)	1mm	
"Rib_Thickness@Rib"	= "W" * 2 / 3	2.67mm	
添加方程式			

图 11-30　进行最终确认

如图 11-31 所示，全局变量 DA 和 W 在最小到最大范围内变化时模型的差异。

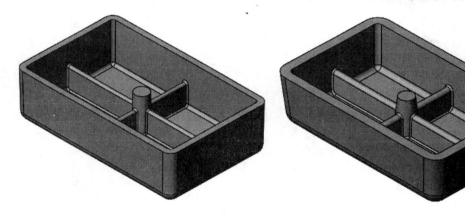

图 11-31　全局变量变化时模型的差异

步骤 12　保存并关闭模型

练习 11-1　创建全局变量

本练习的主要任务是在已有零件（图 11-32）中创建全局变量，并进行测试。
本练习应用以下技术：
- 全局变量。
- 创建方程式。

图 11-32   零件 Global Variables

操作步骤

打开已有零件"Global Variables"，创建一个全局变量使所有圆角特征的尺寸相等。

步骤1   创建全局变量   创建一个叫作"AllFillets"的全局变量，并设置为2mm，对特征 Rounds 的尺寸应用这个全局变量，如图 11-33 所示。

步骤2   应用全局变量   应用这个全局变量到剩下的三个圆角特征：Fillets.1、Fillets.2 和 Fillets.3。

步骤3   测试   通过修改全局变量的值到 3mm 并重建，来测试它们之间的链接关系，如图 11-34 所示。

步骤4   保存并关闭零件

图 11-33   创建链接数值

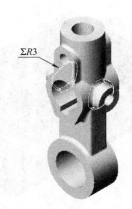

图 11-34   应用链接数值

练习 11-2   创建方程式

本练习的主要任务是使用已有零件(图 11-35)创建方程式，并测试。

本练习应用以下技术：

- 创建方程式。

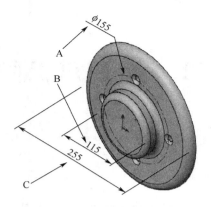

图 11-35　零件 Using Equations

操作步骤

打开已有零件 Using Equations，图 11-35 中的尺寸将用来定义方程式。

步骤 1　创建方程式　创建一个方程式，如图 11-36 所示。满足 Bolt _ Circle _ Dia 处于 Hub _ OD 外边缘和 Flange _ OD 凸缘的中间。Bolt _ Circle _ Dia 的值应该为从动。

步骤 2　测试方程式　将法兰盘的直径 Flange _ OD 改为 300mm，轮轴直径 Hub _ OD 改为 150mm，并重建模型来测试方程式。测试其他需要的值，如图 11-37 所示。

步骤 3　保存并关闭零件

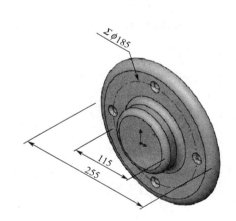

图 11-36　创建方程式

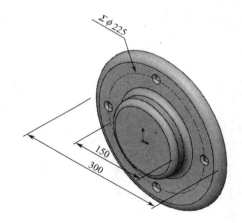

图 11-37　测试方程式

提示

方程式的形式为：
Bolt _ Circle _ Diam = Hub _ OD + (Flange _ OD-Hub _ OD)/2。
两边都乘以 2，则方程式可以简化为：
Bolt _ Circle _ Diam = (Flange _ OD + Hub _ OD)/2。

251

第 12 章　使用工程图

学习目标

- 创建多种类型的工程图视图
- 通过对齐和相切边界功能修改视图
- 为工程图添加注解

12.1　有关生成工程图的更多信息

在本书第 3 章基本零件建模中介绍过工程图，本章将继续介绍与工程图相关的更多细节。其中包括：【模型视图】、【剖面视图】、【局部视图】和一些【注解】。此外，还用多张图纸分别表述零件的锻造和加工配置，如图 12-1 所示。

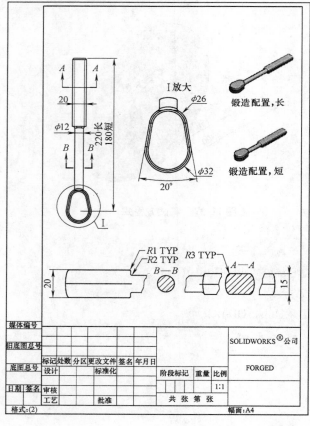

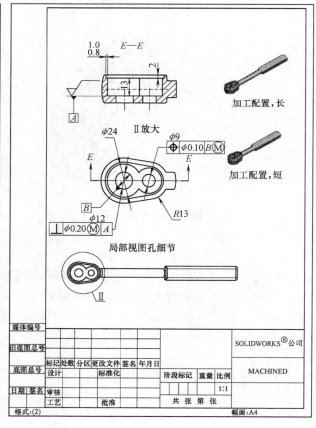

图 12-1　工程图

工程图的设计、生成包括下列几个部分：

1. **工程视图**　一般来说，使用的工程视图有：剖面视图、断裂视图和投影视图。

2. **注解**　使用注解为工程图添加注释和相关符号。

操作步骤

　　步骤1　设置选项　单击【工具】/【选项】/【系统选项】/【工程图】/【显示类型】，设置【显示样式】为【消除隐藏线】，【切边】为【可见】。

　　步骤2　打开工程图文件　打开工程图文件"Ratchet Body"。这是一幅 A4 纵向图纸，含有一个视图，如图12-2所示。

　　其他图纸设置为：

- 投影类型：第三视角
- 图纸比例：1:1

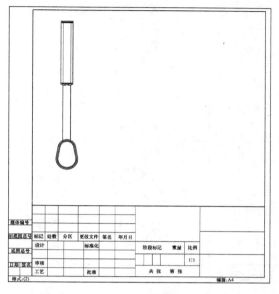

图 12-2　打开工程图文件

12. 2　剖面视图

　　【剖面视图】工具用于创建由已知视图经剖切线剖开得到的剖面视图（见表 12-1）。剖面视图与父视图自动对齐。

知识卡片	剖面视图	<ul><li>在 CommandManager 中，单击【视图布局】/【剖面视图】⑃。</li><li>在菜单中单击【插入】/【工程图视图】/【剖面视图】。</li><li>在工程图工具栏中，右键单击图形区域并选择【工程视图】/【剖面视图】⑃。</li></ul>

表 12-1　剖面视图

视图工具	图　例	视图工具	图　例
竖直		水平	

（续）

视图工具	图　例	视图工具	图　例
辅助 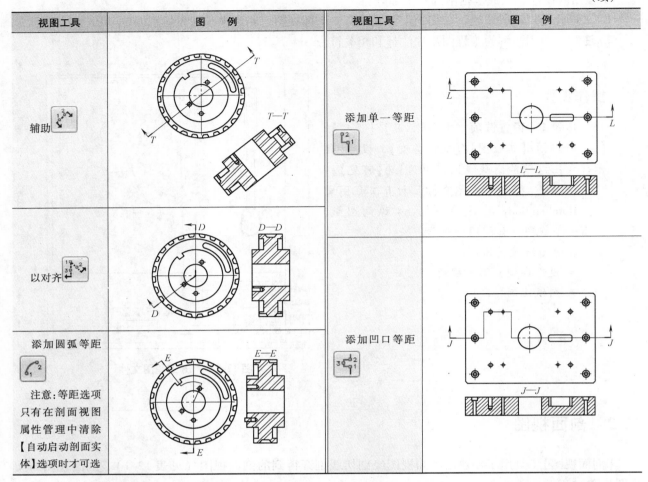		添加单一等距	
以对齐			
添加圆弧等距 注意：等距选项只有在剖面视图属性管理中清除【自动启动剖面实体】选项时才可选		添加凹口等距	

步骤3　绘制剖面视图　单击【剖面视图】$\rightleftarrows$，单击【水平】，勾选【自动启动剖面实体】选项，然后在手柄中部位置单击放置剖切线，如图12-3所示。暂时不要单击鼠标放置视图。

扫码看3D

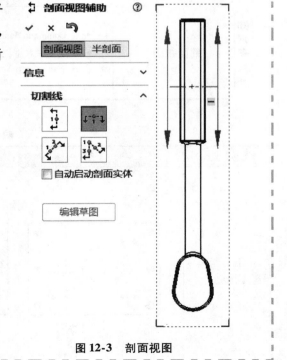

图 12-3　剖面视图

步骤 4　放置视图　设置以下视图属性：

● 从此处输入注解：取消勾选【输入注解】选项。

● 显示样式：使用父关系样式。

● 比例缩放：使用图纸比例。

在原有视图的下方单击放置剖面视图，如图 12-4 所示。

视图对齐是为了限制自由移动，使视图之间保持在某个空间相对位置上的一致。当视图被移动时，对齐关系将以虚线的形式显示，如图 12-5 所示。任意视图间都可以添加或删除对齐关系。

原视图与剖面视图之间自动添加的对齐关系可以被删除，从而使其可以自由移动。

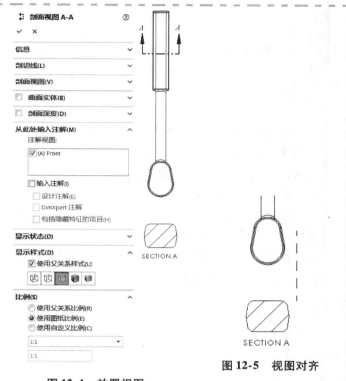

图 12-4　放置视图

图 12-5　视图对齐

知识卡片

解除对齐关系	● 右键单击视图，从快捷菜单中选取【对齐】/【解除对齐关系】。

步骤 5　解除对齐关系　右键单击剖面视图，从快捷菜单中选择【视图对齐】/【解除对齐关系】。现在视图可以被自由拖动了。

技巧：单击视图边界拖动可以移动视图，或使用 Alt 键拖动任意位置。

步骤 6　建立相似的剖面视图　建立另一个剖面视图，如图 12-6 所示，勾选【横截剖面】复选框。放置剖面视图时，可以按住 Ctrl 键解除与原视图的对齐关系，如图 12-7 所示。

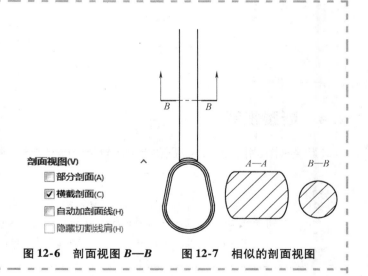

剖面视图(V)
- [ ] 部分剖面(A)
- [x] 横截剖面(C)
- [ ] 自动加剖面线(H)
- [ ] 隐藏切割线肩(H)

图 12-6　剖面视图 *B—B*　　图 12-7　相似的剖面视图

255

12.3　模型视图

【模型视图】根据预先设定的视图方向建立一个工程视图，如上视图、前视图、等轴测视图等。【查看调色板】可用于建立基于方向的视图。

知识卡片	模型视图	• 在 CommandManager 中，单击【视图布局】/【模型视图】🔲。 • 在菜单中单击【插入】/【工程图视图】/【模型】。 • 快捷方式：右键单击图形区域，选择【工程视图】/【模型】。

步骤7　创建模型视图　单击【模型视图】🔲，选择 Ratchet Body 零件。单击【下一步】➡。【方向】选取【右视】，单击【消除隐藏线】🔲，单击【使用图纸比例】，如图 12-8 所示。

放置视图于标题栏上方。单击【确定】。此视图过长，超出了图纸边界，如图 12-9 所示。

步骤8　设置切边显示　右键单击视图，选择【切边】/【切边不可见】。

图 12-8　模型视图

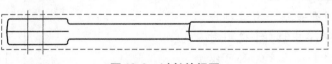

图 12-9　过长的视图

12.4　断裂视图

【断裂视图】用于在较小的图幅上显示较长的模型视图。断裂视图中的图形被截断线打断，形成间隙。

知识卡片	断裂视图	• 在 CommandManager 中，单击【视图布局】/【断裂视图】🔲。 • 在菜单中单击【插入】/【工程图视图】/【断裂视图】。 • 快捷方式：右键单击图形区域，选择【工程视图】/【断裂视图】。

步骤9　创建断裂视图　选取需打断的视图，单击【断裂视图】🔲。单击【添加竖直折断线】，设置【断裂缝隙】为 10mm，并使用默认的【锯齿线切断】，如图 12-10 所示。

单击视图放置位置，生成如图 12-11 所示的两个截断。单击【确定】生成断裂视图。

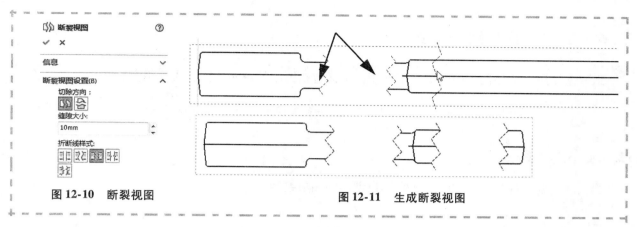

图 12-10　断裂视图　　　　　　　　　图 12-11　生成断裂视图

视图可以通过原点或中心相互对齐，也可以返回默认的对齐方式。

12.5　局部视图

【局部视图】是通过一个封闭的草图轮廓应用到一个激活的源视图创建的，它可以显示已知视图上划定的特殊区域。

知识卡片	局部视图	● 在工程图工具栏中，单击【局部视图】 ⓒ。 ● 在下拉菜单中，单击【插入】/【工程视图】/【局部视图】。 ● 右键单击工程图纸，选择【工程视图】/【局部视图】。

步骤 10　创建局部视图　单击【局部视图】 ⓒ，在原有视图上绘制一个圆，如图 12-12 所示。命名视图为 HEAD，选择【使用图纸比例】，并放置视图，如图 12-13 所示。

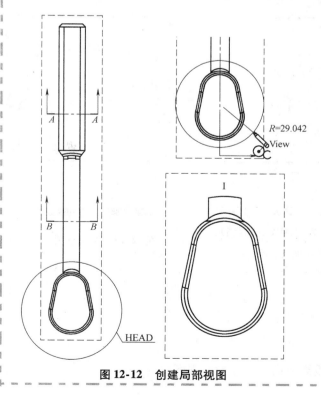

图 12-12　创建局部视图

图 12-13　局部视图

257

12.6 工程图纸与图纸格式

工程图纸用以描述现实中的一张工程图，里面包括图纸的规格、标题块及相应的文字。

技巧 | SOLIDWORKS 工程图文件可以包含多张图纸，显示多个视图。

12.6.1 工程图纸

图纸用于放置视图、尺寸、注解和用户创建的相关绘制。

| 知识卡片 | 图纸格式 | • 在菜单中单击【编辑】/【图纸格式】。
• 在菜单中单击【编辑】/【图纸】。
• 快捷方式：右键单击工程图纸，选择【编辑图纸格式】。
• 快捷方式：右键单击图纸格式，选择【编辑图纸】。 |

12.6.2 添加工程图图纸

SOLIDWORKS 的图纸文件包含一个或多个工程图纸，图纸中也包含多个视图，本章内容需建立多张图纸和多个视图。

| 知识卡片 | 添加图纸 | • 在工程图纸底部的选项卡中，单击【添加图纸】 Sheet1 。
• 在菜单中单击【插入】/【图纸】。
• 快捷方式：右键单击工程图纸，选择【添加图纸】。 |

12.6.3 图纸格式

图纸格式包括：边框、标题栏和表述图纸信息的文字。

| 知识卡片 | 编辑图纸 | • 快捷方式：右键单击图纸格式，选择【编辑图纸】。 |

步骤 11　添加图纸　单击【添加图纸】，增加一张图纸。右键单击新建图纸选项，选取【重新命名】，命名为"MACHINED"。重命名之前原来的图纸为"FORGED"，如图 12-14 所示。

FORGED MACHINED

图 12-14　图纸选项卡

12.7 投影视图

【投影视图】是利用现有的视图在可能的 8 个投影方向上建立投影视图。

知识卡片	旋转视图	【旋转视图】通过输入一个角度将视图在视图平面内进行旋转。
	操作方法	在前导视图工具栏内选择【旋转视图】🔄。

步骤 12　创建模型视图　使用 Ratchet Body 创建一个【模型视图】。从列表中选择 Machined，Long "Machined"。

单击【右视】方向，设置自定义比例为 1:2，如图 12-15 所示。单击放置视图。

步骤 13　旋转视图　选择视图并单击【旋转视图】🔄，将角度设置为 −90°并单击【应用】，完成旋转后单击【关闭】，如图 12-16 所示。

步骤 14　添加局部视图　添加局部视图，命名为 I，如图 12-17 所示，不显示切边。

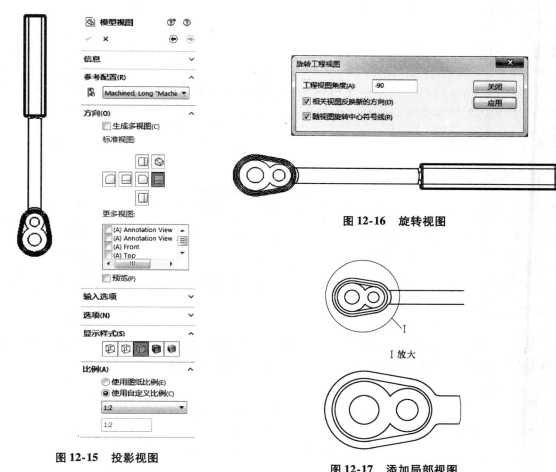

图 12-15　投影视图

图 12-16　旋转视图

图 12-17　添加局部视图

步骤 15　设置切边可见　右键单击视图，选择【切边】/【切边可见】。

步骤 16　建立局部视图的剖面视图　使用一条水平切割线，建立一个通过局部视图的剖面视图，如图 12-18 所示。将剖面视图重命名为 C—C。

步骤 17　添加模型视图　添加模型视图，选择 Forged，Long "Forged" 配置生成等轴测视图。使用自定义比例 1:4，并采用【带边线上色】显示样式。视图放在图样右上角，如图 12-19 所示。

259

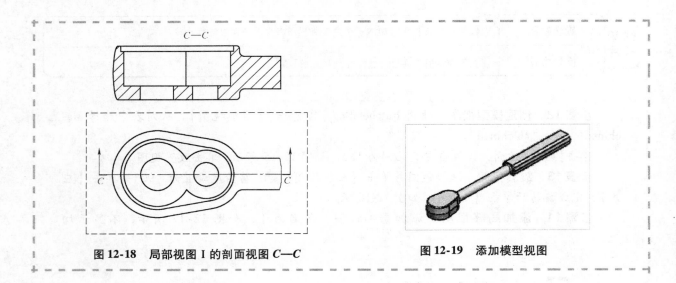

图 12-18　局部视图 I 的剖面视图 *C—C*　　　　　图 12-19　添加模型视图

12.8　注解

【注解】以符号的形式显示在工程图上，用来更好地表达相关零件的加工、装配信息。SOLID-WORKS 提供多种注解类型，其中文字注释为最普通的一种注解。

12.8.1　工程图属性

工程图具有以下系统定义的属性，见表 12-2。

表 12-2　工程图属性

属 性 名 称	数 　值	属 性 名 称	数 　值
SW-当前图纸	当前图纸的图纸数量	SW-图纸比例	当前图纸的比例
SW-图纸格式大小	当前图纸格式的图纸尺寸	SW-模版大小	工程图模版的模板尺寸
SW-图纸名称	当前图纸的名称	SW-图纸总数	当前工程图文档的图纸总数

12.8.2　注释

用户可以使用【注释】命令给工程图或默许添加文字备注。创建注释时，可以选择带有引线，也可以不带引线。其他选项还包括是否使用符号、超文本链接以及链接到属性。

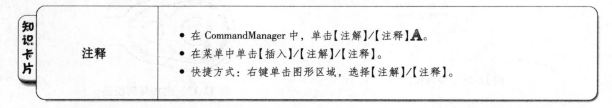

知识卡片	注释	• 在 CommandManager 中，单击【注解】/【注释】**A**。 • 在菜单中单击【插入】/【注解】/【注释】。 • 快捷方式：右键单击图形区域，选择【注解】/【注释】。

操作步骤

步骤 1　视图中添加注释　双击模型视图，单击【注释】**A**，再单击模型视图。输入 Configuration 然后单击 Enter 键，如图 12-20 所示。

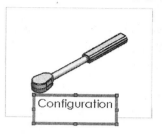

图 12-20　添加注释

技巧🔑　　在视图边界放置注释，将注释链接到视图中。通过把注释与视图关联，注释将随着视图移动，用户还可以在视图中链接模型属性。

步骤 2　链接到属性　单击【链接到属性】，选中【此处发现的模型】并选择【当前工程图视图】，如图 12-21 所示。从【属性名称】下拉菜单中选取 "SW-配置名称（Configuration Name）"，单击【确定】，结果如图 12-22 所示。

步骤 3　复制粘贴　视图可以在同一张图纸中进行复制和粘贴，也可以在同一张工程图中将视图粘贴到不同图纸，或在两个工程图之间进行复制和粘贴。在不复制的情况下还可以移动视图。

单击模型视图，运行菜单中的【编辑】/【复制】。然后，单击工程图空白处，选取【编辑】/【粘贴】。结果如图 12-23 所示。使用工程图视图属性，改变模型配置。

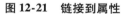

图 12-21　链接到属性

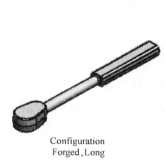
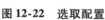

图 12-22　选取配置

图 12-23　复制粘贴

261

12.8.3　基准特征符号

用户可以添加【基准特征符号】到投影为边（或轮廓线）的面，以便标明零件的参考基准面。

知识卡片	基准特征符号	• 在 CommandManager 中，单击【注解】/【基准特征】。 • 在菜单中单击【插入】/【注解】/【基准特征符号】。 • 快捷方式：右键单击图形区域，选择【注解】/【基准特征符号】。

步骤 4　添加基准特征符号　单击【基准特征符号】，选取剖面视图 *C—C* 中的水平直线。移动光标到左下方，放置基准特征符号 *A*，如图 12-24 所示。在圆弧上放置另一个基准，标为 *B*，结果如图 12-25 所示。

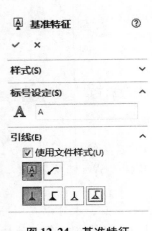
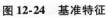

图 12-24　基准特征

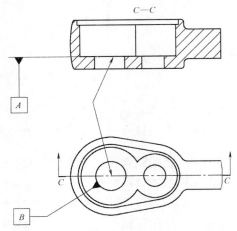

图 12-25　添加基准

12.8.4　表面粗糙度符号

用户可以使用【表面粗糙度符号】指定零件表面的加工精度。

知识卡片	表面粗糙度符号	• 在 CommandManager 中，单击【注解】/【表面粗糙度符号】✓。 • 在菜单中单击【插入】/【注解】/【表面粗糙度符号】。 • 快捷方式：右键单击图形区域，选择【注解】/【表面粗糙度符号】。

步骤 5　添加表面粗糙度符号　单击【表面粗糙度符号】，选择【要求切削加工】符号，如图 12-26 所示。单击剖面视图 *C—C* 中的水平直线，如图 12-27 所示，单击【确定】。适当向左拖动符号。

图 12-26　表面粗糙度符号

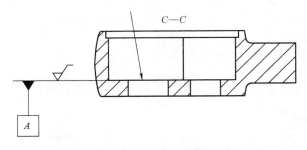

图 12-27　添加表面粗糙度符号

步骤6 标注尺寸 使用【智能尺寸】工具标注尺寸，如图 12-28 所示。在工程图中出现 0.949 的尺寸是由于文档属性导致的，在接下来的步骤中将修改这个尺寸。

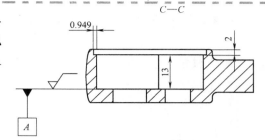

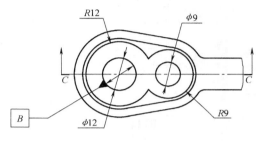

图 12-28 标注尺寸

12.8.5 尺寸属性

可以通过选取尺寸修改尺寸属性。选项内容由三个选项卡组成：【数值】、【引线】和【其他】。

知识卡片	尺寸属性	• 在【尺寸】的 PropertyManager 中，切换到【引线】。

步骤7 修改尺寸为直径显示 在局部视图中单击任意一个半径尺寸，如图 12-29 所示。在【尺寸】Property-Manager 中，选取【引线】选项卡，单击【直径】，对其余的半径尺寸做同样的编辑，修改为以直径显示的尺寸，如图 12-30 所示。

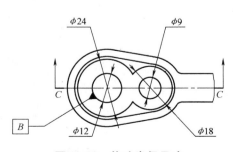

图 12-29 修改半径尺寸

图 12-30 修改尺寸为直径显示

步骤8 设置公差 单击尺寸0.9mm（见图12-31），设置【公差/精度】如下（见图12-32）：

- 公差类型：限制。
- 上极限偏差：0.1mm。
- 下极限偏差：-0.2mm。
- 单位精度：0.1。

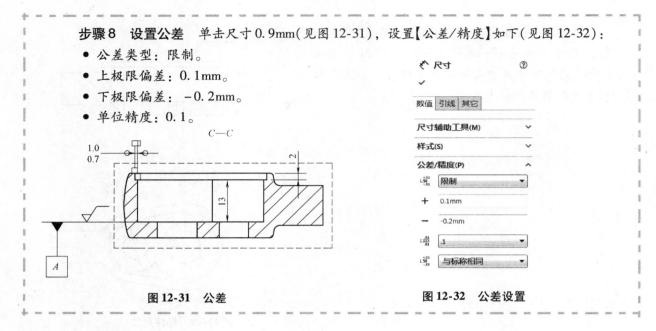

图12-31 公差　　　　　　　　图12-32 公差设置

12.8.6 中心线

【中心线】以标记直线、圆弧的形式添加到视图中。

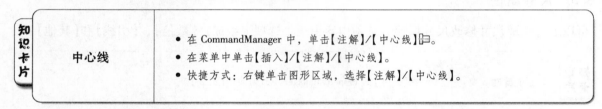

中心线	• 在CommandManager中，单击【注解】/【中心线】。 • 在菜单中单击【插入】/【注解】/【中心线】。 • 快捷方式：右键单击图形区域，选择【注解】/【中心线】。

步骤9 添加中心线 单击【中心线】图标，选择图12-33所示的两个圆柱面，添加中心线。

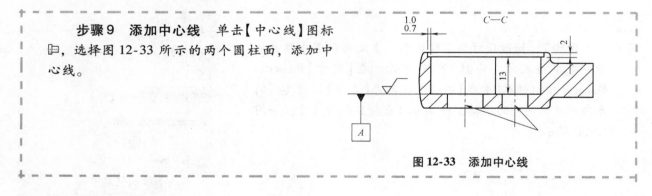

图12-33 添加中心线

12.8.7 形位公差

【形位公差】用来为零件、工程图添加控制特征结构的形位公差。
SOLIDWORKS 支持"ANSI Y14.5"和"True Position Tolerancing"。

形位公差	• 在CommandManager中，单击【注解】/【形位公差】。 • 在菜单中单击【插入】/【注解】/【形位公差】。 • 快捷方式：右键单击图形区域，选择【注解】/【形位公差】。

步骤 10　标注形位公差　单击【形位公差】 █▐▌，选择【无引线】，添加如图 12-34 所示的符号及标注。用同样方法添加另一个形位公差符号，如图 12-35 所示。

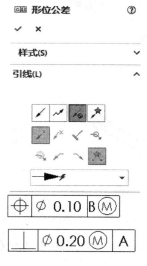

图 12-34　形位公差

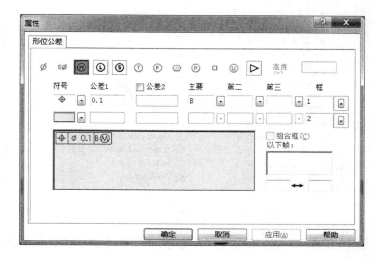

图 12-35　形位公差属性

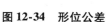 在【主要】、【第二】、【第三】中可以添加组合基准。如图 12-36 所示。

步骤 11　拖放标记　拖拽形位公差到尺寸上面，如图 12-37 所示，将它们组合在一起。

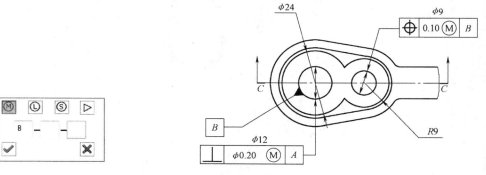

图 12-36　组合基准

图 12-37　拖放标记

12.8.8　复制视图

在同一张图纸或多张图纸之间，现有的视图可以被复制、粘贴，也可以在图纸间移动而无需复制。

步骤 12　拖放视图　在 FeatureManager 设计树上，拖动最后的视图并放置于上面的 FORGED 图纸中。视图被移动到 FORGED 图纸中，如图 12-38 所示。

步骤 13　切换图纸　单击底部标签，打开图纸 FORGED。

步骤 14　在图纸中复制视图　复制视图并设置配置，如图 12-39 所示。

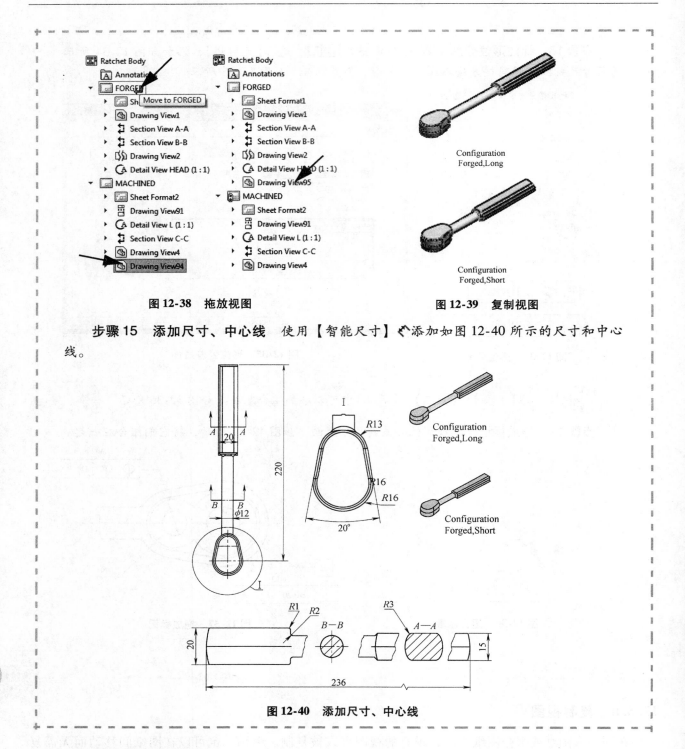

图 12-38　拖放视图　　　　　　　　　图 12-39　复制视图

步骤 15　添加尺寸、中心线　使用【智能尺寸】╱添加如图 12-40 所示的尺寸和中心线。

图 12-40　添加尺寸、中心线

12.8.9　标注尺寸文字

单击一个尺寸，显示【标注尺寸文字】编辑栏。这里允许用户添加或替换文字和符号标注。当前的注释显示在 <DIM> 之中，单击尺寸的前面或后面，添加文字或符号（用 Enter 键换行）。

删除 <DIM> 文本将清除尺寸的文字以进行复写。

技巧 👍　　较低级的编辑栏中仅包括常见的符号，如：直径、度数、中心线等。

步骤 16　标注附加尺寸文字　选取三个圆角半径尺寸。将光标置于文字(R ＜ DIM ＞)后面，按空格键，然后输入 TYP，如图 12-41 所示，单击【确定】。结果如图 12-42 所示。

图 12-41　标注尺寸文字

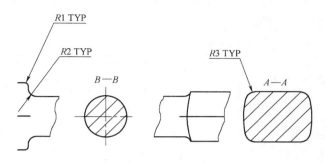

图 12-42　标注附加尺寸文字

步骤 17　编辑最重要的尺寸文字　单击 220mm 尺寸，删除＜ DIM ＞text。显示信息："覆写尺寸值文字＜ DIM ＞将禁用公差显示。您想继续吗?"单击【是】，输入"220mm 长，180mm 短"，如图 12-43 所示，单击【确定】。结果如图 12-44 所示。

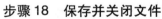

图 12-43　尺寸设置

步骤 18　保存并关闭文件

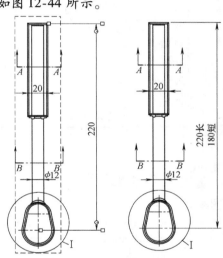

图 12-44　重要尺寸

练习 12-1　局部视图和剖面视图

利用前面练习中建立的零件(见图 12-45)创建工程图。本练习应用以下技术：

- 剖面视图。
- 模型视图。
- 断裂视图。
- 投影视图。
- 复制视图。
- 标注尺寸文字。

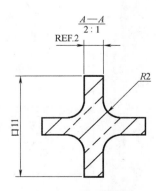

图 12-45　剖面视图

267

操作步骤

使用局部视图和剖面视图等工具，按要求创建以下工程图。

图纸 1

使用 GB-A4-横向模板创建如图 12-46 所示的工程图。

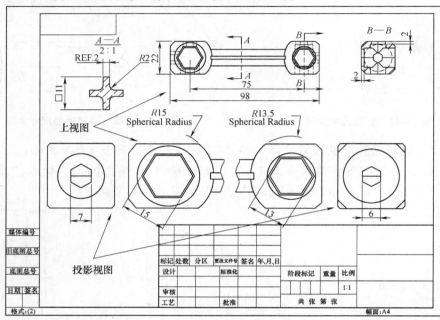

图 12-46 工程图（一）

提示 俯视图下面的断裂视图源于俯视图。

图纸 2

使用 GB-A4-纵向模板创建如图 12-47 所示的工程图。

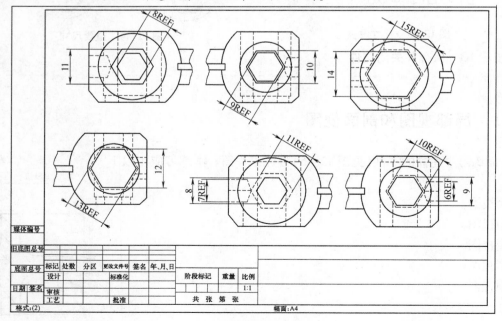

图 12-47 工程图（二）

268

练习 12-2　断裂视图和剖面视图

利用前面练习中建立的零件创建工程图。本练习应用以下技术：

- 剖面视图。　　· 断裂视图。　　· 中心线。　　· 标注尺寸文字。
- 模型视图。　　· 基准特征符号。　　· 尺寸属性。

操作步骤

使用局部视图和剖面视图等工具，按要求创建工程图。

图纸

使用 GB-A3-横向模板创建如图 12-48 所示的工程图。

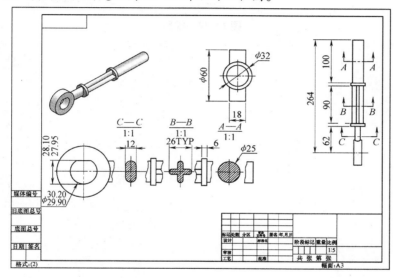

图 12-48　工程图

练习 12-3　工程图

利用前面练习中建立的零件创建工程图。

本练习应用以下技术：

- 剖面视图。　　· 注释。
- 局部视图。　　· 定义标题块。

操作步骤

打开零件 Design for Configs，使用 GB-A3-横向模板创建工程图。添加模型视图和剖面视图，如图 12-49 所示。

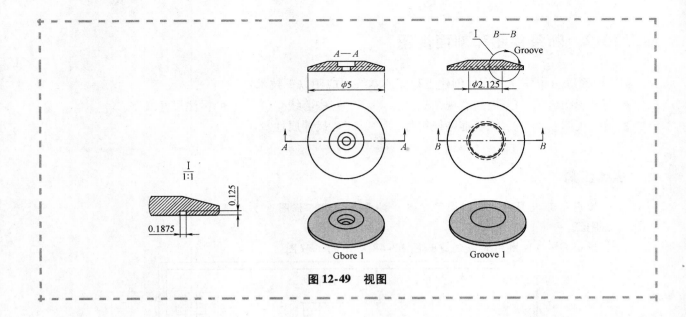

图 12-49　视图

第 13 章　自底向上的装配体建模

学习目标

- 新建一个装配体
- 使用各种技术在装配体中插入零部件
- 在零部件之间添加配合关系
- 利用 FeatureManager 设计树中装配体方面的功能来控制和管理装配体
- 插入子装配体
- 在装配体中使用零件的配置

13.1　实例研究：万向节

本章通过创建一个万向节的装配体，介绍关于 SOLIDWORKS 装配体建模的知识。该装配中包括一个子装配和若干个零件。

13.2　自底向上的装配体

自底向上的装配体是通过加入已有零件并调整其方向来创建的。零件在装配体中以零部件的形式加入，在零部件之间创建配合可以调整它们在装配体中的方向和位置。配合关系是指零部件的表面或边与基准面、其他的表面或边的约束关系。

13.2.1　处理流程

本章将按照如下步骤讲述 SOLIDWORKS 中关于装配体的知识。

1. 创建一个新的装配体　创建装配体的方法和创建零件的方法相同。

2. 向装配体中添加第一个零部件　可以采用几种方法向装配体中加入零部件，如从打开的零件窗口中或从 Windows 资源管理器中拖放到装配体文件中。

3. 放置第一个零部件　在装配体中加入第一个零部件时，该零部件会自动设为固定状态，其他的零部件可以在加入后再定位。

4. 装配体的 FeatureManager 设计树及符号　在装配体文件中，装配体的 FeatureManager 设计树包含大量的符号、前缀和后缀，它们提供关于装配体和其中零部件的信息。

5. 零部件之间的配合关系　用配合来使零部件相对于其他部件定位，配合关系限制了零部件的自由度。

6. 子装配　在当前的装配体中既可以新建一个装配体，也可以插入一个装配体。系统把子装配体当作一个零部件来处理。

13.2.2 装配体的组成

本章通过利用已有的零部件来创建一个万向节的装配体，该装配体由若干个零件和一个子装配组成，如图 13-1 所示。

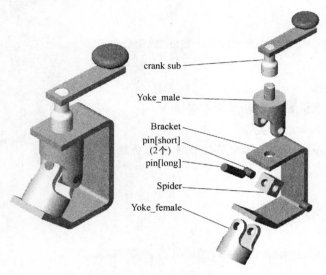

crank sub

Yoke_male

Bracket
pin[short]
(2个)
pin[long]

Spider

Yoke_female

图 13-1 万向节装配体

操作步骤

步骤1 打开现有的零件 打开现有的零件 bracket（见图 13-2），利用该零件创建一个新的装配体。

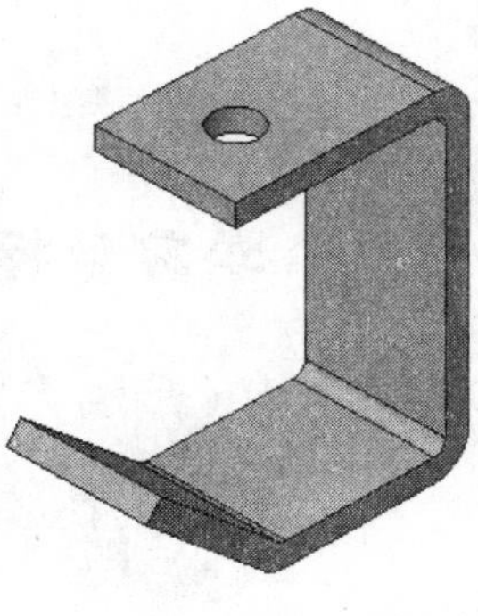

在装配体中加入的第一个零部件应该是不可移动的零件。第一个零件被固定后，其他零件将配合到它上面，这样就不会使装配体整体移动。

图 13-2 bracket 零件

13.3 新建装配体文件

既可以直接创建新装配体文件，也可以通过已打开的零件或装配体来创建。新装配体文件包含原点、3 个标准基准面和一个配合文件夹。

扫码看 3D

知识卡片	从零件/装配体制作装配体	使用【从零件/装配体制作装配体】，用户便可以通过已打开的零件来创建新装配体。已打开零件是新装配体中第一个且被固定下来的零部件。
	操作方法	● 单击标准工具栏上的【新建】□/【从零件/装配体制作装配体】🗐。 ● 选择文件下拉菜单中的【文件】/【从零件制作装配体】。

知识卡片	介绍：新装配体	使用模板新建装配体文件。
	操作方法	● 单击标准工具栏上的【新建】□，选择模板建立新装配体文件。

272

步骤2 选择模板 选择【从零件制作装配体】🗐，并选择【Training Templates】选项卡中的 Assembly _ MM 模板，如图 13-3 所示。

> **提示** 在 SOLIDWORKS 中，装配体的单位体系可以与零件的不同。用户可以把使用英寸和毫米单位的零件装配到一个使用英尺单位的装配体中，但是在装配体中编辑任何零件的尺寸时，它们将用装配体的单位来显示尺寸值，而不使用零件本身的单位。选择【工具】下拉菜单中的【选项】命令，可以查看装配体的单位，用户可以根据需要改变所使用的单位。

步骤3 放置零部件 单击【确定】即可把零件放在原点，如图 13-4 所示。

图 13-3 选择模板　　　　　　　　　　　图 13-4 放置零部件

步骤4 保存并关闭零件 在万向节（Universal Joint）名下保存装配体，装配体文件的扩展名为 *.sldasm。关闭零件 bracket。

13.4 放置第一个零部件

插入到装配体中的第一个零部件的默认状态是【固定】，固定的零部件不能被移动并且固定于用户插入装配体时放置的地方。在放置零部件时，通过原点光标 ，可以使零部件的原点位于装配体的原点处，这也意味着零部件的参考基准面与装配体的基准面配合在一起了，零部件已被完全定位。

读者可以考虑一下装配一台洗衣机的情况：第一个零部件应该是一个框架，其他的零部件装在这个框架上。通过把这个零部件与装配体的基准面对齐，可以创建所谓的"产品空间"。汽车制造商称之为"汽车空间"，这个空间提供一个框架，以放置其他零部件。

13.5 FeatureManager 设计树及符号

在装配体的 FeatureManager 设计树中，文件夹和符号与零件中的稍有不同，有些术语是装配体中特有的，现在简要介绍一下。

13.5.1 自由度

插入到装配体中的零部件在配合或固定之前有 6 个自由度：沿X、Y、Z 轴的移动和沿这 3 个轴的旋转，如图 13-5 所示。一个部

图 13-5 自由度

273

件在装配体中如何运动是由它的自由度所决定的。使用【固定】和【插入配合】命令可以限制零件的自由度。

13.5.2　零部件

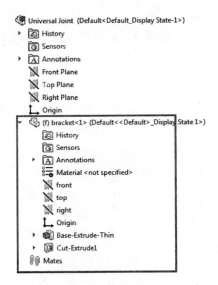

插入装配体中的零部件将使用与零件环境中同样的顶层图标，如图13-6所示装配体中的零件 bracket，也可以插入装配体到装配体中并由一个单独的图标来表示。展开零部件列表时，可以看到并访问单独的零部件和零部件的特征。

1. 零部件文件夹　每个零部件文件夹中包含这个零部件的完整内容，包括所有特征、基准面和轴。

2. 零部件名称　FeatureManager 设计树中的零部件名称提供了大量信息。

图 13-6　装配体中的零件 bracket

提示　不会因为删除了某个零部件而对实例数重新进行编号。最高的实例号数字并不能反映全部零部件实例的数量。

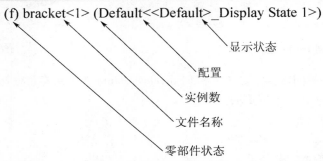

- 零部件状态。有几种符号可以定义零部件在装配体中位于 FeatureManager 设计树的状态。这类似于草图中表达状态的符号。

固定（f）bracket <1>：名称前面有一个【固定】符号表明一个零部件固定于当前位置，而不是依靠配合关系。

欠定义（-）Yoke_ male <1>：零部件的位置是【欠定义】时，表明装配体仍然存在运动自由度。

完全定义 Yoke_ female <1>：没有状态指示标志的零部件，表明该零部件通过配合关系在装配体中的位置是【完全定义】的。

过定义（+）pin <1>：如果零部件的定位信息互相冲突，则会导致【过定义】的结果。问号表明这个零部件没有解，所给信息不能使零部件定位。

- 文件名称。列出的一个是零部件，零件或装配体的名称。图标可以区分这是零件或装配体。关于装配体的更多信息，请参阅" 插入子装配体"。

- 实例数。实例数是在装配体内部含有某部件的多个实例时，用于区分不同的部件实例时所用的编号。不会因为删除了某个部件而对实例数重新进行编号。最高的实例号数字并不能反映全部零部件实例的数量。

- 配置。本例中的配置为 Default，它是这个装配体使用的零部件的配置。

- 显示状态。本例中的显示状态为 < Default > _ Display _ State1，它是这个装配体使用的零部件的显示状态。

13.5.3　外部参考的搜索顺序

当任何父文档打开时，所有被父文档引用的文档也被载入内存。对于装配体来说，其所有部件根据每个部件在装配体保存时各自的压缩状态分别载入内存。

软件按照用户指定的路径搜索参考文档，路径可以是用户最后打开的一个文档，也可以是其他路径。如果仍然无法找到参考文档，则软件会让用户选择，或是浏览找到这个文件，或是不加载这个文件直接打开装配体。请参阅在线帮助的相关部分获取软件搜索路径的完全列表。

提示　　　当用户保存父文件时，在父文件中所有更新过的参考路径也都会被保存。

13.5.4　文件名

文件名应该唯一，以避免错误的引用关系。如果有两个不同的文件都叫作 bracket. sldprt，那么当一个父文件寻找这个零件时，将会使用根据搜索顺序首先找到的那个文件。

1）打开并保存过两个不同的都叫"支架 . sldprt"零件，当打开一个有引用"支架 . sldprt"零件的装配体时，系统默认使用在第一个搜索位置的零件。

2）在 SOLIDWORKS 软件中打开名为"框架 . sldprt"的零件，再打开一个有引用不同的"框架 . sldprt"零件的装配体时，系统会提示以下信息：正在打开的文档参考是与已打开的文档具有相同名称的文件，可以选择【无此文档而打开】装配体，系统会压缩"框架 . sldprt"零件的所有实例，或者选择【接受此文件】替换相同零件来打开装配体。

3）当【工具】/【选项】/【系统选项】【FeatureManager】/【允许通过 FeatureManager 设计树重命名零部件文件】处于勾选状态时，可以直接在 FeatureManager 设计树中为零部件重命名。

13.5.5　退回状态标记

在装配体中可以使用退回状态标记，使装配体退回到以前的某一状态：
- 装配体基准面、轴、草图。
- 关联的零件特征。
- 配合组。
- 装配体特征。
- 装配体阵列。

在退回状态标记之下的任何特征都被压缩，单独的零部件不能被退回。

13.5.6　重新排序

重新排序改变装配体中以下各项的顺序：
- 零部件。
- 装配体基准面、轴、草图。
- 装配体阵列。
- 关联的零件特征。
- 在配合文件夹内的配合关系。
- 装配体特征。

13.5.7　配合与配合文件夹

装配体中的配合关系被分成组放入名为配合的配合文件夹中。配合按照列表中的顺序求解，如图 13-7 所示。

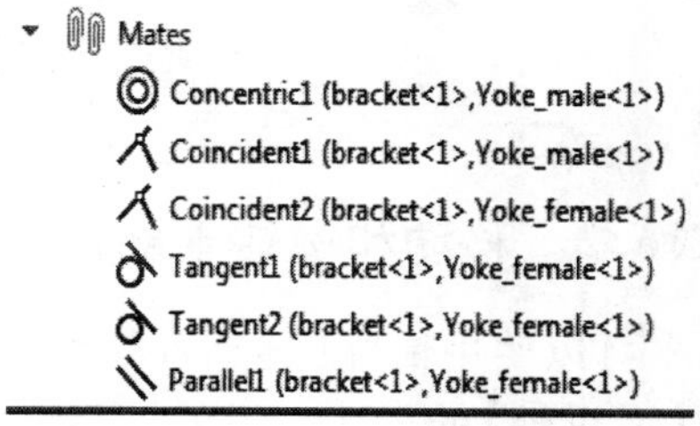

▾ 🔗 Mates
　◎ Concentric1 (bracket<1>,Yoke_male<1>)
　⼈ Coincident1 (bracket<1>,Yoke_male<1>)
　⼈ Coincident2 (bracket<1>,Yoke_female<1>)
　⟳ Tangent1 (bracket<1>,Yoke_female<1>)
　⟳ Tangent2 (bracket<1>,Yoke_female<1>)
　⟍ Parallel1 (bracket<1>,Yoke_female<1>)

图 13-7　配合与配合组

13.6　向装配体中添加零部件

第一个零部件插入装配体并完全定义后，就可以加入其他的零部件并与第一个零部件创建配合关系。在本例中，将向装配体中插入 Yoke_male 零件，并创建配合关系。这个零件在装配体中的配合状态应该是欠定义的，这样才能使其自由旋转。

向一个装配体中添加零部件的方法很多，如：

- 使用插入零部件对话框。
- 从 Windows 资源管理器中拖动零部件。
- 从一个打开的文件中拖动零部件。
- 从任务窗口拖动零部件。

本章将分别向读者介绍这些方法，下面首先使用插入零部件对话框，即使用【从零件制作装配体】命令时所出现的对话框。

 提示

> 和添加第一个零部件不同，其余零部件都以位置欠定义的方式添加进来。

13.6.1　插入零部件

使用【插入零部件】命令对话框来查找和预览零部件，并在当前装配体中添加零件。单击【保持可见】按钮可以添加多个零部件或添加某一零部件的多个实例。

知识卡片	
插入零部件	- 在 CommandManager 中单击【装配体】/【插入零部件】。 - 选择下拉菜单中【插入】/【零部件】/【现有零件/装配体】。 - 在 Windows 资源管理器中，将一个零部件拖至图形区域。

步骤 5　插入零件 Yoke_male　从下拉菜单中选择【插入】/【零部件】，并使用【浏览】选择零件 Yoke_male。在屏幕上定位该零件后，单击放置它，如图 13-8 所示。新的零部件在 FeatureManager 设计树中显示为 (-) Yoke_male <1>，表明该零部件是 Yoke_male 的第一个实例，处于欠定义状态，具有 6 个自由度。

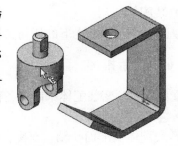

 技巧

> 在 FeatureManager 设计树中单击一个零件会使该零件高亮显示(亮绿色)，在图形区域移动光标到一个零件上，会显示该零件的特征名称。

图 13-8　插入 Yoke_male 零件

13.6.2　移动和旋转零部件

可以使用鼠标【移动零部件】或【旋转零部件】命令在装配体中移动或旋转零部件，当然还可以使用【三重轴】的方式。另外，还可以使用动态装配体运动，在设定好的零部件模拟机构运动中进行移动。

知识卡片	移动	【移动零部件】用于在空间移动零部件。
	操作方法	• 使用鼠标左键拖动一个零部件。 • 在 CommandManager 中单击【装配体】/【移动零部件】。 • 选择下拉菜单中【工具】/【零部件】/【移动】。

知识卡片	旋转	【旋转零部件】用于在空间旋转零部件。
	操作方法	• 使用鼠标右键拖动一个零部件。 • 在 CommandManager 中单击【装配体】/【移动零部件】/【旋转零部件】。 • 选择下拉菜单中【工具】/【零部件】/【旋转】。

> **提示**　　【移动零部件】和【旋转零部件】命令是一个统一的命令，通过在 PropertyManager 中选择【旋转】或【移动】选项，可以在这两个命令之间相互切换，如图 13-10 所示。

知识卡片	三重轴	使用【三重轴】可沿轴动态地移动或旋转零件。
	操作方法	• 右键单击零部件，从快捷菜单中选择【以三重轴移动】命令，如图 13-9 所示。

图 13-9　以三重轴移动

图 13-10　移动与旋转零部件

- 【移动零部件】命令提供了几个选项，用于定义移动零部件的方式。选项【沿实体】提供了一个选取项。下列三个选项：【沿装配体 XYZ】、【由三角形 XYZ】和【到 XYZ 位置】要求提供坐标值。
- 【旋转零部件】命令也提供了几个选项，以定义零部件是如何旋转的。

步骤 6　移动零部件　单击需要移动的零部件，拖动它到要配合的恰当位置附近，如图 13-11 所示。将在本章后面部分讨论"移动/ 旋转"零部件的其他选项。

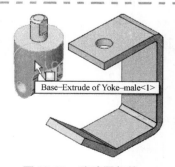

图 13-11　移动零部件

277

13.7　配合零部件

　　显然，拖动一个零部件不足以精确地组装一个装配体，应该使用表面和边来使零部件互相配合。由于装配在零件 bracket 中的其他零件是可以移动的，因此要保持正确的自由度。

	插入配合	用户可以利用【插入配合】在零部件之间或零部件和装配体之间创建关联，常用的配合关系是【重合】和【同轴心】。在 SOLIDWORKS 中，可以利用多种对象来创建零件间的配合关系，如： ● 面。 ● 基准面。 ● 边。 ● 顶点。 ● 草图线及点。 ● 基准轴和原点。 用户也可以在一对实体间创建零件间的配合关系，最常用的两个配合是【重合】和【同轴心】。
	操作方法	● 在 CommandManager 中单击【装配体】/【配合】◎。 ● 选择下拉菜单中的【插入】/【配合】。 ● 右键单击零部件选择【配合】◎。

> **提示** 可以使用配合图标选择配合类型，例如【重合】人。

13.7.1　配合类型和对齐选项

　　在零部件中选择对象，创建零件间的配合关系时，最常见的是选择两个面创建配合关系。对于相同的选择对象和相同的配合类型，又存在【反向对齐】和【同向对齐】两种不同的选项，所有这些条件都决定最终的结果。表 13-1 列出了选择两个相同平面配合时，反向对齐和同向对齐得到的不同的结果。

表 13-1　平面配合的反向对齐和同向对齐

	同向对齐	反向对齐
重合人 （平面位于一张无界平面内）		
平行\\\\		

（续）

	同 向 对 齐	反 向 对 齐
垂直⊥ 对齐选项不应用于垂直	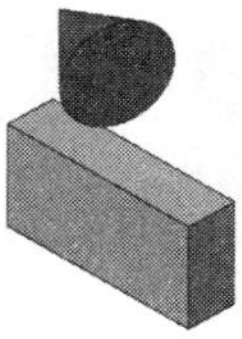	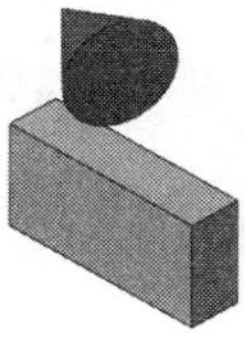
距离↔	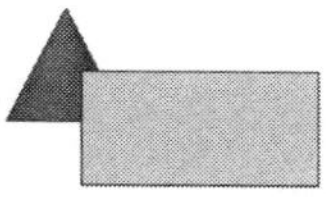	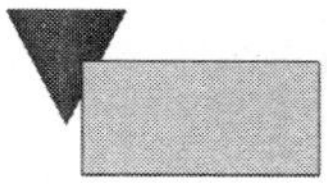
角度∠	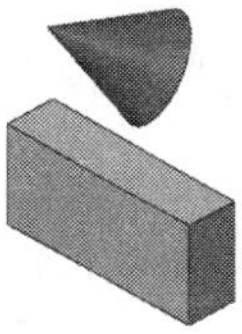	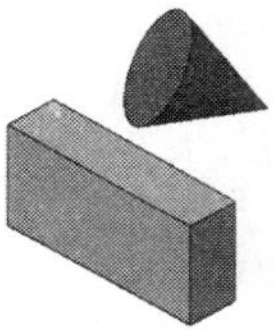

　　用于圆柱面的配合类型比较少，但它们却都很重要。表 13-2 列出了选择圆柱面配合时，反向对齐和同向对齐得到的不同的结果。

表 13-2　圆柱面配合时反向对齐和同向对齐

所 选 平 面	反 向 对 齐	同 向 对 齐
同轴心◎ 	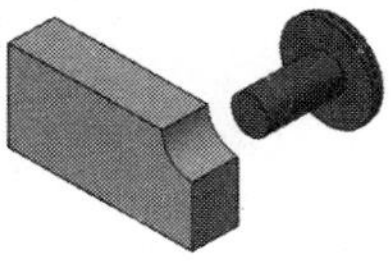	
相切⌀ 	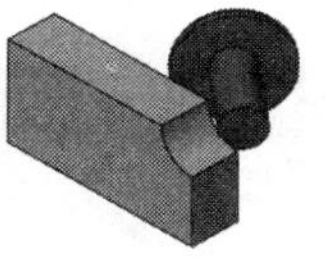	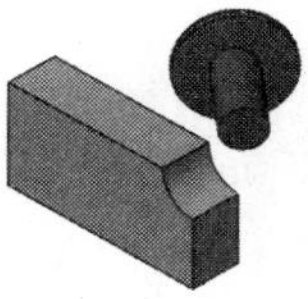

279

通过【距离】 ⊷ 配合圆柱面时有一些不同的选项，见表 13-3。

表 13-3　通过距离配合圆柱面的不同选项

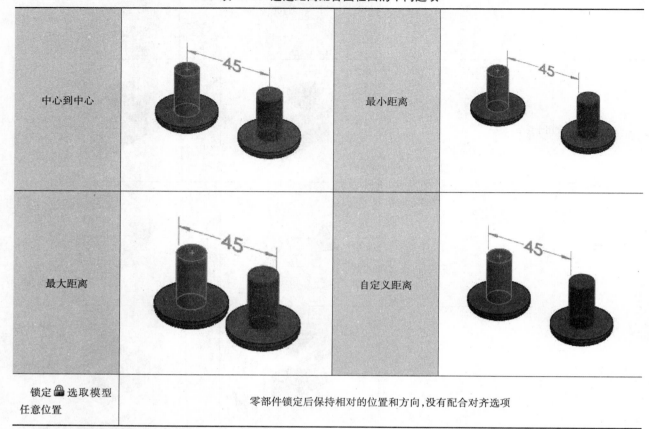

中心到中心		最小距离	
最大距离		自定义距离	
锁定 🔒 选取模型 任意位置	零部件锁定后保持相对的位置和方向，没有配合对齐选项		

1. 常用按钮　所有控件都有 3 个常用按钮：

- 🔄【撤销】。
- 🔁【反转配合对齐方式】。
- ✅【确定】或【添加/完成配合】。

此外，【配合关系】对话框自身也有 🔛 和 🔝 两个配合对齐方式按钮。

技巧 当配合创建好后，可以在配合图标上单击右键，从快捷菜单中选择【反转配合对齐】来反转配合的对齐方向。

2. 配合对象　用户可以采用多种拓扑对象和几何对象来创建配合关系。不同的选择可以创建多种多样的配合关系(见表 13-4)。

表 13-4　多种多样的配合关系

拓扑/几何体	选　择	配　合
平面或曲面		

（续）

拓扑/几何体	选　择	配　合
直线或直线边	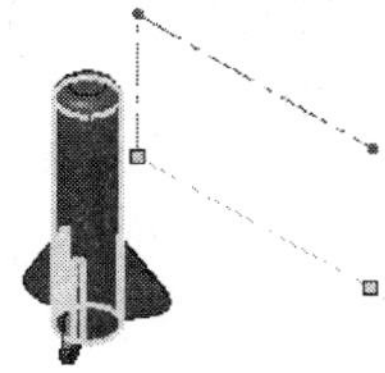	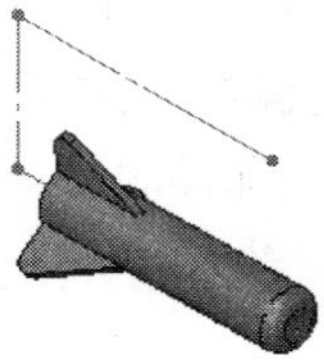
基准面	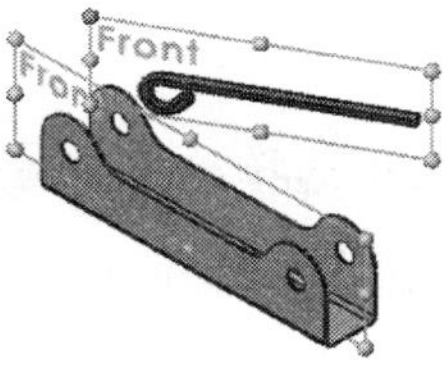	
基准轴或临时轴	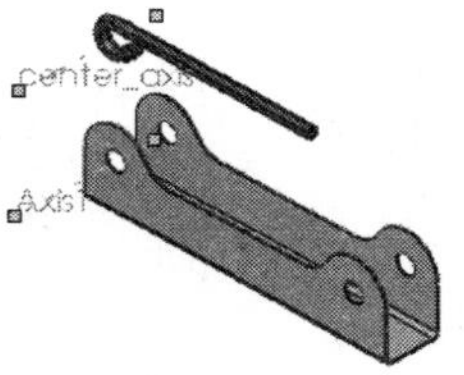	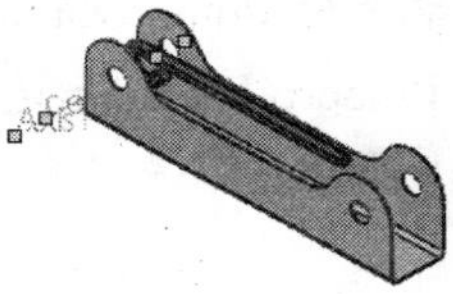
点、顶点、原点或坐标系	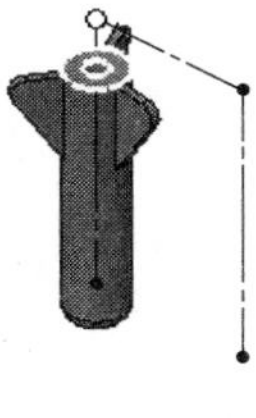	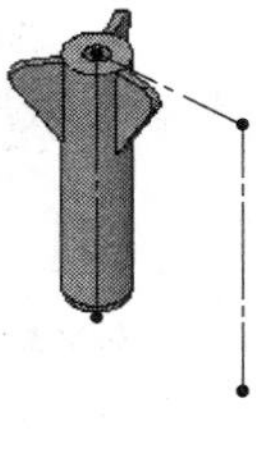
圆弧或圆形边		

281

技巧　当基准面在屏幕上处于显示状态时，显然用户可以从视图区直接选择它们。但是在装配体文件的 FeatureManager 设计树中按照名字来选择参考基准面则更加方便。单击"＋"号显示设计树，并且展开单独的零部件及其特征。

13.7.2　同轴心和重合配合

在本例中，零件 Yoke _ male 需要加入配合关系，使它的轴插入到零件 bracket 的孔中，并且它的一个面要与零件 bracket 的内壁接触。这里将使用【同轴心】和【重合】两个配合关系。

1. 选择过滤器　选择过滤器在创建配合时很有用，因为很多配合需要选择表面，所以可以把【选择过滤器】设置为选择表面。

知识卡片	选择过滤器	• 在标准工具栏上单击【切换选择过滤器工具栏】▢，并选择一个和多个过滤器类型。 • 按 F5 键。

> 技巧　选择过滤器可以通过几何类型缩小选择范围，例如面或边线。

步骤 7　打开配合的 PropertyManager
在装配体工具栏中单击【插入配合】◐，打开配合的 PropertyManager，如图 13-12 所示。当 PropertyManager 是打开时，用户不用按住 Ctrl 键就可以选择多个表面。

图 13-12　配合的 **PropertyManager**

2. 配合选项　对所有的配合关系而言，图 13-13 所示的 4 个选项都是可用的。

1）添加到文件夹。建立一个新的文件夹，用来包含【配合】工具处于激活状态时创建的所有配合关系。该文件夹存在于配合关系文件夹中，并且可重新命名。

2）显示弹出对话。用户可在配合弹出对话框的开和关状态之间转换。

3）显示预览。当配合所需的第二个对象被选择后，零件立即移动至新添加的配合所约束的位置，直到零件被完全定位，然后单击对话框的【确定】。

4）只用于定位。该选项只是用来定位几何体，而并不约束它，所以不会添加新的配合关系。

5）使第一个选择透明。该选项使得第一个选择的零件在添加配合时变得透明。

3. 配合弹出工具栏　【配合弹出】工具栏（见图 13-14），通过在屏幕上显示出可用的配合类型，使用户可以方便地选择配合关系。可用的配合类型随着选用不同的几何体而改变，并且与出现在 PropertyManager 中的配合类型保持一致。

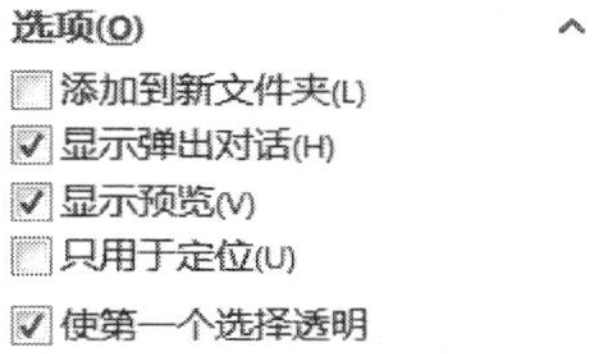

选项(O)
- ☐ 添加到新文件夹(L)
- ☑ 显示弹出对话(H)
- ☑ 显示预览(V)
- ☐ 只用于定位(U)
- ☑ 使第一个选择透明

图 13-13　配合选项  　　　　　　　　　　　图 13-14　配合弹出工具栏

　　屏幕上的工具栏和 PropertyManager 对话框可同时使用，本章利用前者。所有的配合类型均列在前面表格"配合类型和对齐方式"中。

　　步骤8　选择和预览　选择如图 13-15 所示的零件 Yoke_male 和零件 bracket 的圆柱面。当选择第二个圆柱面时，将显示【配合弹出】工具栏。在默认状态下，【同轴心】配合被选中，并且能够预览配合关系。

　　步骤9　添加配合关系　在【配合选择】列表中列出了可选择的表面，该列表中应该只含有两个项目。选中【同轴心配合】，单击【确定】。

　　步骤10　选择平面　稍微旋转一下视图，选择零件 bracket 如图 13-16 所示的下表面。

　　步骤11　选择其他　回到等轴测视，图并选择零件 Yoke_male 的上表面，如图 13-17a 所示。在 bracket 的下表面和 Yoke_male 的上表面之间添加【重合】配合，如图 13-17b 所示。

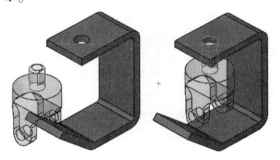

图 13-15　选择和预览

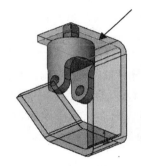

图 13-16　选择平面

　　步骤12　查看列出的配合关系　配合关系(如同心和重合)在【配合】列表框中列出，如图 13-18 所示。当单击 PropertyManager 对话框中的【确定】时，配合关系会被自动加入到配合文件夹中。

　　如果不想将它们加入到配合文件夹中，可将它们从【配合】的列表框中删除。单击【确定】。

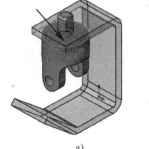
　　　　　　a)

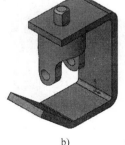
　　　　　　b)

图 13-17　选择其他

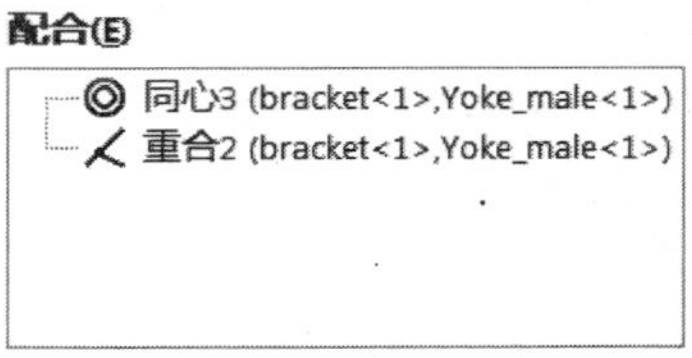

配合(E)
- ◎ 同心3 (bracket<1>,Yoke_male<1>)
- ✕ 重合2 (bracket<1>,Yoke_male<1>)

图 13-18　列出的配合关系

步骤 13　查看约束状态　零件 Yoke _ male 在 PropertyManager 设计树中显示为未完全约束，如图 13-19 所示。该零件仍然可以围绕它的圆柱面轴旋转。通过拖拽零件 Yoke _ male，便可检验它的运动状态。

步骤 14　选择导览列　选择零件 Yoke _ male 的一个面，视口的左上方会出现对应的选择导览列，如图 13-20 所示。

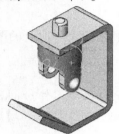

图 13-19　约束状态

图 13-20　选择导览列

图标带从右到左显示了从面、特征、实体、零件到最终装配体的层次关系。在图标带的下面是对应特征的相关草图。在图标带的上方是该零件相关的配合。

提示　右键单击图标带中的任意一个可以对相关特征进行编辑。在视口空白区域单击可以取消对面的选择。

步骤 15　打开 Windows 资源管理器　由于 SOLIDWORKS 是基于 Windows 开发的应用程序，它支持标准的 Windows 技术，如"拖放"。零部件文件可以从资源管理器窗口拖动并添加到装配体中。拖放 spider 零件到图形区域，如图 13-21 所示。

步骤 16　同轴心配合零件 spider　在零件 spider 和 Yoke _ male 的圆柱面之间添加【同轴心】配合，结果如图 13-22 所示。

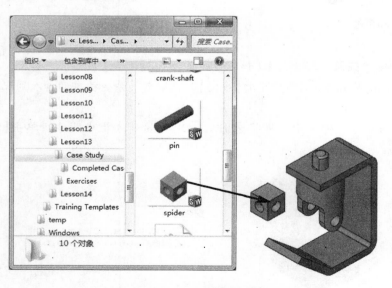

图 13-21　在 Windows 资源管理器中添加零部件

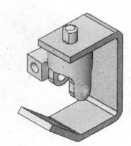

图 13-22　同轴心配合

13.7.3　宽度配合

【宽度】配合是【配合】对话框中【高级配合】栏里的一个选项。选项中包含两个【宽度选择】和两个【薄片选择】。薄片面以宽度面为中心来定位零部件。零件 spider 将以零件 Yoke_male 和 Yoke_female 为中心进行定位。

1. 宽度选择　【宽度选择】选项的内容构成"外"表面，用以包含其他零部件。

2. 薄片选择　【薄片选择】选项中的内容构成"内"表面，用以定位零部件。

表 13-5 列出了一些宽度选择和薄片选择的例子。

表 13-5　宽度选择和薄片选择

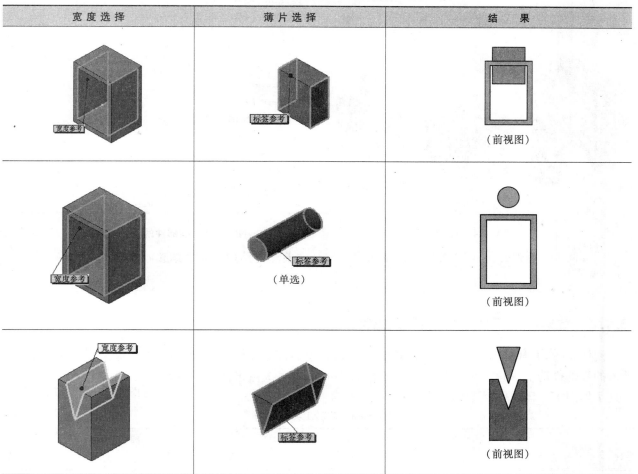

宽度选择	薄片选择	结　果
宽度参考	标签参考	（前视图）
宽度参考	标签参考（单选）	（前视图）
宽度参考	标签参考	（前视图）

　　步骤 17　创建宽度配合　从下拉菜单中选择【插入配合】◎，并选择【高级配合】选项。单击【宽度】⑴配合，并将约束设置为【中心】，如图 13-23 所示。

　　步骤 18　查看零部件的配合关系　高级配合通常需要附加输入，在本例中需要输入两对选择。单击【宽度选择】并从零件 Yoke_male 中选择如图 13-24a 所示的两个内表面。单击【薄片选择】并从零件 spider 中选择如图 13-24b 所示的外表面。配合将零件 spider 置于 Yoke_ male 缝隙的中间，保持两端间隙相等，如图 13-24c 所示。在 FeatureManager 设计树中，展开零件 spider 文件。名为 Universal Joint 中的配合文件夹被添加到了已配合的各个零部件中，如图 13-25 所示。该文件夹包含了利用零部件的参考几何体创建的各种配合关系。该文件夹是【配合】文件夹的子集，而【配合】文件夹包含了已配合的各种配合关系。

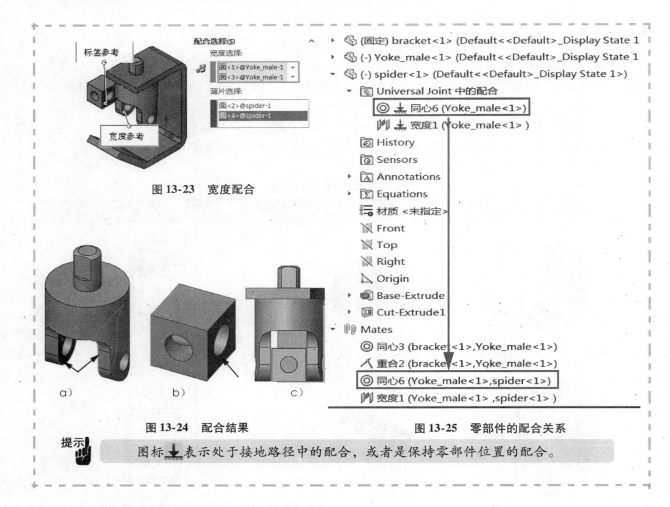

图 13-23　宽度配合

图 13-24　配合结果

图 13-25　零部件的配合关系

提示　图标 ⏚ 表示处于接地路径中的配合，或者是保持零部件位置的配合。

13.7.4　旋转在装配体中插入的零部件

使用 13.6.1 章节的方法插入零部件，可以在定位前使用旋转在装配体中插入的零部件功能。角度可以设定，并根据需要的方向多次点击按钮。旋转工具条如图 13-26 所示，具体示例见表 13-6。

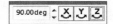

图 13-26　旋转工具条

表 13-6　旋转工具条示例

原图	围绕 X 轴旋转	围绕 Y 轴旋转	围绕 Z 轴旋转

知识卡片	旋转在装配体中插入的零部件	● 快捷菜单：单击【插入零部件】并单击一个旋转轴。

步骤19　插入并旋转零部件　单击【插入零部件】并选择 Yoke_female 零件，先不单击视图区放置零部件（见图13-27）。单击【围绕 Z 轴旋转零部件】 两次并单击视图区放置零部件。

步骤20　添加同轴心配合　选择如图13-28所示的圆柱面，在它们之间加入【同轴心】配合。

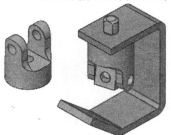

图 13-27　插入并旋转

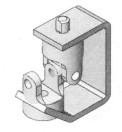

图 13-28　同轴心配合

1. 使用零部件预览窗口　【零部件预览窗口】是一个方便能使配合选择更加容易的工具。当一个零件被选择使用的时候，系统会为装配体和零部件创建一个分离的视口。每个视口都支持单独的缩放、滚动、缩放。

知识卡片	零部件预览窗口	● 菜单：选择一个零部件后单击【工具】/【零部件】/【预览窗口】。
		● 快捷菜单：右键单击选中一个零部件后选择【零部件预览窗口】 。

步骤21　预览窗口　右键选中零件 spider 然后选择【零部件预览窗口】 ，如图13-29所示。分离的视口同时包含了装配体和零件 spider，单击配合 。

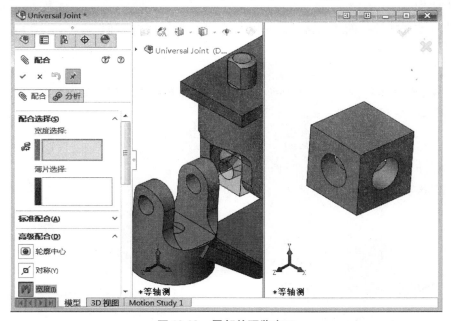

图 13-29　零部件预览窗口

步骤22　选择　单击【宽度】，选择两个零件之间宽度匹配的面。使用视图或者选择其他来选中这个面对。零件 spider 被放置在零件 Yoke_female 部件的正中间。如图 13-30 所示。单击【确定】。

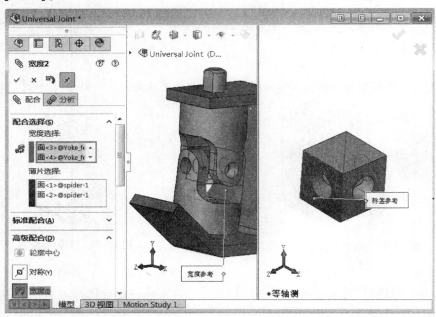

图 13-30　零部件预览窗口

步骤23　退出预览窗口

2. 潜在的过定义条件　选择如图 13-31 所示零件 Yoke_female 和零件 bracket 的面。因为这两个零件之间存在间隙，所以【重合】配合是没有解的。间距阻止了【重合】配合。

13.7.5　平行配合

平行配合使得被选择的平面或基准面之间相互平行，而不强求它们之间必须相互接触。

图 13-31　潜在的过定义条件

步骤24　**创建平行配合**　选择【平行】配合关系以维持面之间的间距，如图 13-32 所示。按 G 键，用放大镜观察缝隙，如图 13-33 所示。

图 13-32　放大缝隙

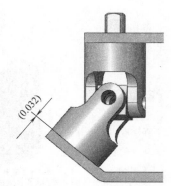

图 13-33　平行配合

13.7.6　动态模拟装配体的运动

拖动任意一个欠定义的零部件，以显示其在剩余自由度所允许的范围内进行的运动。

 提示　　固定的或完全定义的零部件不能被拖动。

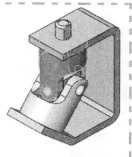

步骤 25　拖动零部件　拖动零部件 Yoke_male 并转动，与之相配合的零部件 spider 和 Yoke_female 将随着它一起运动，如图 13-34 所示。

图 13-34　拖动零部件

13.7.7　显示装配体中的零件配置

向装配体中添加一个零件时，用户可以选择该零件的某一个配置被显示。在插入零件后，甚至在创建配合关系后，用户也可以切换零件的配置。

13.7.8　第一个零件 pin

这个名为 pin 的零件包含两个配置：SHORT 和 LONG，如图 13-35 所示。这两个配置都可用于装配体中。在本例子中，将在装配体中使用两个 SHORT 配置和一个 LONG 配置。

图 13-35　pin 零件的两个配置

13.8　在装配体中使用零件配置

在装配体中可以多次使用同一个零件。装配体中零件的每个实例可以使用相同的配置，也可以使用不同的配置。在下面的步骤中，将在装配体中使用一个零件不同配置的多个实例。

可以使用多种方法产生零件的配置：

- 每个配置使用不同的尺寸值。
- 使用修改配置。
- 使用系列零件设计表。

通过从打开的文件窗口中拖动零件到装配体文件的方法，可以把零件 pin 插入到装配体中。

 提示　　若零件 bracket 的窗口仍是打开的，应在进行下一步之前关闭它。

步骤 26　拖放 pin 零件到装配体中　打开零件 pin 的文件窗口，平铺该窗口和装配体窗口。拖动 FeatureManager 设计树中顶部的零件 pin（🔩 pin (LONG)）到装配体文件窗口中，如图 13-36 所示。零件 pin 的一个实例就加入到了装配体中。

⚠️ 注意　　零件 pin 是一个包含多种配置的零件，这样的零件将其采用的配置作为该零件文件名的一部分。在本例中，零件 pin 的实例〈1〉使用的是 LONG 配置，如图 13-37 所示。零件的不同实例可以使用不同的配置。

 提示　　显示状态多用于装配体环境，但也可用于多实体零件环境。详细信息请参阅《SOLIDWORKS® 高级装配教程》(2014 版)。

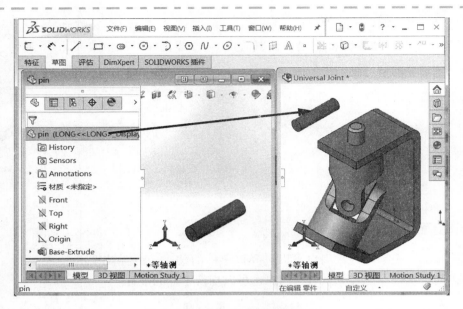

图 13-36　拖放 pin 零件到装配体

步骤 27　添加同轴心配合　选择图 13-38 所示圆柱面，在零件 Yoke_female 和 pin 之间添加【同轴心】配合关系，如图 13-38 所示。当使用配合关系对话框时，可拖动零件 pin，如图 13-39 所示。

步骤 28　添加相切配合　在零件 pin 的末端平面和零件 Yoke_female 的圆柱面之间添加【相切】配合关系，如图 13-40 所示。

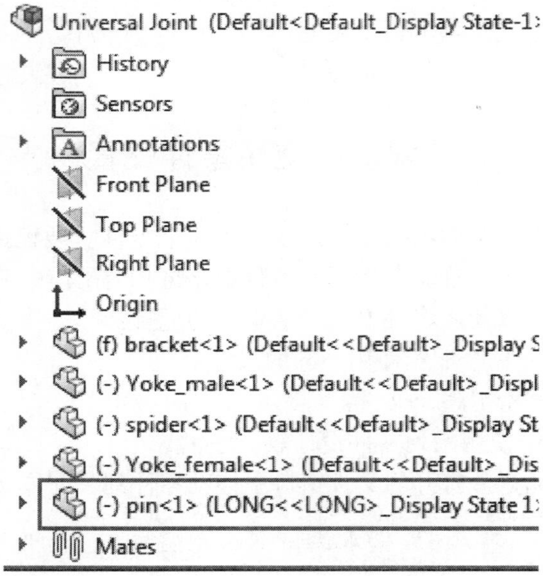

图 13-37　使用 LONG 配置的 pin 零件

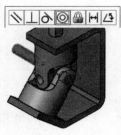

图 13-38　同轴心配合

图 13-39　拖动 pin 零件

图 13-40　相切配合

13.8.1 第二个零件 pin

装配体中还需要零件 pin 的第二个实例，这是一个短的版本：SHORT 配置。下面将打开零件 pin，并平铺装配体和零件窗口，显示零件的 ConfigurationManager。

13.8.2 打开一个零部件

在装配体工作状态下，当用户需要访问零部件时，可以直接通过装配体打开零部件，而不需要使用【文件】/【打开】命令。这里所说的零部件可以是一个零件，也可以是一个子装配体。

> **步骤29 层叠窗口** 从下拉菜单中选择【窗口】/【层叠】，使零件和装配体窗口都可见。切换到零件 pin 的 ConfigurationManager。
>
> **步骤30 拖放配置** 从零件窗口的 ConfigurationManager 中拖动 SHORT 配置，并放置到装配体的视图窗口，如图 13-41 所示。用户可以从 ConfigurationManager 中拖放任何配置，不一定是激活的配置。
>
>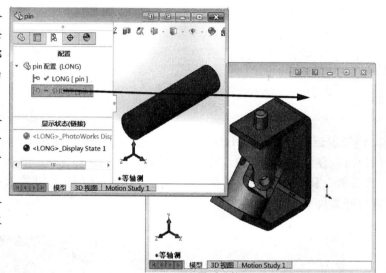
>
> 图 13-41 拖动 SHORT 配置到 pin 零件

1. 使用【插入零部件】命令浏览零件及其相关的配置，可以获得相同的效果。

2. 在使用资源管理器情况下，当用户拖放含有配置的零件时，会显示一个选择配置列表框，如图 13-42 所示。从中可以选择需要的配置。

3. 添加零部件之后，单击该零部件并从上下文工具栏或【零部件属性】中选择配置名称，如图 13-43 所示。

图 13-42 选择配置列表框

图 13-43 零部件属性

291

步骤 31　查看第二个实例　现在装配体中增加了零件 pin 的第二个实例，此次使用的是 SHORT 配置。该实例加入后，便会在 FeatureManager 设计树中显示相应的配置类型名，如图 13-44 所示。

步骤 32　配合零部件　添加【同轴心】和【相切】配合关系来约束零件 pin 的第二个实例，如图 13-45 所示。

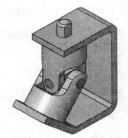

图 13-44　FeatureManager 上的显示　　　　图 13-45　配合零部件

2. 浏览最近文档　在 SOLIDWORKS 中包含一个最近打开文档的记录表，可用于快速访问所需的文件。用户可以使用快捷键 R 激活【最近文档】浏览器，如图 13-46 所示。

"大头针"图标可以用来在最近文档列表中锁定该文档。【在文件夹中显示】的链接用来在文档保存的位置打开文件夹。

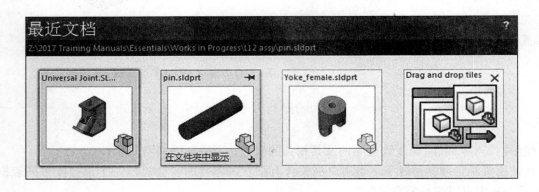

图 13-46　最近文档浏览器

知识卡片	浏览最近文档	● 快捷键：按 R 键。

技巧　单击图像右下角的 ⌐ 可以打开一个对话框，该对话框含有打开文件时的多个选项，包括选择模式、配置和显示状态。单击【在文件夹中显示】可以查看文件位置。

步骤 33　切换文档　切换到 pin. sldprt 文档并关闭，使装配体窗口最大化。

13.9 复制零部件实例

在装配体中，很多零件和子装配体都会用到不止一次。要创建零部件的多个实例，用户可以把已有的零部件复制并粘贴到装配体中。

步骤34 拖动零件进行复制 按住 Ctrl 键，从装配体 FeatureManager 设计树中拖动 SHORT 配置的 pin 零部件，结果在装配体中得到了 SHORT 配置的另一个实例，如图 13-47 所示。

技巧 用户也可以在视图窗口中选择零件，按住鼠标左键拖动，产生一个复制的零部件。

图 13-47 复制零部件

13.10 零部件的隐藏和透明度

隐藏一个零部件就是临时删除零部件在装配体中的显示图形，但零部件在装配体中还处于激活状态，如图 13-48 所示。隐藏的零部件仍然滞留在内存中，并保持与其他零部件的配合关系。在诸如质量属性计算这样的操作中仍需考虑隐藏零部件的存在。

改变零部件的透明度可以方便用户选择位于该零部件之后的实体，如图 13-49 所示。

图 13-48 零部件的隐藏

图 13-49 零部件的透明度

知识卡片	隐藏零部件/显示零部件	使用【隐藏】命令可以关闭一个零部件的显示，以更清楚地观察装配体中其他的零部件。零部件被隐藏后，它在 FeatureManager 设计树中的图标变为白色，如：(f) bracket<1>。【显示】命令用来恢复被隐藏零部件的显示。
	操作方法	• 右键单击零部件，从快捷菜单中选择【隐藏零部件】或【显示零部件】。 • 在显示窗格单击零部件对应的【隐藏/显示】。 • 快捷键：光标放到一个零部件上，按 Tab 键隐藏零部件，按 Shift + Tab 键显示零部件。
知识卡片	更改零部件的透明度	使用【更改透明度】命令可使零部件的透明度为 75%，也可使零部件的透明度恢复为 0%，除非用户按住 Shift 键，否则会穿过透明的零部件而选取被它遮挡的零部件。在 FeatureManager 设计树中，透明的零部件的图标没有变化。
	操作方法	• 右键单击零部件，从快捷菜单中选择【更改透明度】。 • 在显示窗格单击零部件对应的【透明度】。

步骤35　隐藏零件 bracket　同时按下 Shift 键和左箭头键一次，改变视图的方向。选择零件 bracket，单击【隐藏/显示零部件】以隐藏零部件，如图 13-50 所示。

步骤36　完成配合　使用【插入配合】命令添加【同轴心】和【相切】配合关系，完成该零件的配合，结果如图 13-51 所示。

步骤37　显示零件　再次选择零件 bracket，并单击【隐藏/显示零部件】命令以恢复图形的显示，如图 13-52 所示。

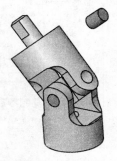
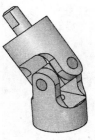

图 13-50　隐藏零件 bracket　　　　图 13-51　完成配合　　　　图 13-52　显示零件 bracket

步骤38　回到上一视图状态　单击视图工具栏中的【上一视图】，可以回到前一个视图状态。无论视图状态是否保存，每次单击该按钮，系统就退回到列表中的前一个视图状态。单击一次该按钮，回到原先的"等轴测视图"状态。

步骤39　可视化参考　在装配体中，【动态参考可视化】可以用来识别配合依赖的零件和零件参与的配合，如图 13-53 所示。

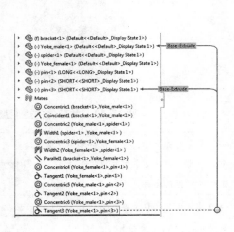
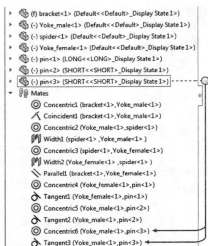

图 13-53　可视化参考

13.11　零部件属性

【零部件属性】对话框单独控制零部件的各种状态，如图 13-54 所示。

1. 模型文件路径　显示装配体中零部件的路径，用户可以通过选择【文件】/【替换】命令替换成其他的文件。

2. 显示状态特定的属性　可以隐藏或显示零部件，也可以选择零部件的显示状态。

3. 压缩状态　压缩、还原或设置零部件为轻化状态。

图 13-54 零部件属性

4. 求解为 确定子装配是刚性状态还是柔性状态。这将允许在父装配体中移动子装配体的各个零部件。

5. 所参考的配置 确定零部件所使用的配置。

知识卡片	零部件属性	• 右键单击一个零部件,选取【零部件属性】。

步骤40 零部件属性 右键单击零件 pin <3>,从快捷菜单中选择【零部件属性】。在【所参考的配置】选项中选择 SHORT 配置。利用该对话框还可以改变零件在装配体中使用的配置、压缩状态,也可以隐藏一个实例。单击【取消】。

13.12 子装配体

可以通过拖放把已有的装配体文件插入到当前装配体中。当一个装配体文件被加到一个已存在的装配体时,可以将它称为当前装配体的子装配体。然而对 SOLIDWORKS 软件来说,它仍然是一个装配体文件(*.sldasm)。

子装配体及其所有的零部件都将加入到 FeatureManager 设计树中,该子装配体一定要通过它的一个零部件或参考基准面来与当前装配体进行配合。不管其中有多少个零部件,系统都把子装配体当作一个零部件来处理。

在零件 crank 基础上新建装配体,该装配体将用作子装配体。

操作步骤

步骤1 新建装配体 使用 Assembly_MM 模板创建新的装配体。在【开始装配体】的 PropertyManager 中,单击【保持可见】,并向装配体中添加零件 crank-shaft。将该零件放置在装配体的原点并设为【固定】状态,如图 13-55 所示。

步骤2 添加零部件 使用同一个对话框,向装配体中添加零件 crank-knob 和 crank-arm,如图 13-56 所示。关闭对话框。

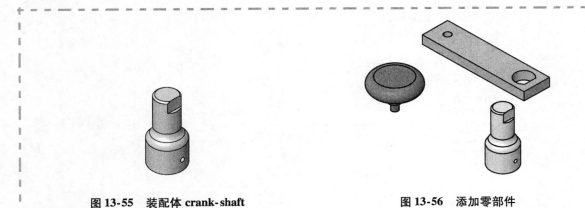

图 13-55　装配体 crank-shaft　　　　　　　图 13-56　添加零部件

13.13　智能配合

在零部件之间可以通过直接拖拉来添加配合关系，这种方法称为【智能配合】。其方法是使用 Alt 键配合标准的 Windows 拖放技巧。

和使用【配合】工具来设置配合的类型及其他属性一样，【智能配合】也使用相同的【配合弹出】工具栏。所有的配合都可用【智能配合】来创建。

不使用【配合弹出】对话框也可以创建多种配合关系，但要求使用 Tab 键来切换配合对齐方式。

步骤3　使用智能配合添加同轴心配合关系　按照以下步骤，使用【智能配合】技巧来添加【同轴心】配合关系：

1）按住 Alt 键并拖动零件 crank-arm。

2）单击并选中零件 crank-arm 的顶部圆柱表面。

3）在零件 crank-shaft 的圆柱表面上移动零件 crank-arm。

4）当显示 工具提示时，放置零件 crank-arm。该提示表明配合关系是【同轴心】。

5）选中【配合弹出】工具栏中的【同轴心】配合类型。　　　　　图 13-57　智能配合的同轴心

在零件 crank-arm 和 crank-shaft 之间，便加入了【同轴心】配合关系，如图 13-57 所示。

技巧　可以在选择配合的一张面之前或之后按 Alt 键。

步骤4　使用智能配合添加平行配合关系　旋转零件 crank-arm，并使用拖曳的方法选择配合平面。选中配合平面，按下 Alt 键并拖动零件 crank-arm 到零件 crank-shaft 的平面上。当显示 工具提示时，放置零件 crank-arm。该提示表明平面间的配合关系是【重合】关系。

使用【配合弹出】工具栏，将配合关系切换为【平行】配合类型，如图 13-58 所示。

步骤5　使用智能配合添加重合配合关系　选择零件 crank-arm 的边，按下 Alt 键并拖动零件 crank-arm 到零件 crank-shaft 的平面上。当显示 工具提示时，放置零件 crank-arm。该提示表明边和平面间的配合关系是【重合】关系。使用【配合弹出】工具栏来确认【重合】配合关系，如图 13-59 所示。

步骤6　使用智能配合的"栓和孔"添加配合关系　"栓和孔"是【智能配合】的一种特殊情况。"栓和孔"在一次拖放中创建两个配合关系。经过旋转零件 crank-knob，就可方便地实现这种操作。

选择零件 crank-knob 的圆形模型边，按下 Alt 键并拖动零件 crank-knob 到零件 crank-arm 顶部的圆形模型边上。当显示 符号提示时释放 Alt 键。该提示表明在这两个零件间添加了【重合】和【同轴心】两个配合关系。

按下 Tab 键反转零件 crank-knob，对齐并放置它，如图 13-60 所示。

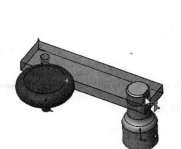

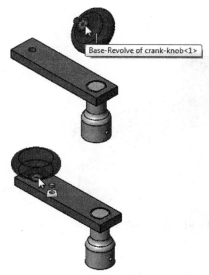

| 图 13-58　智能配合的平行 | 图 13-59　智能配合的重合 | 图 13-60　智能配合的"栓和孔" |

步骤7　保存　保存该装配体，重新命名为 crank sub，并保持打开状态。

| 知识卡片 | 隐藏所有类型 | 所有在 SOLIDWORKS 中使用的符号包括基准轴、坐标系、原点、基准面、草图、草图几何关系，都可以通过【隐藏所有类型】隐藏或者显示。当前的符号只有蓝色的坐标系原点。 |
| | 操作方法 | • 前导视图工具栏：【隐藏所有类型】 。
• 菜单：【视图】/【隐藏/显示】/【隐藏所有类型】。 |

13.14　插入子装配体

子装配体是将已有的一个装配体加入到处于激活状态的装配体中。所有的零部件和配合关系都被视为单个零件。

步骤8　隐藏所有类型　单击【隐藏所有类型】 将所有类型的可见性设为关闭，如图 13-61 所示。

步骤9　选择子装配体　使用【插入零部件】命令来选择子装配体。【插入零部件】对话框列出了【打开文件】列表框中所有打开的零件和装配体，如图 13-62 所示子装配体 crank sub 列在其中并被选中。

步骤10　放置子装配体　在零件 Yoke_male 顶部放置子装配体。展开子装配体图标，显示其中所有的零部件和其自身的配合组。

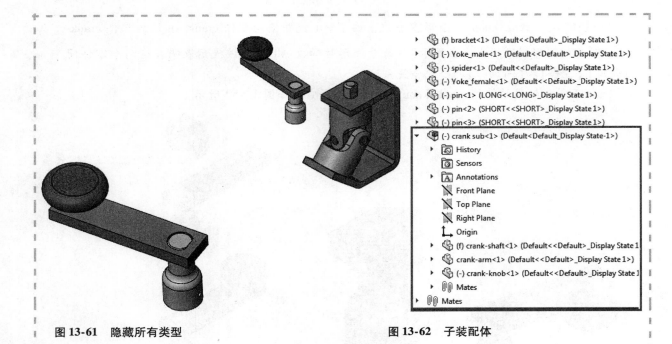

图 13-61   隐藏所有类型

图 13-62   子装配体

13.14.1   配合子装配体

　　和配合零部件时所遵循的配合规则一样，配合子装配体时也要遵循同样的配合规则。子装配体被视为零部件。在配合子装配体时，既可使用【配合】工具，也可使用 Alt 键 + 拖动的方法，也可两者结合起来使用。

　　　　步骤 11   添加同轴心配合   使用 Alt 键 + 拖动的方法，在零件 Yoke_male 的顶部圆柱面和零件 crank-shaft 的圆柱面之间，添加一个【同轴心】配合关系，如图 13-63 所示。

　　　　步骤 12   添加平行配合   使用【配合】工具中的【平行配合】关系来创建零件 Yoke_male 中的侧平面与零件 crank-shaft D 形孔侧平面的配合关系。

　　　　步骤 13   选择对齐方式   本例中，利用配合的反向对齐条件来定位。单击【反转配合对齐】按钮来检验【反向对齐】（图 13-64）和【同向对齐】（图 13-65），在这里使用【反向对齐】。

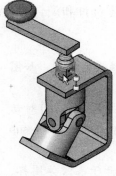

图 13-63   同轴心配合

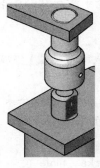

图 13-64   反向对齐

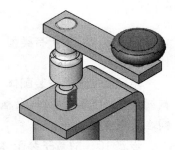

图 13-65   同向对齐

提示

问：为什么在这里不使用【重合】配合关系呢？

答：因为除非两个平面的尺寸完全相等并且轴和对应孔的尺寸完全相等，否则重合的配合关系将会出现过定义装配体。

13.14.2　距离配合

【距离】配合允许所配合的零部件之间有一定间隙，可以把它当作指定偏移距离的平行配合。对于这种配合，通常不止有一个解，需要用【反转配合对齐】或【反转尺寸】等选项来决定两个零件的距离配合方法和位置。

13.14.3　单位系统

【单位系统】可以控制文档输入及质量属性计算的单位。可以通过【工具】/【选项】/【文档属性】/【单位】/【单位系统】来设置相同的选项。也可以在状态栏上单击【单位系统】并从下拉列表中选择 IPS（英寸、磅、秒），如图 13-66所示。

当然，用户在输入尺寸时，可以输入与文档单位不同的单位系统。在尺寸大小栏，用户可以输入所需单位的简写，也可以从下拉菜单中选择单位，如图 13-67 所示。

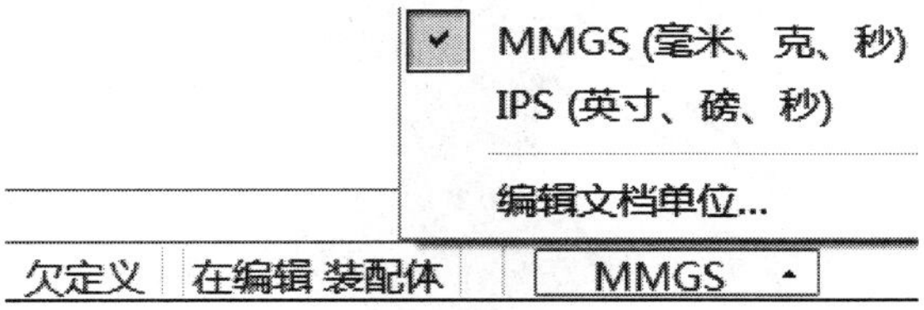

图 13-66　修改单位系统

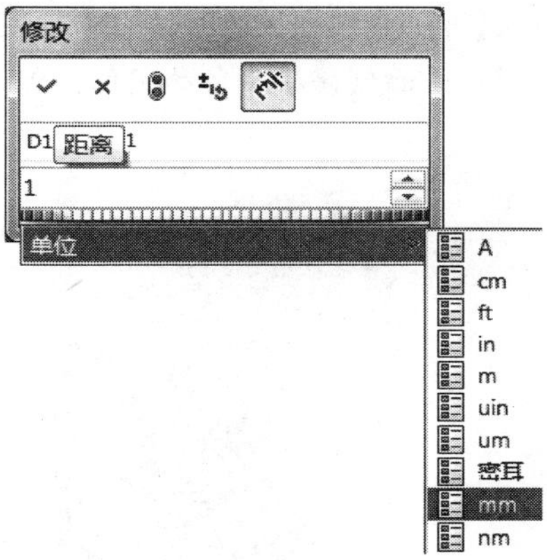

图 13-67　更改单位系统

步骤 14　选择表面　选择零件 bracket 的顶部表面和零件 crank-shaft 的底部表面来建立距离配合关系，如图 13-68 所示。

步骤 15　添加距离配合　指定 1/32in 的距离，该单位与文档的单位不一致，如图 13-69 所示。如果零件 crank-shaft 进入到零件 bracket 内部，则在 PropertyManager 中选中【反转尺寸】。单击【确定】建立距离配合关系。

技巧

在 FeatureManager 设计树中双击一个【距离】或【角度】配合关系，将在屏幕上显示相应的值。装配体指定的单位便是该值所使用的单位，本例为毫米，如图 13-69 所示。

步骤 16　在 FeatureManager 设计树中选择子装配体　在 FeatureManager 设计树中选择子装配体 crank sub，子装配体中的所有零部件均被选择，并高亮显示，如图 13-70 所示。

技巧

用户也可以在视图窗口中，右键单击子装配体的零件并选择【选取子装配体】。

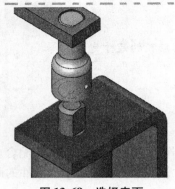

图 13-68 选择表面

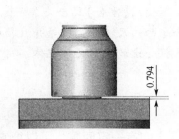

图 13-69 配合值的单位

图 13-70 选择子装配体

步骤 17 装配体动态运动模拟 选择【更改透明度】命令来改变零件 Yoke 和零件 pin 的透明度，移动零件 crank-arm 以显示零件 spider 的运动，如图 13-71 所示。

当选择配合选项中的【只用于定位】命令时，无需添加配合关系的约束，就可以放置几何体。这种方法用于创建工程图视图。

步骤 18 定位配合 单击【配合】◎并选择【只用于定位】选项，选择如图 13-72 所示的平面及【平行】配合关系。单击【确定】。

两个平面创建了平行的定位，但配合组中没有加入任何配合关系。保存并关闭该装配体。

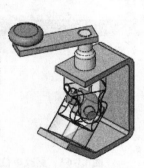

图 13-71 动态运动模拟

图 13-72 定位配合

13.15 打包

【打包】用于将装配体中所有相关文件收集到一个文件夹或 zip（压缩）文件中，尤其适合用于很多装配体文件中的零部件在不同的文件夹中的情况，同时也可以包含附加的相关文件。

知识卡片	打包	• 从下拉菜单中选择【文件】/【打包】。

步骤 19 打包 单击【文件】/【打包】，使用默认的文件名称并选择【保存到 Zip 文件】及【平展到单一文件夹】选项，如图 13-73 所示。单击【保存】。
步骤 20 保存并关闭该零件

图 13-73　打包

练习 13-1　配合关系

本练习的任务是建立一个装配体文件（见图 13-74），并添加零件和配合关系（使用【插入配合】命令）。

本练习应用以下技术：
- 新建装配体文件。
- 向装配体中添加零部件。
- 配合零部件。

图 13-74　配合关系装配体

操作步骤

步骤 1　添加零件 Base　新建一个装配体。从 Mates 文件夹中将 RectBase 文件拖入装配体，并且与装配体原点完全约束，如图 13-75 所示。

步骤 2　添加零件 Connect　添加一个 EndConnect 实例到装配体中。在 EndConnect 和 RectBase 之间添加一个 10mm 的距离约束。重合配合的两个面如图 13-76 所示。

图 13-75　添加零件 Base

步骤3　添加零件 Brace　添加一个 Brace 实例到装配体中。在 Brace 和 RectBase 之间添加重合约束，如图 13-77 所示。Brace 位于 EndConnect 零件的中心孔，如图 13-78 所示。

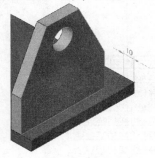
图 13-76　添加零件 Connect

图 13-77　添加零件 Brace

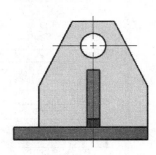
图 13-78　Brace 位于中心孔

技巧⚷　利用参考基准面的重合约束保证零件的居中重合关系。

步骤4　附加零件　添加更多的 Brace 和 EndConnect 零件实例，将它们按如图 13-79 所示位置放置。

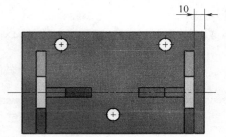

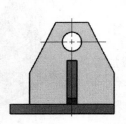
图 13-79　添加多个零件实例

步骤5　保存并关闭所有文件

练习 13-2　装配研磨器

本练习的主要任务是根据所给的步骤装配研磨器，如图 13-80 所示。

本练习应用以下技术：
- 新建装配体文件。
- 向装配体中添加零部件。
- 配合零部件。
- 装配动态运动。
- 智能配合。

图 13-80　研磨器

操作步骤

　　步骤 1　添加零件 Base　新建一个装配体文件(本练习中所有的零件均位于 Grinder Assy 文件夹中)。拖动零件 Base 到装配体中，并与装配体原点完全约束，如图 13-81 所示。

　　步骤 2　添加零件 Slider　把零件 Slider 添加到装配体中。在零件 Slider 和零件 Base 间创建一个楔形槽配合，需要创建宽度配合和重合配合，如图 13-82 所示。

　　步骤 3　复制零件 Slider 添加另一个实例　在装配体中复制零件 Slider 添加另一个实例，如图 13-83 所示。这两个零件都可以在对应的楔形槽中自由地移动。

图 13-81　添加零件 Base

图 13-82　添加零件 Slider

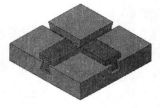
图 13-83　复制零件 Slider

　　步骤 4　创建子装配体 Crank　使用 Assembly _ IN 模板新建一个装配体文件。如图 13-84所示创建子装配 Crank。子装配 Crank 以爆炸和解除爆炸的状态来显示。

　　Crank 子装配包括以下的零件：

- 零件 Handle(1 个)。
- 零件 Knob(1 个)。
- 零件 Truss Head Screw(1)[#8-32 (.5"long)]配置。
- 零件 RH Machine Screw(2 个)[#4-40 (.625" long)]配置。

 注意　两个螺钉零件中包括多种配置，要注意选择正确的配置。

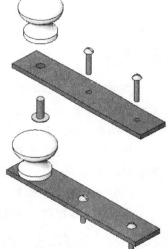
图 13-84　子装配体 Crank

　　步骤 5　在研磨器主装配中插入子装配体 Crank　平铺或层叠窗口，将子装配拖放到装配体文件中，如图 13-85 所示。

　　步骤 6　创建子装配的配合关系　将两个 RH Machine Screws 螺钉分别和两个 Sliders 相对应的孔创建【同轴心】配合；将子装配中的零件 Handle 底面和零件 Sliders 的顶面重合，如图 13-86 所示。

图 13-85　插入 Crank 子装配体

图 13-86　创建子装配的配合关系

练习 13-3　显示/隐藏零部件

本练习的主要任务是利用提供的信息，创建变速箱装配体，如图 13-87 所示。

本练习要求用户只利用不含尺寸的配合关系，因而没有提供尺寸。

本练习应用以下技术：

- 新建一个装配体。
- 向装配体中添加零部件。
- 零部件间的配合。
- 零部件的隐藏和透明度。
- 智能配合。

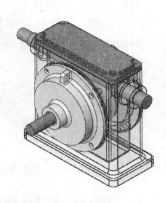

图 13-87　显示/隐藏零部件

操作步骤

步骤1　**新建装配体**　打开零部件 Housing，使用【从零件制作装配体】并利用 Assembly _MM 模板新建一个装配体文件。

步骤2　**添加零部件**　将所需的零部件添加到新的装配体文件中。

步骤3　**配合零部件**　将零部件 Cover _Pl&Lug(2)、Worm Gear Shaft 和 Worm Gear 装配至零部件 Housing 中，如图 13-88 所示。

步骤4　**隐藏零部件**　隐藏 Cover Plate 和其中一个零部件 Cover_ Pl&Lug，如图 13-89 所示。

步骤5　**添加更多零部件**　添加零部件 Worm Cear Shaft 和 Worm Gear。

技巧　使用宽度配合，将 Worm Gear 与 Housing 配合，如图 13-90 所示。

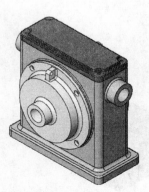

图 13-88　配合零部件

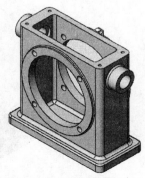

图 13-89　隐藏零部件

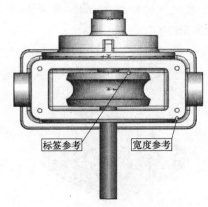

标签参考　　宽度参考

图 13-90　宽度配合

步骤6　**显示细节**　显示被隐藏的零部件。通过【改变透明度】调整零件 Housing 的显示。添加零件 Offser Shaft 及其配合关系。

技巧 **D**　图 13-91 显示了配合 Offset Shaft 到零件 Housing 上的细节。

步骤7　**保存并关闭装配体文件**

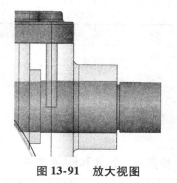

图 13-91　放大视图

练习 13-4　装配零件

本练习的主要任务是使用提供的零件来完成自底向上的装配体。在装配体中使用零件 allen wrench 的不同配置，创建六角扳手组，如图 13-92 所示。

本练习中应用以下技术：

- 向装配体中添加零部件。
- 配合零部件。
- 在装配体中使用零件配置。
- 打开一个零部件。

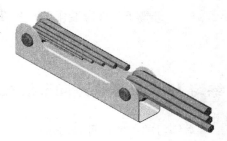

图 13-92　六角扳手组

操作步骤

步骤1　**打开现有的装配体**　打开现有的装配体文件 part configs（见图 13-93），该文件位于 Part DT inAssy 文件夹中。该装配体包括 3 个零件，其中零件 Pin 和零件 Allen Wrench 具有多个实例。装配体中的每一个 Allen Wrench 实例，均使用了该零件的一个不同配置。

步骤2　**打开零件**　选择任意一个实例 Allen Wrench，打开零件 Allen Wrench，如图 13-94 所示。

步骤3　**编辑系列零件设计表**　编辑系列零件设计表，按表 13-7 所示修改每个配置的尺寸。只需修改 Length 列的尺寸，其他的尺寸保持不变。

图 13-93　装配体

图 13-94　Allen Wrench 零件

表13-7　修改尺寸

尺寸	Length	尺寸	Length
Size01	50	Size06	100
Size02	60	Size07	100
Size03	70	Size08	90
Size04	80	Size09	80
Size05	90	Size10	100

步骤4　添加和配合零件　在装配体中添加和配合另外的 3 个实例 Allen Wrench，图 13-95 说明了 3 个实例所用的配置及其尺寸、位置和名称。

 提示　　使用"这个配置"选项，可以只对当前激活的配置进行改动。

步骤5　保存装配体　保存并关闭装配体文件和零件文件。

图 13-95　添加和配合零件

练习 13-5　修改万向节装配体

本练习的主要任务是对现有装配体（见图 13-96）文件进行修改。本练习将应用以下技术：

- 添加零部件。
- 配合零部件。
- 从装配体中打开零件。
- 零部件的隐藏和透明度。

单位：in（英寸）

图 13-96　万向节装配体

操作步骤

步骤1　打开装配体 Changes　装配体 Changes 位于 U-Joint Changes 文件夹中。

步骤2　打开零件 bracket　在 FeatureManager 设计树中或图形区域选择零件 bracket，打开零件，如图 13-97 所示。

步骤3　编辑零件　双击第一个特征，并修改图中粗体下划线的尺寸值如图 13-98 所示。

步骤4　关闭并保存　关闭并保存零件 bracket，对装配体重新建模。

步骤5　修改装配体　零件修改后，装配体也同样发生变化。

步骤6　转动零件 crank　子装配体 crank 可以自由旋转并同时带动零件 Yoke_male、Yoke_female、Spider 和 Pin 移动，如图 13-99 所示。

步骤7　删除配合　在 FeatureManager 设计树中展开配合组，删除平行 12 配合。

步骤8　再次转动零件 crank　零件 crank 可以自由旋转，但是零件 Yoke 和 Spider 没有跟着一起转动，如图 13-100 所示。

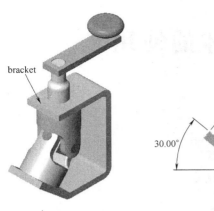

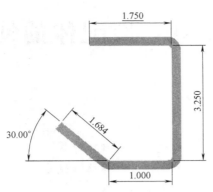

图 13-97　bracket 零件　　　　图 13-98　编辑零件　　　　图 13-99　转动零件 crank

步骤 9　插入螺钉　插入一个现有的零部件 set screw（螺钉）。使用一个【同轴心】配合，将该螺钉配合到零部件 crank-shaft 的小孔中，如图 13-101 所示。

步骤 10　隐藏零部件　隐藏零件 crank-shaft，在零件 set screw 和 Yoke_male 之间创建一个重合配合，如图 13-102 所示。

图 13-100　再次转动零件 crank　　图 13-101　插入零件 set screw　　图 13-102　隐藏零件 crank-shaft

步骤 11　显示零部件 crank-shaft

步骤 12　再次转动零部件 crank　子装配体 crank 同样可以自由旋转，由于螺钉的配合关系，其他零件可以和子装配体 crank 一起转动了。

步骤 13　保存并关闭装配体文件

第 14 章　装配体的使用

学习目标
- 进行质量特性计算
- 创建装配体爆炸视图
- 添加爆炸线
- 生成装配体的材料明细表
- 复制材料明细表到工程图

14.1　概述

本章通过使用一个万向节和其他的装配体，向读者介绍 SOLIDWORKS 装配体建模的其他方面知识，并将分析和编辑已建立的装配体，并且以爆炸的状态显示该装配体。

零件分析过程中的关键步骤如下：

- **分析装配体。** 可以对整个装配体进行质量特性计算。
- **编辑装配体。** 可以在装配体中编辑单独的零件，也就是说：当零件在装配体中处于激活状态时，可以改变零件的尺寸值。
- **爆炸装配体。** 通过选择部件并指定方向和移动距离，创建装配体的爆炸视图。
- **材料明细表（BOM）。** 在装配图中，可以生成并插入装配体的材料明细表。关联的零件序号可以加入到材料明细表中，以使零件序号和材料明细表中的项目号相对应。

14.2　装配体分析

用户可以基于装配体进行各种类型的分析，其中包括计算装配体的质量属性、干涉检查和间隙验证。

14.2.1　计算质量属性

本书之前的章节中曾经介绍过零件质量属性计算的方法，对装配体同样也可以计算质量属性。在装配体中计算模型的质量属性，很重要的一点是：装配体中每个零部件的材料属性是在零件的【材质】特征中单独地进行设置。材料属性也可以通过【编辑材料】命令进行设置。

软件中提供了两种坐标系标号，见表 14-1。

表 14-1　坐标系标号

输出坐标系		质量中心主轴	
输出坐标系		质量中心主轴	

操作步骤

步骤 1　打开现有的装配体　单击【打开】并浏览到 Exploded_Views 文件夹。在【快速过滤器】中单击【过滤顶级装配体】，选择装配体 Exploded，单击【打开】，如图 14-1 所示。

扫码看 3D

图 14-1　打开装配体文件

步骤 2　计算质量特性　在工具栏中单击【质量属性】。

步骤 3　查看计算结果　系统将对装配体进行计算，并在【质量特性】对话框中显示计算结果，如图 14-2 所示。系统还会显示出【主轴】的临时图形，可以单击【选项】按钮来改变计算单位。单击【关闭】。

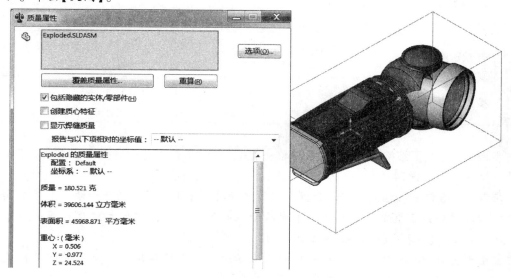

图 14-2　质量特性对话框

14.2.2　干涉检查

【干涉检查】的任务是发现装配体中静态零部件之间的干涉。该命令可以选择一系列零部件并寻找它们之间的干涉，干涉部分将在检查结果的列表中成对显示，并且对干涉进行图解表示，个别的干涉可以被忽略，如图14-3所示。

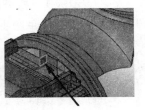

图 14-3　干涉位置

技巧　干涉有时可以直接被肉眼观察到，可以使用【带边线上色】和【隐藏线可见】进行显示。

【选项】组用于设定干涉分析标准。

1)【视重合为干涉】：将所有重合表面视为干涉。

2)【显示忽略的干涉】：使用【忽略】按钮将运算结果中所选择的干涉结果忽略，被忽略的干涉结果可以通过勾选【显示忽略的干涉】复选框重新显示出来。

3)【视子装配体为零部件】：勾选该选项子装配体内部的干涉被忽略，并将子装配体看成单一的零部件。

4)【包括多体零件干涉】：显示多实体零件中实体之间的干涉情况。

5)【使干涉零件透明】：以透明模式显示干涉的零部件。

6)【生成扣件文件夹】：在结果中生成一个扣件文件夹，其中包含所有的干涉结果。

7)【创建匹配的装饰螺纹线文件夹】：在结果中将带有适当匹配装饰螺旋纹线的零部件之间的干涉隔离至命名为匹配装饰螺纹线的单独文件夹。由于螺纹线不匹配、螺纹线未对齐或其他干涉几何体造成的干涉仍然将会列出。

8)【忽略隐藏实体/零部件】：允许用户事先隐藏零件，并忽略隐藏的实体与其他零部件之间的干涉。

知识卡片	干涉检查	利用【干涉检查】可以发现装配体中零部件之间的【干涉】和【碰撞】，干涉检查可以用来对装配体中所有的零件或被选择的零件进行检查。
	操作方法	• 在 CommandManager 中单击【评估】/【干涉检查】。 • 选择下拉菜单中的【工具】/【干涉检查】。

知识卡片	打开零件	零部件和子装配体可以直接使用【打开零件】命令打开。【在适当位置打开零件】则是采用与当前装配体相同的方向打开零件或子装配体。
	操作方法	• 快捷菜单：右键单击一个零部件并单击【打开零件】。 • 快捷菜单：右键单击一个零部件并单击【在适当位置打开零件】。

步骤4　开始干涉检查　单击【干涉检查】。在对话框中选择顶层的零部件，Exploded 将被自动选择，如图14-4所示。单击【计算】。

步骤5　查看干涉结果　经过分析，在所选择的实体中发现了两个干涉。干涉1和干涉2列在【结果】的列表框中，并且每个干涉后面注明了干涉量，它们都发生在同一组零部件中，即 Holder <1> 和 Round Swivel Cap <1>。

在图形窗口中，使用一个红色的体积来表示干涉。默认情况下，干涉的零部件是透明的，其他的零部件是非透明的，见表14-2。单击【确定】。

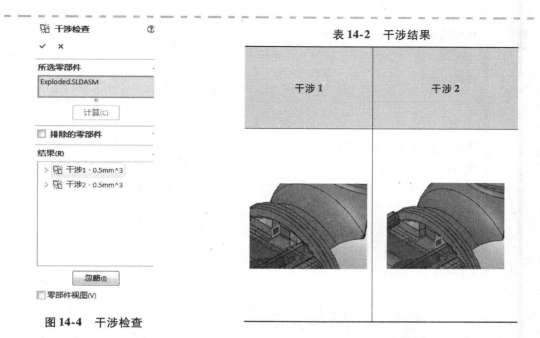

表 14-2　干涉结果

干涉 1	干涉 2

图 14-4　干涉检查

步骤 6　打开子装配体　干涉的区域在子装配体 Base 内部。用户只有在子装配体中编辑零部件，才能修改这个干涉。

在 FeatureManager 设计树中右键单击子装配体 Base，然后选择【打开装配体】，如图 14-5 所示。

步骤 7　更改尺寸　双击零部件 Holder 的表面，然后双击如图 14-6 所示的尺寸。更改数值为 5mm，然后进行重建。

图 14-5　打开子装配体

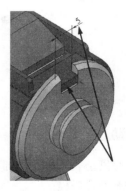

图 14-6　更改尺寸

步骤 8　重新进行干涉检查　单击【评估】/【干涉检查】，顶层零部件 Base 将被自动选中，单击【计算】，观察到没有干涉后单击【确定】。

14.3　检查间隙

模型中的间隙，如同干涉一样在视觉上很难被发现。平行或同轴部件间的间隙可以被检测出来，如图 14-7 所示。

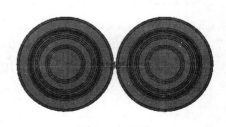

图 14-7　间隙

知识卡片	间隙验证	【间隙验证】用于分析所选装配体零部件间的静态间隙情况，它可被用于检查所选零部件间的间隙或装配体中所有部件间的间隙。
	操作方法	• 在 CommandManager 中单击【评估】/【间隙验证】。 • 选择下拉菜单中的【工具】/【间隙验证】。

步骤9　隐藏零部件"Battery Cover <1>"

步骤10　间隙验证　单击【间隙验证】，选取两个零部件 Battery AA。设置【可接受的最小间隙】为：0mm，以判断是否存在任何间隙。

单击【计算】，间隙 Clearance1 将被显示在结果中。在零部件之间存在一个 0.44mm 的间隙，如图 14-8 所示。

单击【确定】，效果如图 14-9 所示。

图 14-9　显示间隙

提示　本例采用了选项【使算例零件透明】。

步骤11　显示零部件　显示零部件 Battery Cover <1>。按 Ctrl + Tab 键，选择装配体 Exploded。

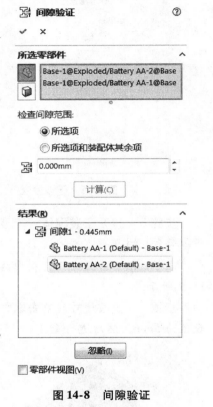

图 14-8　间隙验证

14.3.1　静态与动态干涉检查

静态干涉检查的只是装配体的零部件在一定条件下的干涉，然而当装配体运动时，干涉检查所需的方法是一种动态地检查碰撞的方法。

知识卡片	碰撞检查	【碰撞检查】用于分析所选装配体零部件的运动情况，当面与面之间发生碰撞时报警。用户可以选择碰撞时停止、高亮显示面和声音等选项作为警告方式。
	操作方法	在【移动零部件】的 PropertyManager 中，选择【碰撞检查】。

步骤12　碰撞检查　单击【移动零部件】并选择【碰撞检查】。选择【所有零部件之间】和【碰撞时停止】选项，如图 14-10 所示。拖动 Head <1> 零件直至点碰到 Swivel <1>，如图 14-11 所示。系统将通过高亮面、停止运动并产生系统声音来发出警告。

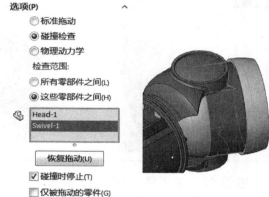

图 14-10 碰撞检查   图 14-11 拖动操作

步骤 13 缩小检查范围 选择【所有零部件之间】选项，将检查与所有的零部件之间的碰撞。这样会占用大量的系统资源，尤其在大的装配体中。如果选择【这些零部件之间】选项，则只检查与所选择零部件之间的碰撞。

选择【这些零部件之间】选项，并选择零件 Head < 1 > 和 Swivel < 1 >。勾选【碰撞时停止】复选框，单击【恢复拖动】，如图 14-12 所示。

将 Head < 1 > 拖动至反方向，直到碰到反方向的 Swivel < 1 > 为止，如图 14-13 所示。

步骤 14 关闭碰撞检查选项 拖动 Head < 1 > 至两次碰撞之间的位置。单击【确定】，关闭 PropertyManager。

图 14-12 碰撞检查选项   图 14-13 拖动操作

14.3.2 改善系统性能

在进行【动态碰撞检查】时，用户可以使用如下选项来改善系统的性能：

1) 选择【这些零部件之间】选项，而不使用【所有零部件之间】选项。一般来说，减少系统计算的零部件数量，可以提高系统性能。但用户在利用这个选项时，要注意不要漏选有干涉的零部件。

2) 勾选【仅被拖动的零件】复选框。这样，系统只计算被拖动零件与其他零件的碰撞情况。如果不选中该选项，系统不仅要检查被移动的零件，同时也要检查由于拖动这个零件所造成其他可能移动的零部件。

3) 可能的情况下，勾选【忽略复杂曲面】复选框。

提示 在移动零部件的过程中，可以使用【动态间隙】选项显示零部件间当前的距离。在图形区域显示所选零件间距的尺寸值，当零部件的间距发生改变时，零部件间的最小间距也会同时更新，如图 14-14 所示。

图 14-14 动态间隙

313

步骤 15 打开零件 在 FeatureManager 设计树中，右键单击 Head < 1 > 零件，并从快捷菜单中选择【在当前位置打开零部件】。

步骤 16 添加圆角 对四条边线添加一个 1mm 的圆角，保存这个更改，如图 14-15所示。

步骤17　返回到装配体　单击 Ctrl + Tab，单击装配体 Exploded。当检测到零件发生过更改后，软件将提示是否对装配体进行重建。单击【是】，重建装配体。

步骤18　干涉检查　单击【移动零部件】，选择下列选项：

- 碰撞检查。
- 所有零部件之间。
- 碰撞时停止。

进行干涉检查，测试稍微大一些运动的范围，见表14-3。

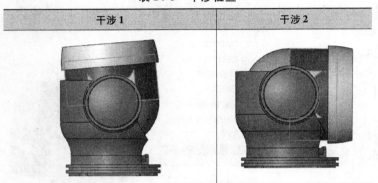

图 14-15　添加圆角

表 14-3　干涉检查

干涉 1	干涉 2

步骤19　关闭移动零部件工具

14.4　修改尺寸值

在装配体中修改尺寸值的方法与在零件中的方法一样：双击特征，然后双击尺寸。SOLIDWORKS 在装配体或工程图中使用同样的零件，因此如果在一个地方改变零件，那么在其他所有地方的相应零件都会改变。

可以在 FeatureManager 设计树中或在图形区域中双击特征，但尺寸只在图形区域中出现。

步骤20　编辑零件 Holder < 1 >　在图形区域双击零件 Holder < 1 > 打开尺寸，这些尺寸是该零件的模型尺寸，将长度改为：60mm，如图 14-16 所示。

步骤21　重建装配体模型　重建装配体模型不仅零件重建，而且装配体也会更新，配合关系保证零部件保持在一起，如图 14-17 所示。

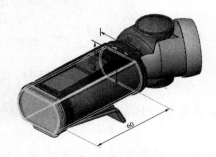

图 14-16　编辑零件 Holder < 1 >

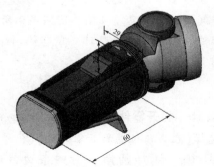

图 14-17　重建装配体模型

步骤22　打开零件 Holder <1>　右键单击零件 Holder <1>，从快捷菜单中选择【打开零部件】命令。

步骤23　修改零件　因为在装配体与零件中使用同样的零件，所以如果在零件级对零件进行修改，那么在装配体中的该零件也自动修改。同样，装配级的修改也同样会影响相应的零件。

将尺寸值改回：53mm，如图 14-18 所示。关闭零件并保存修改。

步骤24　更新装配体　由于装配体参考的文件已经被修改（在本例中零件的尺寸被修改），因此在重新进入装配体时，SOLIDWORKS 会询问是否重建模型。单击【是】。

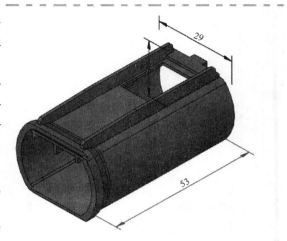

图 14-18　修改零件

14.5　装配体爆炸视图

用户可以在 SOLIDWORKS 中通过自动爆炸或一个零部件一个零部件地爆炸来形成装配体的爆炸视图，如图14-19所示。装配体可在正常视图和爆炸视图之间切换。建立爆炸视图后，可以对其进行编辑，也可以将其引入二维工程图中，并可用激活状态的配置来保存爆炸视图。

图 14-19　爆炸视图

14.5.1　设置爆炸视图

在创建爆炸视图前，需要对其相关步骤进行设置以便于使用。恰当的做法是：创建配置以保存爆炸视图；添加配合关系以保持装配体在"起始位置"处。

操作步骤

步骤1　添加新配置　切换到 ConfigurationManager，右键单击并从快捷菜单中选择【添加配置】。

在配置名输入框中输入"Exploded"，添加该配置，如图 14-20 所示。

新添加的配置处于激活的状态，如图 14-21 所示。

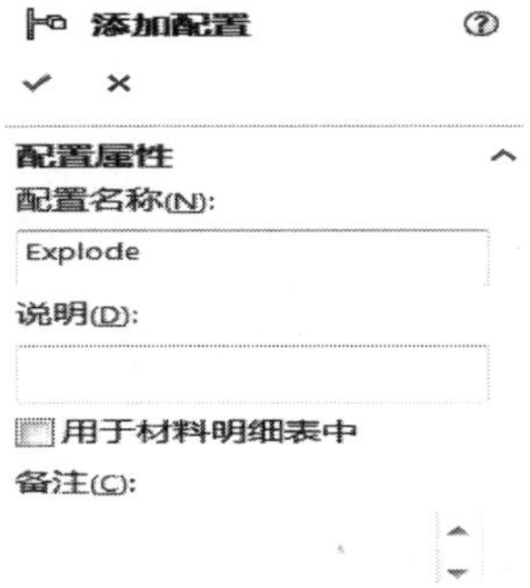

图 14-20　添加配置 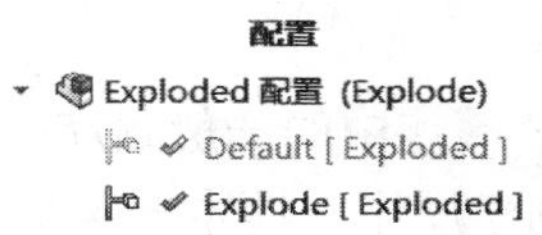　　　图 14-21　配置列表

步骤2　解除压缩配合　对于 Exploded 配置，我们希望 Head 保持固定。展开 Mates 文件夹，右键单击 Angle1 配合并选择【解除压缩】。

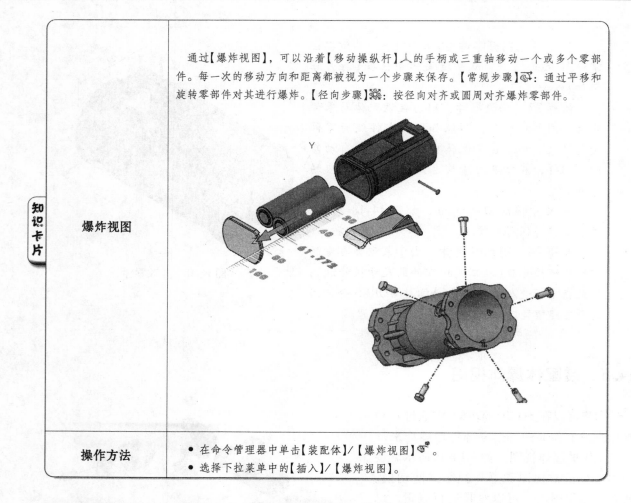

知识卡片	爆炸视图	
	操作方法	• 在命令管理器中单击【装配体】/【爆炸视图】 。 • 选择下拉菜单中的【插入】/【爆炸视图】。

1. 爆炸视图的 PropertyManager 【爆炸视图】的 PropertyManager 用于在爆炸视图中创建并存储所有的爆炸步骤，如图 14-22 所示。

【爆炸步骤类型】允许一个或多个零部件的矢量运动。

【设定】组列表框列出了要爆炸的零部件在当前爆炸步骤中的爆炸方向和爆炸距离。

【选项】组列表框包括【拖动后自动调整零部件间距】和【选择子装配体零件】两个选项，其中前者可以自动进行，而后者可以爆炸一个子装配体的个别零部件。

 注意 在完成所有爆炸步骤之前，不要单击【确定】按钮。

2. 爆炸中的一般顺序 用于生成一个爆炸步骤的一般顺序是重复多次来创建爆炸，具体步骤如下：
1）选择需要爆炸的零部件。
2）拖动并放置一个移动操纵杆的轴。
3）单击空白处（远离任何零部件）。

3. 移动操纵杆 【移动操纵杆】的轴被用于生成每个爆炸步骤所需的矢量运动，它采用的是标准的拖动并放置的方法。

4. 拖动箭头 【拖动箭头】被用作是爆炸步骤的一个矢量，一旦创建

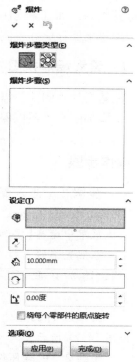

图 14-22　插入爆炸视图

316

完毕，用户可以单击【爆炸步骤】对话框中的步骤距离来进行修改，并沿着爆炸线拖动蓝色的箭头。

5. 编辑步骤 右键单击一个步骤并选择【编辑步骤】，选择哪一个零部件将用于该步骤中，或设置距离到一个准确的数值。

步骤3 **选择零部件** 单击【爆炸视图】，清除【显示旋转环】选项。选择零部件 Locking Pin <1>，一个移动操纵杆显示在该零件处，并与装配体的基准轴对齐，如图 14-23 所示。

步骤4 **爆炸零部件** 向上拖动绿色手柄，用标尺确定移动距离，设定距离为 30mm，如图 14-24 所示。特征爆炸步骤 1 被加入到对话框中。

步骤5 **完成爆炸步骤** 单击任意其他零部件完成爆炸步骤。完成的步骤出现在【爆炸步骤】列表中，显示为特征爆炸步骤 1，零部件则列于其下方，如图 14-25 所示。

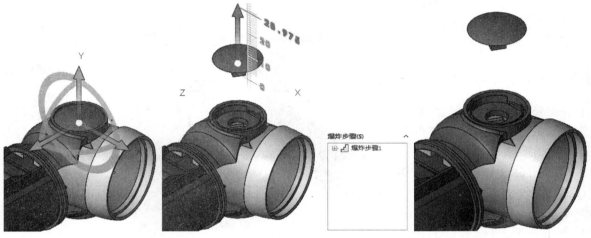

图 14-23 选择零部件   图 14-24 爆炸零部件   图 14-25 完成爆炸

> **技巧** 通过单击对话框中的名字选择爆炸步骤，将以紫红色显示零件且标注有拖动箭头。拖动箭头只能改变距离。

步骤6 **爆炸相似的零部件** 选择零部件 Locking Pin <2>，按图 14-26a 选择爆炸步骤，按图 14-26b 所示的方向拖动 30mm，单击几何体空白处完成这个操作。

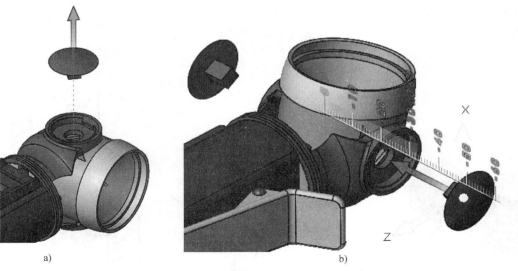

a)   b)

图 14-26 爆炸相似的零部件

317

提示 两个 Locking Pin<1>零件可以在一个【径向步骤】中通过相同的半径爆炸，如图14-27所示。

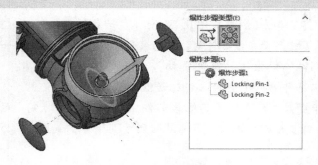

图 14-27　通过相同的半径爆炸

14.5.2　爆炸装配体

子装配体可以视作一个单独的零部件，或是一个构成装配体的多个零部件，如图14-28所示。

- 如果清除了【选择子装配体零件】选项，则子装配体将作为一个零部件爆炸。

- 如果选择了【选择子装配体零件】选项，则子装配体的零部件可以单独进行爆炸。

图 14-28　爆炸装配体

步骤7　设置选项　展开【选项】分组框，清除【选择子装配体零件】选项，如图14-29所示。

步骤8　爆炸子装配体　单击 Base<1>，在如图14-30所示的方向拖动55mm，然后单击几何体空白处。

步骤9　爆炸子装配体零部件　展开【选项】分组框并勾选【选择子装配体零件】选项。按图14-31所示的距离和方向爆炸子装配体零部件。

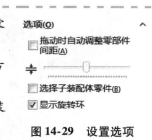

图 14-29　设置选项

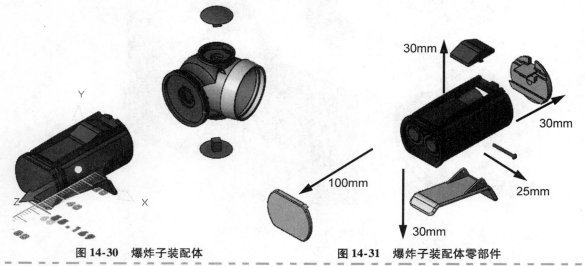

图 14-30　爆炸子装配体　　　　图 14-31　爆炸子装配体零部件

14.5.3　爆炸多个零部件

用户可以在一个爆炸步骤中选择多个零部件，并按照相同的矢量距离和方向进行爆炸。作这些选择时不需要使用 Ctrl 键。

步骤 10　爆炸多个零部件　选择两个 Battery AA 零部件，按照图 14-32 所示的方向将它们拖动大约 75mm，然后单击几何体空白处。

在【移动操纵杆】中使用【旋转环】可以在爆炸视图中添加旋转步骤。旋转对应有三个环，每个环对应着三个轴中的一个。

在这个例子中，将使用一个旋转步骤来显示一个零部件的脱壳。

步骤 11　新建爆炸步骤　选择 Switchc < 2 > 零部件，如图 14-33 所示拖动旋转环，单击几何体空白处。

爆炸步骤(S)
- 爆炸步骤2
- 爆炸步骤3
- 爆炸步骤4
- 爆炸步骤5
- 爆炸步骤6
- 爆炸步骤7
- 爆炸步骤8
- 爆炸步骤9
- 爆炸步骤10

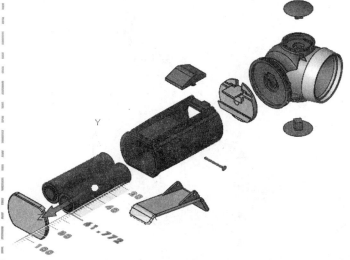

图 14-32　爆炸多个零部件

图 14-33　新建爆炸

14.5.4　更改爆炸方向

在某些情况下，【移动操纵杆】的轴并未指向所需的爆炸方向，通常的原因是零部件被配合或放置时与标准方向呈一定的角度。如果这样，可以更改轴的方向，以生成所需的爆炸方向。

如果【移动操纵杆】的轴并未指向所需的爆炸方向，可以更改它的方向，如图 14-34 所示。

- 按住 Alt 键并选择操纵杆的原点（球体）拖到一条边线、轴、面或平面以重新定位。

- 右键单击操纵杆的原点并单击【移动到选择】或【对齐到】选项。选择一条边线、轴、面或平面以重新定位。

- 右键单击操纵杆的原点并单击【与零

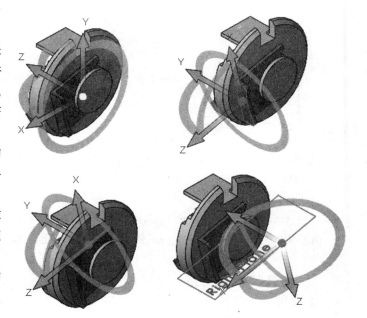

图 14-34　更改移动操纵杆

部件原点对齐】，使用零部件的轴。
- 右键单击操纵杆的原点并单击【与装配体原点对齐】，使用装配体的轴。

步骤12　**设置选项**　展开【选项】分组框，清除勾选【选择子装配体零件】选项。

步骤13　**修改错误方向**　选择 Swivel Clip < 1 > 并拖动图 14-35 所示红色的轴，使零部件沿着一个零部件的轴线方向爆炸。单击【撤销】。

步骤14　**移动原点**　选择操纵杆的原点（球体）拖至如图 14-36 所示的表面，然后松开鼠标。

步骤15　**选择正确方向**　选择零部件 Swivel Clip < 1 > 并沿图 14-37 所示的方向拖动 30mm，然后单击几何体的空白处。

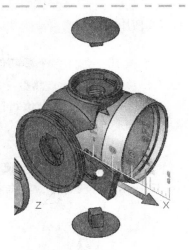

图 14-35　错误方向

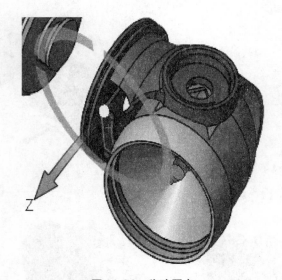

图 14-36　移动原点

图 14-37　正确方向

14.5.5　使用自动间距

【拖动后自动调整零部件间距】选项被用来沿一个轴线方向放置系列零部件，间距可以使用滑条来设定，并可以在生成后更改。

步骤16　**选择多个零部件**　选择零部件 Lens Cover < 1 >、Reflector < 1 >、Miniature Bulb < 1 > 和 Head < 1 >，如图 14-38 所示。由于零部件角度的原因，必须改变三重轴的方位。

步骤17　**更改方向**　由于零部件带有一定的角度，因此必须更改三重轴的方向。按住 Alt 键并选择操纵杆的原点（球体）拖至如图 14-39 所示的表面，然后松开鼠标。拖动间距滑条到中间，如图 14-40 所示。

图 14-38　选择多个零部件　　　图 14-39　移动位置　　　图 14-40　拖动滑条

步骤 18　拖动零部件　拖动轴大约 50mm 进行爆炸，以自动间距放置零部件，如图 14-41 所示。

图 14-41　拖动零部件

步骤 19　重新排序　如果零件的排列顺序看起来不一样，单独拖动与零件关联的箭头，这会改变链中零件的排列顺序。如图 14-42 所示。单击【确定】，完成这个爆炸视图。

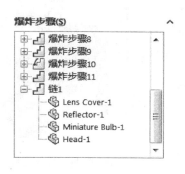

图 14-42　重新排序

14.6　爆炸直线草图

使用【步路线】生成零部件的爆炸路径直线。【爆炸直线草图】使用一类 3D 草图来生成并显示直线。【爆炸直线草图】和【转折线】工具可以用于生成和修改直线。

14.6.1　选择爆炸直线

选择典型的顶点、边线和面可以生成爆炸直线，但要注意以下两点：

- 以正确的顺序选择几何体来定义爆炸直线。
- 选择合适的几何体。

提示 | 顶点和边线一般适合于开始和结束爆炸直线，平面一般用于"通过"。

知识卡片	爆炸直线草图	【爆炸直线草图】可以让用户半自动地生成爆炸直线。 为了完成这个操作，用户需要选择几何体的面、边线或顶点，由系统来生成爆炸直线。
	操作方法	• 在 CommandManager 中单击【装配体】/【爆炸直线草图】🐞。 • 选择下拉菜单中的【插入】/【爆炸直线草图】。

14.6.2　其他爆炸直线

还存在其他一些情况，如爆炸直线和现有顶点、边线或面不完全匹配。

1. 添加几何体　在零部件中添加草图几何体作为对象选择爆炸直线的，有助于定位直线，如图14-43所示。

2. 自由草绘　可以使用3D草图技术（忽略爆炸直线草图对话框的工具）绘制直线，生成爆炸直线。

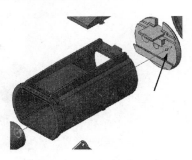

图 14-43　添加几何体

操作步骤

　　步骤1　爆炸直线　单击【爆炸直线草图】🐞开启3D草图。单击【沿XYZ】选项。选择如图14-44所示的圆形边线，在它们两者之间生成一条直线。单击【确定】。

图 14-44　爆炸直线

图 14-45　调整爆炸直线

14.6.3　调整爆炸直线

在完成爆炸之前，爆炸直线及其末端提供了几个选项。选择点处包含箭头，用户可以单击箭头来反转直线的方向。

直线本身可以在几何体的基准面上拖动，将鼠标落在直线上，可以看到拖动箭头，如图14-45所示。

还可以使用【反转】和【交替路径】选项，以产生更多的爆炸直线选项。

　　步骤2　选择相似爆炸直线　选择相似的一组圆形边线，在它们之间生成一条直线。如有必要反转方向，请单击拖动箭头，如图 14-46 所示。单击【确定】。

　　步骤3　通过爆炸直线　选择如图 14-47 所示的边线，紧接着选择两个面"通过"，然后再选择一条边线以终止该直线。单击【确定】，结果如图 14-48 所示。

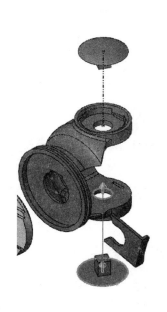

图 14-46　相似爆炸直线

图 14-47　通过爆炸直线

> 🖐提示　在前面的例子中，所有零部件的中心排成行，选择第一个或最后一个边线对结果没有影响。如果存在零部件不成行的情况，则要重复相同的步骤来完成所需的正确结果。

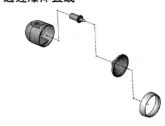

图 14-48　通过爆炸直线

　　步骤4　设置沿轴路径　确认勾选了【沿 XYZ】选项，然后单击 Swivel <1> 和 Head <1> 的边线，如图 14-49 所示。

　　步骤5　设置最短路径　清除【沿 XYZ】选项并单击【确定】，效果如图 14-50 所示。

　　步骤6　退出爆炸直线草图　再次单击【确定】退出草图。

　　ConfigurationManager 列出"爆炸视图 1"和草图"3D 爆炸 1"，以及每个爆炸步骤，如图 14-51 所示。

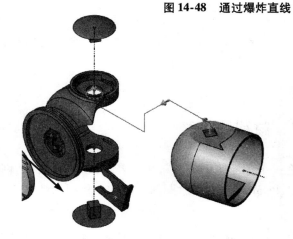

图 14-49　沿轴路径

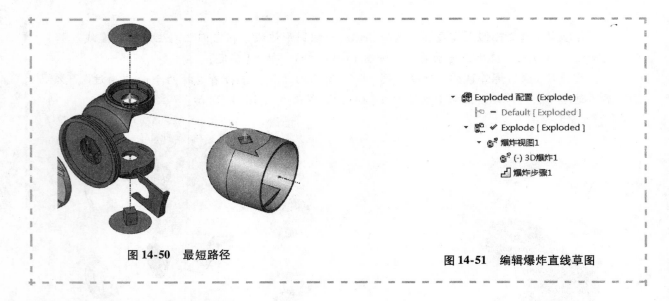

图 14-50　最短路径　　　　　　　　　　图 14-51　编辑爆炸直线草图

14.6.4　动画显示爆炸视图

动画控制器可以用动画来显示爆炸或解除动作。

知识卡片　动画爆炸
● 右键单击特征"爆炸视图1"并单击【动画解除爆炸】或【动画爆炸】。

动画控制器的界面如图 14-52 所示。

开始	倒回	播放
快进	结束	暂停
停止	保存动画	正常
循环	往复	慢速播放
快速播放		

2.63 / 4.00 秒。进度条

图 14-52　动画控制器

步骤7　启用动画工具栏　右键单击特征"爆炸视图 1"并单击【动画解除爆炸】，对话框启用包含▶【播放】的标准控制器。

步骤8　保存装配体　在解除爆炸视图后，【保存】这个装配体。除了爆炸的装配体之外，关闭所有文件。

14.7　材料明细表

在一个装配体中，材料明细表的报告可以自动创建和编辑，并可以被插入到工程图图纸中。完成版本的 BOM 将出现在后期的装配体工程图图纸中。

知识卡片　材料明细表
● 在 CommandManager 中单击【装配体】/【材料明细表】。
● 选择下拉菜单中的【插入】/【表格】/【材料明细表】。

步骤9　设置 BOM　单击【材料明细表】 。在【表格模板】中选择 bom-standard，在【材料明细表类型】中选择【缩进】和【无数目】，如图 14-53 所示。单击【确定】。

步骤10　放置 BOM　在图形窗口单击以放置 BOM 表，如图 14-54 所示。

提示　BOM 表中的项目顺序与 Feature Manager 设计树中显示的顺序一致。

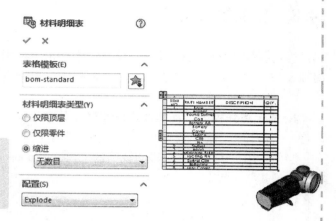

图 14-53　设置 BOM　　图 14-54　放置 BOM

步骤11　查看 BOM 特征　在 FeatureManager 设计树中展开文件夹 Tables，材料明细表的特征"材料明细表 1"存放于此，如图 14-55 所示。

步骤12　在新窗口中显示表格　右键单击表格"材料明细表 1 < Explode >"并选择【在新窗口中显示表格】。单击【窗口】/【横向平铺】，同时显示两个窗口，如图 14-56 所示。可以关闭并保存其他打开的文件。

步骤13　移动列　单击数量列并单击标题单元格 D，拖动此列的标题单元格到左侧，并在图 14-57 所示的位置释放鼠标左键。单击表格并拖动竖直和水平线来调整单元格大小。

步骤14　隐藏表格　关闭表格窗口。右键单击表格"材料明细表 1 < Explode >"并选择【隐藏表格】。

图 14-55　BOM 特征　　图 14-56　同时显示窗口

	A	B	C	D
	项目号	零件号	说明	数量
	1	Base_&		1
		Holder_&		1
		Round Swivel Cap_&		1
		Battery AA_&		2
		Battery Cover_&		1
		Switch_&		1
		Clip_&		1
		Pin_&		1
	2	Swivel_&		1
	3	Head_&		1
	4	Miniature Bulb_&		1
	5	Locking Pin_&		2
	6	Swivel Clip_&		1
	7	Reflector_&		1
	8	Lens Cover_&		1

	A	B	C	D
	项目号	数量	零件号	说明
	1	1	Base_&	
			Holder_&	
			Round Swivel Cap_&	
		2	Battery AA_&	
			Battery Cover_&	
			Switch_&	
			Clip_&	
			Pin_&	
	2	1	Swivel_&	
	3	1	Head_&	
	4	1	Miniature Bulb_&	
	5	2	Locking Pin_&	
	6	1	Swivel Clip_&	
	7	1	Reflector_&	
	8	1	Lens Cover_&	

图 14-57　移动列

325

14.8   装配体工程图

当需要生成详细工程图时，对装配体有几个特别的要求，除了需要详细的视图之外，还需要材料明细表和零件序号来完整地记录这个装配体。本例中，装配体中生成的材料明细表将被复制到工程图中。

1. 显示爆炸视图   视图通常以非爆炸状态生成。当用户从【视图调色板】中添加一个视图时，可以将一个爆炸视图拖入图样中。只有当前模型包含一个爆炸视图时才适用这一条。

当然，用户还可以在工程图视图的 PropertyManager 中更改配置。然后勾选【在爆炸状态中显示】选项，显示其爆炸状态，如图 14-58 所示。如果配置中含有多个爆炸视图，请选择自己需要的其中一个。

提示 只有所选配置存在爆炸视图时，才会出现【在爆炸状态中显示】选项。

操作步骤

步骤 1   新建工程图   最大化装配体窗口。使用模板 A_ Size_ ANSI_ MM 并单击【从装配体制作工程图】来新建一个工程图。

步骤 2   设置显示样式   从【视图调色板】中拖入等轴测视图，设置【显示样式】为【带边线上色】，如图 14-59 所示。

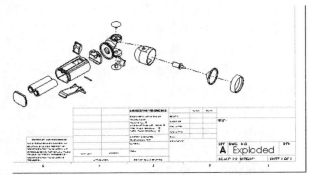

图 14-58   选择配置　　　　　　　　　　　　图 14-59   设置显示样式

---

2. 从装配体复制一个 BOM 表格   如果在装配体中生成过材料明细表，那么也可以将其复制到工程图中。用于生成表格的选项也可以用来复制材料明细表。

步骤 3   复制表格   单击【插入】/【表格】/【材料明细表】并单击视图。如图 14-60 所示，选择【复制现有表格】，选择" 材料明细表 1"，勾选【链接】复选框，然后单击【确定】。

移动材料明细表到工程图格式的左上角，单击并放置，如图 14-61 所示。

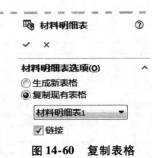

图 14-60   复制表格

提示 更多关于生成并编辑材料明细表的内容，请参阅《SOLIDWORKS®工程图教程》(2017 版)。

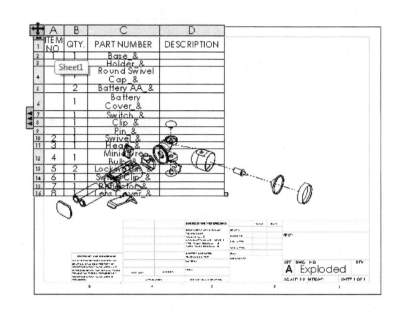

图 14-61　放置 BOM

步骤 4　调整字体高度　单击表格左上角的操作柄，在字体高度中选择10，双击表格的行以调整表格的大小，如图 14-62 所示。

图 14-62　调整字体

14.8.1　添加零件序号

由材料明细表指定的项目号可以使用【零件序号】加入到工程图中，当零件序号插入到边线、顶点或面时，会自动指定正确的项目号。

知识卡片	自动零件序号	【自动零件序号】命令用于通过项目号及随意的数量来自动地对工程图中装配体的零部件添加标签。这里存在几种不同的布局、样式和方法来生成零件序号。
	操作方法	• 在 CommandManager 中单击【注解】/【自动零件序号】 $\mathcal{P}$ 。 • 选择下拉菜单中的【插入】/【注解】/【自动零件序号】。 • 右键单击工程视图，单击【注解】/【自动零件序号】。

步骤 5　插入零件序号　选择工程视图。单击【自动零件序号】工具 $\mathcal{P}$ 并单击【布置零件序号到右】的阵列类型，如图 14-63 所示。单击【确定】，序号布局结果如图 14-64 所示。

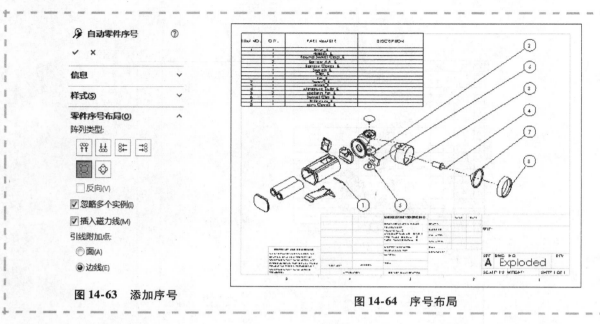

图 14-63　添加序号

图 14-64　序号布局

14.8.2　编辑爆炸视图

爆炸视图可以在任何时候进行编辑、添加或移除步骤。本例将编辑一个步骤的距离和方向，以体现零部件正确的运动。

步骤 6　选择装配体　返回到装配体 Flashlight。

步骤 7　编辑爆炸视图　单击 Configura-tionManager 并双击配置 Explode，展开该配置。右键单击"爆炸视图 1"并单击【编辑特征】。

步骤 8　编辑步骤　单击【爆炸步骤】列表中的步骤以确定爆炸零部件 Battery Cover < 1 > 的步骤，右键单击该步骤并选择【编辑特征】，如图 14-65 所示。

图 14-65　编辑步骤

步骤 9　更改矢量　右键单击【爆炸方向】的域并选择【消除选择】。选择零部件的边线，如图 14-66 所示。

步骤 10　更改设置　设置【爆炸距离】为 50mm。也可将零部件放置在图 14-67 所示的一侧。单击【应用】/【完成】和【确定】，完成编辑该爆炸视图。

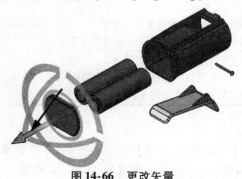

图 14-66　更改矢量

图 14-67　更改设置

14.8.3　编辑爆炸直线草图

和爆炸视图一样，爆炸直线草图也可以在任意时间进行编辑、添加或移除步路线。本例将对编辑的爆炸步骤添加一条新的直线。

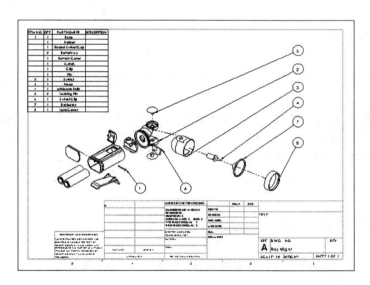

步骤11　添加步路线　单击【爆炸直线草图】🖱，选择图 14-68 所示的顶点。两次单击【确定】，离开草图。

技巧　对爆炸视图和爆炸直线草图的更改将出现在工程视图中。

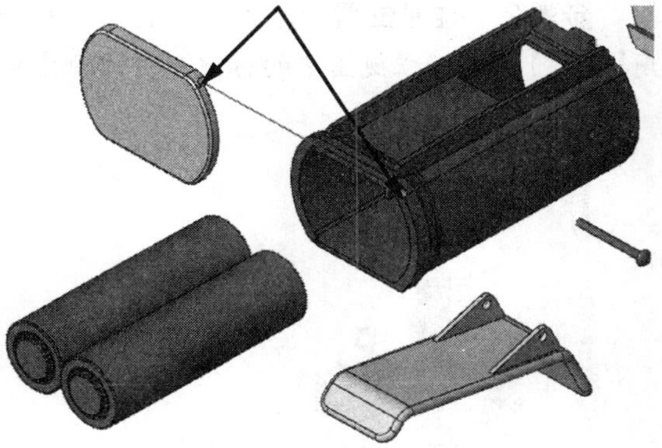

步骤12　回到工程视图　回到工程视图，可以看到在装配体中所做的更改，如图 14-69 所示。

步骤13　保存并关闭所有文件

图 14-68　添加步路线

图 14-69　更改后的工程图

练习 14-1　干涉检查

本练习的主要任务是使用本章提供的装配体，来确定夹钳手柄（图 14-70）的运动范围。

本练习将应用以下技术：
- 干涉检查。
- 碰撞检测。

图 14-70　夹钳手柄

操作步骤

　　步骤1　打开现有的装配体文件　打开文件夹 Collision 中已有的名为 Collision 的装配体文件，如图 14-71 所示。

　　步骤2　碰撞位置　零件 link 将在两处停止装配体的运动。移动装配体到碰撞点处，并使用【测量】或者工程视图中的标注尺寸来测量装配体移动时所形成的角度，如图 14-72 所示。

图 14-71　Collision 装配体

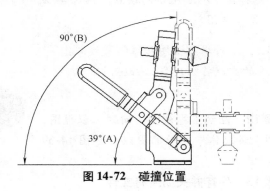
图 14-72　碰撞位置

> 提示　测量都为近似值。

　　角度"A"表示当回拉子装配体 handle sub-assy 的过程中，link 零件碰撞它时所形成的角度。

　　角度"B"表示当推进子装配体 handle sub-assy 的过程中，零件 link 碰撞子装配体 hold-down sub-assy 时所形成的角度。

　　步骤3　保存并关闭所有文件

练习 14-2　发现并修复干涉

　　使用提供的装配体，发现两个静态和动态的干涉，然后修复它们（图 14-73）。

　　本练习将应用以下技术：

- 干涉检查。
- 碰撞检测。

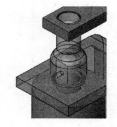
图 14-73　发现修复干涉

操作步骤

　　步骤1　打开现有装配体　从文件夹 UJoint 中打开现有装配体 UJoint。

　　步骤2　查看静态干涉　发现静态干涉（图 14-74）。通过对一个配合应用【反转尺寸】来修复这个干涉。

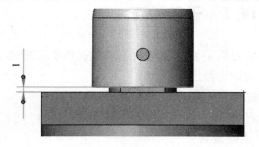
图 14-74　静态干涉

步骤3　查看动态干涉　发现位于 Yoke _ Male <1> 和 Yoke _ Female <1> 之间的动态干涉（图 14-75）。

步骤4　添加特征　对 Yoke _ Male <1> 和 Yoke _ Female <1> 的边线添加倒角特征（2mm×45°），如图14-76所示。

图 14-75　动态干涉　　　　　　　　　图 14-76　添加特征

步骤5　测试干涉情况　测试这个装配体的静态和动态干涉。

步骤6　保存并关闭所有文件

练习 14-3　检查干涉、碰撞和间隙

使用现有装配体，检查其中的干涉、碰撞和间隙情况，如图 14-77 所示。

本练习将应用以下技术：

- 干涉检查。
- 间隙检查。
- 碰撞检查。

图 14-77　检查干涉、碰撞和间隙

操作步骤

步骤1　打开现有的装配体文件　打开文件夹 Clearances 中已有的名为 A_ D_ Support 的装配体文件。

步骤2　更改透明度　将零部件 center_tube 更改为透明。

步骤3　检查静态干涉　使用【干涉检查】功能检查模型静态干涉的情况。

步骤4 检查动态间隙 使用移动零部件命令来检查装配体内部的碰撞。拖动内部子装配体。碰撞发生在两处位置。移动装配体到打开的碰撞位置，用【动态间隙】测量 End 和 small collar 之间的最小距离（为 225mm），如图 14-78 所示。

图 14-78 动态间隙

步骤5 确认子装配间隙 打开内部子装配，确认下列间隙，如图 14-79 所示。零部件 small center_tube 和 small collar，零部件 small center_tube 和 thin_collar。（分别为 0.13mm 和 0.14mm）

步骤6 确认顶层装配体间隙 回到装配体顶层 A_D_Support，确认下列间隙，如图 14-80 所示。零部件 center_tube 和 small center_tube，零部件 center_tube 和 small collar。（分别为:0.368mm 和 0.10mm）

步骤7 保存并关闭文件

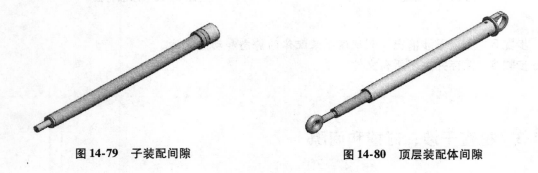

图 14-79 子装配间隙   **图 14-80 顶层装配体间隙**

练习 14-4 爆炸视图和装配体工程图

本练习的主要任务是利用现有的装配体，添加爆炸视图和爆炸线。利用爆炸视图创建含有零件序号和材料明细表的装配体工程图。本练习使用模板 A-Scale1to 2。

本练习应用以下技术：
- 爆炸装配体爆炸视图。
- 爆炸直线草图。
- 装配体工程图。
- 材料明细表。

所有文件位于文件夹 Exploded Views 中。

 在【零件配置分组】中单击【将同一零件的配置显示为单独项目】，将所有 Hexagon Rod 零部件列为单独的项目。

装配体 part configs（图 14-81）

项目号	零件号	说明	数量
1	Bose Sheef Metal		1
2	Pin		2
3	Washer		1
4	Size 6	Hexagon Rod	1
5	Size 5	Hexagon Rod	1
6	Size 4	Hexagon Rod	1
7	Size 3	Hexagon Rod	1
8	Size 2	Hexagon Rod	1
9	Size 1	Hexagon Rod	1
10	Size 7	Hexagon Rod	1
11	Size 8	Hexagon Rod	1
12	Size 9	Hexagon Rod	1

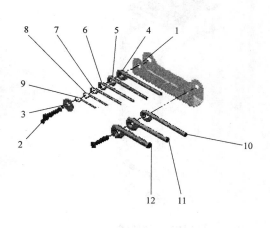

图 14-81　装配体 part configs

装配体 Gearbox Assembly（图 14-82）

项目号	零件号	说明	数量
1	Housing		1
2	Worm Gear		1
3	Worm GearShaft		1
4	Cover_Pl&Lug		2
5	Cover Plate		1
6	Offset Shaft		1

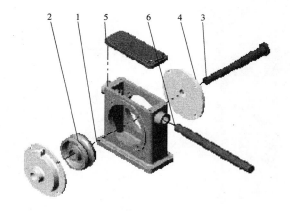

图 14-82　装配体 Gearbox Assembly

练习 14-5　爆炸视图

利用现有的装配体，添加爆炸视图和爆炸线，如图 14-83 所示。

本练习应用以下技术：

- 爆炸装配体。
- 爆炸直线草图。

装配体文件位于文件夹 Support _ Frame 中，装配体如图 14-84 所示。

333

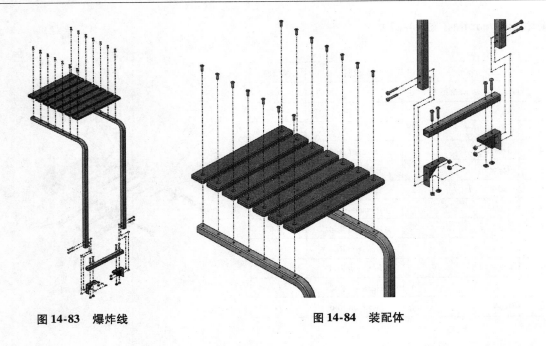

图 14-83　爆炸线　　　　　　　　　　　　　图 14-84　装配体

附录　模　　板

学习目标

- 【工具】/【选项】中各项参数设置
- 创建一个用户自定义的零件模板
- 组织文件模板

1.1　选项设置

用户可在【工具】/【选项】对话框中更改 SOLIDWORKS 各项默认设置。这些设置既可以应用于单个的文件或所保存的文件，也可以只应用于用户当前的系统和工作环境。

【工具】/【选项】对话框包含两个选项卡：【系统选项】和【文件属性】。在【选项】对话框中可以通过修改两个选项卡设置来修改系统选项或者文件属性。

1. 系统选项　系统选项用来自定义用户工作环境。修改的系统选项不会被另存为一个特殊文件，但是，打开任何一个文件这些设置均将生效。例如系统选项的默认选值框增量值为 0.25in，而由于是设计小型的零件，所以只需要 0.0625in，系统选项就可以满足用户这种特殊设置需要。

2. 文件属性　文件属性中的设置更改仅影响当前打开的文件，而不会改变系统默认选项。

1.1.1　修改默认选项

修改默认选项的步骤如下：单击【工具】/【选项】，选择需要修改的项，设置完毕，单击【确定】退出。

提示　当打开一个文件时，用户可以只访问文件属性。

1.1.2　建议设置

通过在线帮助可以获得【工具】/【选项】对话框中完整的选项设置。本教程中用到的【系统选项】设置建议如下：

- 普通：选择【输入尺寸值】和【打开文件时窗口最大化】选项。
- 草图：不选择【上色时显示基准面】选项。
- 默认模板：选择【总是使用这些默认的文件模板】选项。

1.2　文件模板

通过【文件模板】文件（ *.prtdot，*.asmdot，*.drwdot），用户可以保存文件属性设置，并可将其应用到一个新文件。当新建一个文件时，用户可以选择需要的模板，以使用模板文件中已有的各项设置。

1.2.1　如何创建一个零件模板

通过简单步骤即可创建用户自定义模板，首先选用默认模板来新建一个文件，在【工具】/【选项】对话框中对各项进行设置，然后另存为一个模板文件。用户可以创建一个专门存放模板的文件夹。

操作步骤

步骤1　新建零件　用默认模板新建一个零件，这个零件将被用来制作模板文件。

提示 👆　模板制作完毕后就不需要该零件了。

步骤2　选择模板　单击【文件】/【新建】，在【模板】选项卡中，选择【gb_part】，然后单击【确定】，如图1所示。

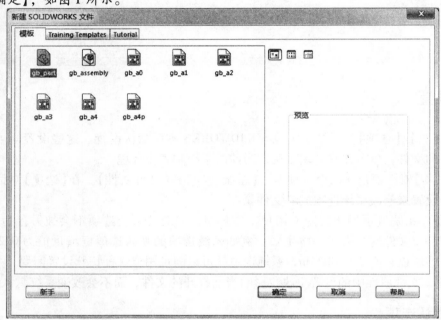

图1　选择模板

提示 👆　不要使用【新手】模式，否则将找不到用户自定义模板。

步骤3　设置文件属性

按照以下文件属性对选项进行设置：

● 绘图标准

总绘图标准：GB。

● 尺寸，文本

字体：汉仪长仿宋体；高度 =3.5mm。

● 注解，文本

注释：汉仪长仿宋体；高度 =3.5mm。

零件序号：汉仪长仿宋体；高度 =3.5mm。

● 尺寸，主要精度

主要尺寸，小数点后 2 位。

- 网格线/捕捉

显示网格线：不选择。

- 单位

单位系统：MMGS(毫米、克、秒)。

- 参考几何体

三个系统基准面的默认名称不受【工具】/【选项】的控制，而是由文件模板来控制。基准面和所有特征一样都可以被重命名。当零件被保存为一个模板时，基准面名称也将被存入此模板文件中，此后只要使用该模板来新建零件，基准面的名称将会自动被沿用。例如，用户可以重命名这三个基准面为：XY、XZ、YZ。

步骤4　保存模板　单击【文件】/【另存为】，选择"Part Templates"保存类型。模板命名为"My_ mm_ part"，并保存到用户自建的模板文件夹中。本例只是简单地将它保存到桌面的一个新建文件夹中。

步骤5　新建文件夹　浏览桌面并创建一个名为 Custom Templates 的文件夹。将模板保存到这个文件夹下。

步骤6　添加文件位置　使用模板并闭打开的零件并且不要保存。新建一个零件，在 Custom Templates 选项卡下会出现模板 My_ mm_ part。检查一下自己需要的设置是否已经被加载，如图2所示。

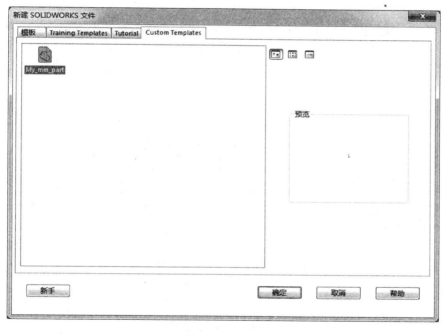

图2　使用模板

1.2.2　工程图模板与图纸格式

相对于零件或者装配体模板，工程图模板以及图纸格式的选项设置更多，关于它们的完整设置请参阅《SOLIDWORKS®工程图教程》(2017 版)一书。

1.2.3　默认模板

SOLIDWORKS 中下列操作将会自动生成一个零件、装配体或者工程图文件。

- 【插入】/【镜像零件】。
- 【插入】/【零部件】/【新零件】。
- 【插入】/【零部件】/【新装配体】。
- 【插入】/【零部件】/【以［所选］零部件生成装配】。
- 【文件】/【派生零部件】。

在这种情况下，用户可以选择所采用的模板，也可以让系统自动选择一个模板。这个选项通过系统选项来设定。从下拉菜单中选择【工具】/【选项】，在【系统选项】中，单击【默认模板】。

如果选择【提示用户选择文件模板】，则在自动创建新文件时，系统会弹出【新建 SOLIDWORKS 文件】对话框，提示用户选择所使用的模板。如果用户选择了【总是使用这些默认模板】，则在自动创建文件时，系统会自动选择指定的默认模板。【工具】/【选项】菜单中的这一部分让用户可以定义系统在默认情况下使用什么模板。